Alain Pavé et Gaëlle Fornet

amazonie

Une aventure scientifique et humaine du CNRS

GALAADE ÉDITIONS

ISBN : 978-2-35176-115-1

Ouvrage réalisé sous la direction d'Alain Pavé et de Gaëlle Fornet,
avec le soutien du CNRS

Crédits photographiques en fin de volume

Galaade Éditions
43 Rue des Cloÿs
75018 Paris F
www.galaade.com

AVANT-PROPOS

Cet ouvrage est un rapport sur l'activité du programme Amazonie du CNRS. Au tout début de sa rédaction, il est apparu qu'il pouvait intéresser un plus large public que celui auquel est habituellement destiné ce type de document. C'est pour cette raison que nous lui avons donné cette forme.

La publication intervient fin 2010, soit une année avant la fin du programme Amazonie prévue en 2011. Ce choix a été fait afin de lui donner une dimension prospective et de permettre l'évolution du projet global du CNRS en Guyane commencé en 2002, sur le fondement d'un appel à intentions et avec l'arrivée des premiers chercheurs. À partir de 2004, le programme Amazonie a constitué l'âme scientifique de ce projet.

Pour cette raison, tous les résultats des projets de recherche, développés en seconde partie, n'ont pu être pris en compte. Les présentations portent surtout sur la phase 1 du programme, achevée au moment de la rédaction du rapport, et le début de la phase 2.

Du fait du caractère illustratif de cette partie, il ne nous a pas semblé dérangeant de faire ce choix, dans la mesure où il reste représentatif de l'esprit du programme, y compris sur la deuxième période.

2010 étant l'Année internationale de la biodiversité, cela faisait sens également de publier le rapport cette année, tant ce thème est central dans les préoccupations du programme.

La Guyane justifiait évidemment un grand projet pour le CNRS

« De nombreux chercheurs y travaillaient en missions courtes sur des problématiques qui étaient au cœur de la stratégie scientifique de l'organisme, elles-mêmes en prise avec des questions majeures de la société. On mesure également l'intérêt de valoriser une présence française et donc européenne dans cette zone géographique. Mais il manquait une assise à cette présence, une base permanente, y compris instrumentale, des partenariats à organiser, des collaborations à développer. Ce projet structurant a vu le jour par la volonté de la direction générale du CNRS et en arrière-plan par un soutien sans réserve des pouvoirs publics et des collectivités territoriales. Il s'est construit à partir de la direction des études et des programmes que j'animais à l'époque et qui était le lieu naturel pour l'éclosion de tels projets. J'en conserve un de mes très bons souvenirs au CNRS car les choses ont pu se mettre en place et avancer rapidement. Mais il n'y a pas de projet sans chef de projet, et il fallait la notoriété scientifique, l'enthousiasme et le talent d'animateur d'Alain Pavé pour lui donner vie. Il fallait aussi que la science reste au premier plan et que la structure du projet cède la place à un programme scientifique, le programme Amazonie. »

Jacques Sevin,
ancien directeur des études et des programmes du CNRS

La Guyane !

« Le chercheur, quelle que soit sa discipline, s'y rend par raison, attiré par les questions qui s'y posent. Il passe alors sous l'emprise d'une passion qui fait qu'il ne peut plus s'en détacher vraiment. J'ai eu à m'intéresser à la Guyane en tant que directeur scientifique adjoint au CNRS, en charge de la biodiversité et de l'écologie. Le CNRS se devait de stabiliser et de rendre plus visibles les recherches qui y étaient effectuées par ses équipes. C'était pour moi un monde inconnu et un peu mystérieux. Que pouvait y faire le CNRS ? Que pouvais-je faire pour organiser et développer la place du CNRS ? Dès les premiers contacts avec des chercheurs y travaillant et le premier voyage, j'ai été contaminé par la passion de la Guyane, et ça continue.

Pourquoi cette passion issue de la raison ? Les questions qui se posent en Guyane constituent un concentré des aspects naturaliste, socioéconomique, politique, culturel contenus dans la notion actuelle de biodiversité. Pour comprendre les questions guyanaises il faut associer aux disciplines biologiques de ce domaine toutes les autres disciplines. Les populations locales vivent dans un monde de biodiversité exceptionnelle, et souvent de cette biodiversité, avec des questions cruciales de mise en valeur et de protection. Dans ce territoire s'entrechoquent des dynamiques *a priori* incompatibles qu'il faut pouvoir rendre compatibles ; l'apport de la recherche pour comprendre et expliquer y est indispensable. Citons les besoins des populations de la forêt confrontés à ceux des populations plus urbaines de la côte, les frontières très poreuses comme l'Oyapock et le Maroni à comprendre et à gérer en tant que fleuves "partagés", les espaces protégés (réserves, parc national, parc régional) confrontés aux différents schémas d'aménagement et à la pression minière, les dégâts environnementaux et humains de l'orpaillage clandestin. Ajoutons à cela les coopérations internationales suscitées par la réputation de la Guyane et les relations étroites que l'on doit développer avec le Brésil. On comprend alors pourquoi la Guyane attire des chercheurs de premier plan qui ont fait du programme Amazonie un des meilleurs du CNRS. »

Bernard Delay,
ancien directeur scientifique du département Environnement et développement durable du CNRS,
président de la Fondation pour la recherche sur la biodiversité (FRB)

Mon premier voyage en Guyane

« Mon premier voyage en Guyane après ma nomination comme présidente du CNRS fut rude. Nous étions dans une situation délicate, la station des Nouragues en forêt amazonienne, station exceptionnelle pour étudier la biodiversité, venait d'être évacuée suite à l'assassinat de deux gardiens d'un camp d'écotourisme situé à moins d'une heure de pirogue de Saut-Pararé, l'un des deux sites de la station. J'ai donc dû visiter les Nouragues sous une pluie tropicale, en compagnie de gendarmes et de l'équipe scientifique qui, faisant face, reprenait son souffle, pour expliquer la science magnifique que permettait la forêt amazonienne. Le développement des recherches en milieu tropical nécessite une ténacité exemplaire, et ne pourrait se réaliser sans la structure stabilisatrice du programme Amazonie. »

Catherine Bréchignac,
ancienne présidente du CNRS

PRÉFACE

Rendre compte de recherches sur l'environnement en Amazonie, et spécialement sur des thèmes de biodiversité, est une gageure.

Un enjeu est de s'extraire d'une vision *a priori* très naturaliste de telles recherches et bien sûr de son côté exotique. Si les résultats présentés dans ce rapport sont remarquables, c'est, à mon sens, bien plus dans l'approche des questions traitées que dans le côté *hot spot* de la Guyane française.

On a souvent observé que l'interdisciplinarité, notamment pour des questions environnementales, s'opérait mieux lorsque les acteurs jouaient dans le même « bac à sable ». Ici, le bac à sable est grand, mais l'aspect territorial joue parfaitement, et les systèmes, en terme d'espace, ont été clairement définis. Certes les échelles spatiales sont différentes des traditionnelles échelles continentales du territoire métropolitain et des pays européens ; néanmoins, les questions traitées dans ce rapport sont en général posées dans des systèmes environnementaux dont les échelles spatiales (et temporelles) sont explicitées.

Plus qu'une interdisciplinarité, on peut parler d'une approche intégrative des disciplines convoquées dans ces questions de recherche. Pour cette raison, la modélisation, la géomatique, les biostatistiques, la télédétection et tous les aspects de l'écologie – qui retrouve ici son but premier d'éclairer les transmissions entre niveaux d'organisation – sont souvent des composantes des projets résumés dans ce rapport.

Les développements technologiques liés à la métrologie et à l'observation sont aussi très présents dans ces recherches. Ils illustrent également combien l'ingénierie de l'environnement est incontournable pour une réponse à la fois qualitative et quantitative aux questions posées.

Des aventures scientifiques originales, qu'elles soient au croisement de l'archéologie et de l'écologie, ou de la chimie et de l'écologie, ou encore de la chimie des substances naturelles et de la mécanique du bois, sont rassemblées dans ce bel ouvrage.

Convaincue du caractère incontournable de l'approche systémique des questions d'environnement, je me réjouis de la diffusion large d'autant d'exemples dont les méthodes et les résultats devraient être partagés au-delà du CNRS, dans la communauté scientifique des sciences de l'environnement, désormais réunie au sein de la nouvelle alliance AllEnvi.

Claudine Schmidt-Lainé

Présidente du conseil scientifique du programme Amazonie
Directeur de recherche CNRS, directeur scientifique du Cemagref

Décembre 2009

INTRODUCTION

L'Amazonie est une région mythique. Tout un imaginaire originel s'y rattache : forêt vierge, nature maximale, terre nourricière, harmonie de cette nature et des peuples premiers qui y vivent et en vivent. Tentez l'expérience ! Profonde, et peut-être infinie, est la liste des sentiments associés à l'évocation de ce simple mot de huit lettres. Mais l'Amazonie, c'est aussi et surtout une réalité : de vastes écosystèmes intertropicaux où vivent des populations humaines à l'heure de la mondialisation et des grands défis écologiques partagés par l'humanité tout entière.
Sa réalité, c'est aussi de s'étendre sur les territoires de neuf États, qui se partagent donc des enjeux régionaux et planétaires. Chacun avec sa perception et sa manière d'appréhender le monde : au total, un arsenal diversifié de statuts, de lois, d'outils juridiques et diplomatiques président à la destinée d'un même ensemble écologique. L'un de ces États est la France. La Guyane française a une superficie de 84 000 km^2 qui représente environ 1 % de l'Amazonie. Avec le Guyana et le Suriname, elle constitue le plateau des Guyanes. Ce n'est pas le bassin versant de l'Amazone, mais ce plateau reste néanmoins rattaché à l'ensemble écologique d'Amazonie du fait de la continuité apparente des biotopes sur l'ensemble de la région. La Guyane française est donc inscrite dans ce vaste territoire d'Amazonie. C'est aussi l'une des sept régions dites ultrapériphériques de l'Europe, et perçue à ce titre comme l'une de ses frontières actives, aux confins de son périmètre. Sa forêt, couvrant 7,5 millions d'hectares, est la plus grande forêt de l'Union européenne.

Sur le plan scientifique, tous ces éléments constituent un atout majeur. C'est pour cela que l'on n'hésite pas, souvent, à qualifier la Guyane de laboratoire à ciel ouvert : de quel meilleur endroit pourrait-on rêver pour étudier les écosystèmes intertropicaux, leur biodiversité, la diversité humaine et sociale, et pour imaginer des modes de développement originaux, éthiques et écoresponsables ? Manifestement, cette région encore sous-valorisée sur bien des plans l'est aussi sur celui de la recherche scientifique. La complexité des questions posées, la nécessité d'aborder ces questions par une lecture pluridisciplinaire, l'étendue des domaines d'investigation et la nécessité d'y attacher des moyens d'études adéquats, tout cela participe d'un grand défi scientifique, un défi d'envergure, une prise de risque taillée pour les ambitions du CNRS.
En 2002, la décision d'implantation pérenne de l'établissement s'est traduite par la création d'une structure de représentation et d'affectation de personnel et de moyens sur le territoire de la Guyane, l'unité propre de service CNRS-Guyane. Elle a permis d'asseoir dans ce morceau d'Amazonie une présence qui allait servir à déployer plus largement la force de frappe imaginée, à l'intérieur du CNRS, par les initiateurs du projet Guyane. En 2004, le programme interdisciplinaire de recherche Amazonie a été créé sur une philosophie « environnement et développement durable », dans l'esprit du tout nouveau département scientifique EDD, alors en gestation au CNRS. Dans la poursuite de l'installation du bureau permanent du CNRS en Guyane, ce programme allait insuffler une dynamique scientifique collective, visible, mobilisatrice et structurante. Après une période de quatre ans, il a été prolongé en 2008 pour une durée équivalente, courant donc jusqu'en 2011. En raison du périmètre des réponses obtenues sur le premier appel d'offres du programme, la base du projet scientifique a été recentrée sur la biodiversité, tout en gardant l'objectif de développement durable.
Fabriquer un moteur, c'est bien, mettre du carburant, c'est nécessaire, mais il faut également savoir où l'on veut aller : quelles frontières de la connaissance voulons-nous franchir et dépasser ? Quelle *terra incognita* de l'univers des savoirs à conquérir souhaitons-nous explorer ? L'ambition de ce programme est d'identifier et de franchir ces frontières, puis d'explorer ces espaces de la connaissance. Pour mieux comprendre son originalité et son audience, qui vont bien au-delà de sa taille modeste et du mythe de son objet d'étude, puis pour préparer une suite éventuelle, il nous a semblé nécessaire de raconter ici l'aventure du projet Guyane du CNRS, indissociée de celle de son bras armé scientifique et financier que fut sur la période le programme Amazonie.

Tableau ci-contre : les estimations de superficie, tant au niveau du territoire total que de la couverture forestière, sont très variables en fonction des sources. Pour ce livre, nous avons considéré les estimations moyennes les plus fréquemment relevées. On notera au passage que ces variations dans les chiffres, toutes sources confondues, témoignent certes d'une certaine approximation dans la connaissance de ces territoires, mais indiquent aussi assez clairement la difficulté que l'on peut rencontrer à évaluer, de manière consensuelle et au plus près du réel, la teneur concrète de la biodiversité d'Amazonie, et le travail qu'il reste encore à faire pour établir une vérité scientifique.

	Guyane		Amazonie		Rapport Guyane/Amazonie
	km^2	hectares	km^2	hectares	%
Territoire « légal »	84 000 km^2	8,4 millions ha	7,5 millions km^2	750 millions ha	1,12 %
Forêt	75 000 km^2	7,5 millions ha	5,5 millions km^2	550 millions ha	1,36 %
Rapport territoire/forêt	**89,28 %**		**65,47 %**		

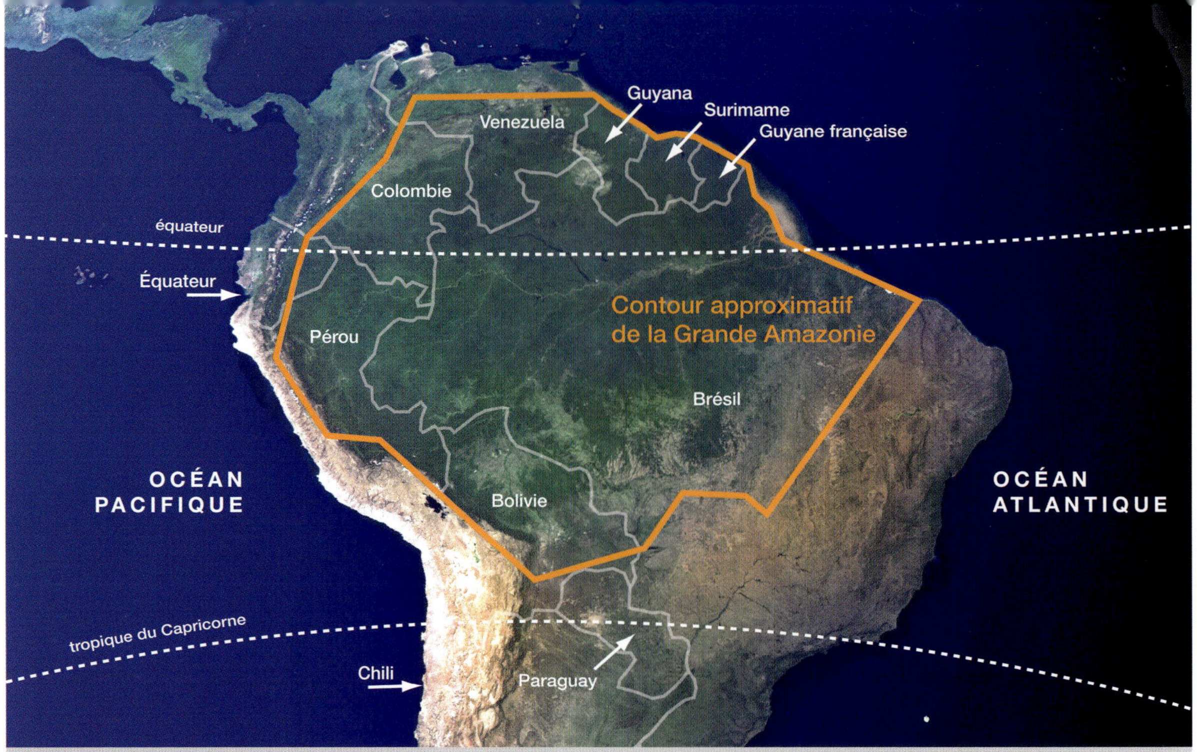

Grande Amazonie : bassin de l'Amazone et plateau des Guyanes. La Grande Amazonie, environ 7,5 millions de km², est à cheval sur l'équateur. La plus grande partie est au Brésil, mais d'autres États et territoires sont concernés : Venezuela, Guyana, Suriname, Guyane française, Colombie, Équateur, Pérou et Bolivie. Le système forestier représente 5,5 millions de km². Le bassin de l'Amazone est le plus grand du monde (6 790 000 km²). Ce fleuve a le plus grand débit : 200 000 à 250 000 m³/s en moyenne sur l'année (le second est le Congo avec 70 000 m³/s). il est aussi le plus long (6 500 km). Le tout repose sur un socle très ancien (protérozoïque, datations à -2 milliards d'années, et même archéen, soit -3,5 milliards d'années, par endroits), n'ayant pas connu de glaciation depuis au moins le vendien (-700 millions d'années). C'est aussi la plus grande réserve de biodiversité de la planète, animale (vertébrés et invertébrés) et végétale (environ 13 % de la biodiversité mondiale). C'est une grande diversité humaine et sociale et un espace économique, mais encore peu peuplé (21 millions d'habitants).
Carte élaborée à partir de l'atlas de l'Encyclopædia Universalis.

L'Amazonie

Un grand système naturel et anthropisé

Quand on parle d'Amazonie, on sous-entend le plus souvent : forêt dense, Enfer Vert ou Forêt d'Emeraude suivant les sensibilités. Certes l'Amazonie est couverte en grande partie par de la forêt, la plus vaste de la planète avec la forêt sibérienne (cf. carte et légende). On mentionne aussi le fleuve Amazone (le plus grand du monde avec le réseau hydrographique le plus important aussi), qu'on découple le plus souvent de la forêt alors que le fonctionnement des deux est interdépendant. Cependant, l'Amazonie c'est aussi :

- des villes et des villages, un habitat très dispersé sur une immense superficie ;
- des sociétés humaines très nombreuses et diverses (rien qu'en Guyane une dizaine de langues sont couramment parlées) ;
- non pas une forêt mais des forêts ;
- une grande biodiversité, non seulement terrestre, mais aussi aquatique, source potentielle de richesses encore mal évaluées ;
- de vastes savanes ;
- de grands agrosystèmes ;
- un littoral comportant de larges zones humides et une partie océanique très originale avec l'influence de l'Amazone ;
- le système insulaire fluvial de l'Amazone ;
- un socle parmi les plus anciens du monde (socle protérozoïque, voire archéen, du plateau des Guyanes) ;
- des ressources minérales et surtout biologiques valorisables ;
- des ressources énergétiques difficilement exploitables avec des conceptions classiques (par exemple, la dispersion de l'habitat sur un vaste territoire limite la portée des grandes infrastructures, notamment des réseaux de distribution) ;
- un climat intertropical humide, avec une forte influence maritime atlantique qui se fait sentir jusqu'au massif andin et un régime climatique entretenu par la forêt.

Les questions fondamentales, actuellement identifiées sont les suivantes : Quelle est l'importance de ce système dans les grandes dynamiques de la planète ? Quel rôle joue la biodiversité ? Quelle est sa dynamique ? Comment évolue-t-elle spontanément et sous influence anthropique ? Quelles sont les ressources qui lui sont liées ? Quelles sont les sources d'inspiration technologique qu'on peut en tirer ? Quelle est l'histoire de ce système et des sociétés qui y vivent et en vivent ? Comment gérer et aménager cet immense territoire dans une optique de développement durable ? Quelles sont les technologies à adapter ou à inventer pour assurer ce développement tout en préservant et en valorisant les ressources de ce milieu et le patrimoine qu'il représente ? Quelles sont les dynamiques économiques et sociales en œuvre, comment les accompagner ? Quelles sont les relations entre la santé de ces populations et les évolutions de l'environnement ?
Ces caractéristiques ne sont pas uniques au monde, elles se retrouvent dans plusieurs régions intertropicales. La Guyane et, d'ailleurs, son voisin brésilien, l'État d'Amapá, constituent une partie largement représentative de l'ensemble amazonien. Développer des recherches sur le modèle guyanais, facteur de progrès pour le territoire, revêt aussi un intérêt bien plus général pour peu qu'on sache faire les adaptations et les changements d'échelles corrects.

De la genèse du projet – du pourquoi et du comment s'élaborent une stratégie scientifique et une programmation associée de recherche – jusqu'à la présentation des percées scientifiques qu'il permet d'atteindre et l'analyse des effets directs et induits qu'il provoque sur un environnement de recherche, ce récit reprendra donc les différentes étapes de l'aventure guyanaise du CNRS. Créé presque de toutes pièces et quasiment *ex nihilo*, déployé dans un milieu relativement circonscrit, à l'échelle d'un territoire et d'une petite communauté de recherche et d'enseignement supérieur, il nous est apparu, de plus en plus clairement en élaborant les prémices de ce qui n'était alors qu'un rapport, que le projet Guyane du CNRS pouvait finalement participer de l'enseignement d'une certaine ingénierie de la recherche en France.

C'est cette histoire, avant tout, que nous avons voulu vous faire partager ici. Bien entendu, nous n'épuiserons pas le sujet dans cet ouvrage, qui peut néanmoins servir d'exemple pour ceux qui s'intéressent à la programmation et à la dynamique scientifiques. Véritable cas d'espèce, cette histoire pourra se livrer à l'intérêt des épistémologues aussi bien qu'à la curiosité des gouvernances de nos institutions, et plus généralement enfin, à tous ceux que le fonctionnement de la recherche intéresse.

Dans une première partie, nous expliquons la genèse du projet Guyane et du programme Amazonie, nous attachant à montrer comment s'élaborent une stratégie scientifique et la programmation de la recherche associée, ainsi que les percées que le projet et le programme ainsi conçus permettent de réaliser, dans un pas de temps assez court. Grâce à sa caractéristique territoriale et à sa taille modeste, l'aventure guyanaise du CNRS offre une maîtrise d'analyse relativement aisée des effets induits sur le système de recherche et d'enseignement supérieur régional, ainsi que des rétroactions. Elle apparaît donc comme une sorte de système expérimental, un laboratoire sans murs de la programmation scientifique. Des exemples d'effets induits sont détaillés. Au niveau du laboratoire, nous revenons sur l'entrée du CNRS dans l'unité mixte de recherche Ecofog, sur la mise en place d'un observatoire hommes-milieux sur la zone frontalière avec le Brésil, autour du fleuve Oyapock et sur la montée en puissance de la station des Nouragues. Nous expliquons aussi l'influence qu'a eue ce programme sur la recherche et l'enseignement supérieur, son rôle fédérateur pour animer la réflexion avec un ensemble de partenaires de la communauté régionale de recherche, et la manière dont il a amorcé des projets scientifiques d'ampleur suffisante pour émarger aux financements de l'Agence nationale de la recherche. Nous évoquons enfin le rôle du programme sur la valorisation régionale de la recherche, en montrant son influence sur le dispositif d'innovation, ainsi que son apport à la construction d'une nouvelle image territoriale.

Une seconde partie se compose d'articles rédigés par les chercheurs, qui présentent les actions de recherche et les résultats obtenus. L'interdisciplinarité est de règle, mais limitée à un nombre restreint de disciplines au sein de chaque action. Elle est évidemment plus large pour le programme dans son ensemble. Au total, le choix des contributions figurant dans cette seconde partie constitue un ensemble diversifié mais cohérent qui, nous l'espérons, aidera le lecteur à cerner l'esprit du programme Amazonie. Une essence portée tant par la volonté fondamentale de comprendre la dynamique de la biodiversité, en développant les aspects théoriques, que d'aborder les questions relatives à la gestion et à la valorisation de cette biodiversité, des innovations bioinspirées aux problématiques d'aménagement des territoires.

L'histoire du CNRS en Guyane, telle que l'on peut la percevoir en 2010, a conduit à de véritables progrès. Le programme Amazonie s'achevant en 2011, la prospective scientifique est aujourd'hui ouverte. Quelques pistes sont proposées en conclusion de ce rapport. Certes affaire de spécialistes, cet exercice reste un grand enjeu à partager à l'échelle d'un vaste territoire. Pour l'ensemble des lecteurs, nous avons donc à cœur que cet ouvrage alimente une réflexion sur les concepts parfois flous que peuvent être la biodiversité ou le développement durable. Mais avant tout, nous avons espoir qu'il apporte un regard différent, tant sur la recherche qui, manifestement, sort ici des « sentiers battus », que sur les enjeux d'avenir en Amazonie.

Alain Pavé et Gaëlle Fornet

Panorama depuis l'inselberg des Nouragues.

Photo : Roger Le Guen

I amazonie

Partie I : *Une aventure scientifique et humaine du CNRS*

la genèse

Évolution des idées et de l'organisation de la recherche en sciences de l'environnement

Le programme Amazonie n'est pas sorti un beau matin d'un chaos originel. Il est le fruit d'une histoire, commencée en 1978, celle des recherches sur l'environnement et de leur traduction au CNRS sous la forme de programmes interdisciplinaires, et, plus récemment, de structures : département scientifique EDD, Environnement et développement durable puis Inee, Institut écologie et environnement.

1

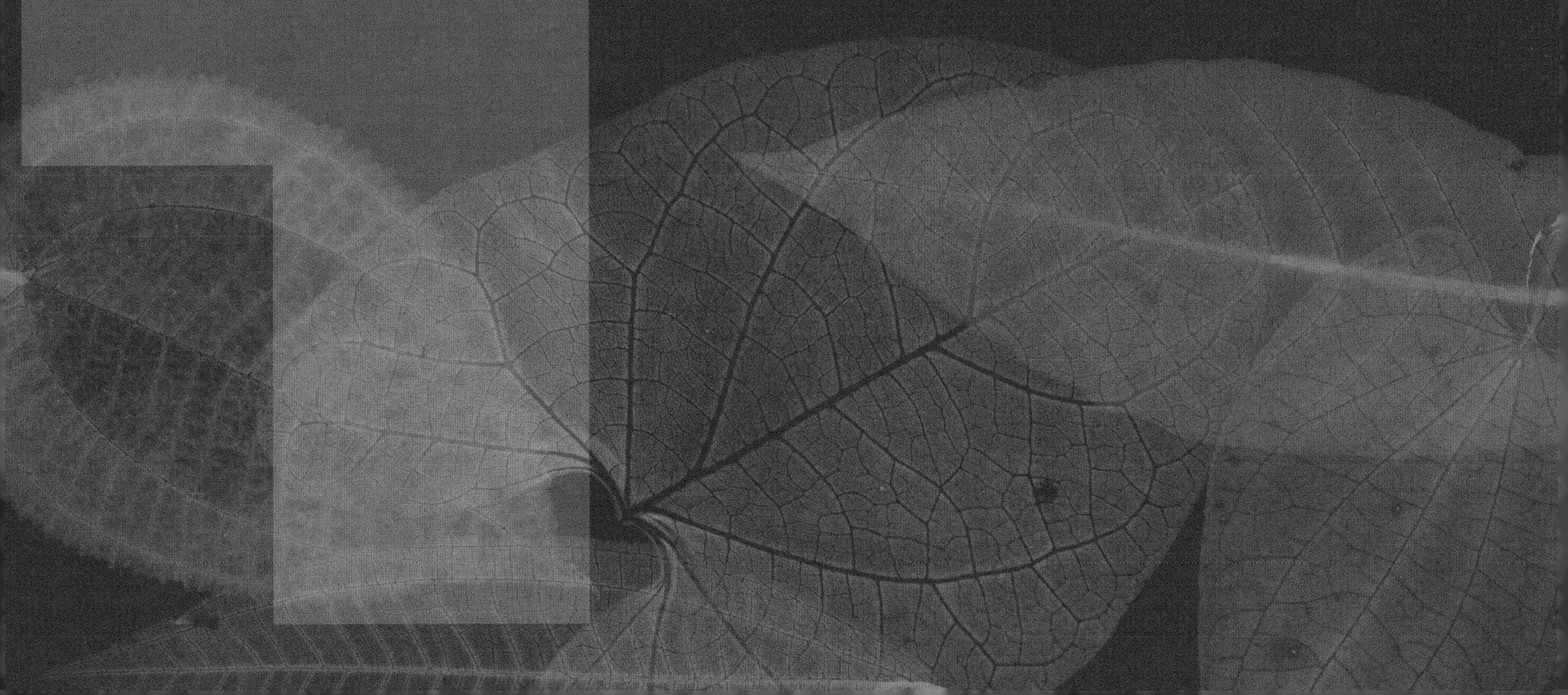

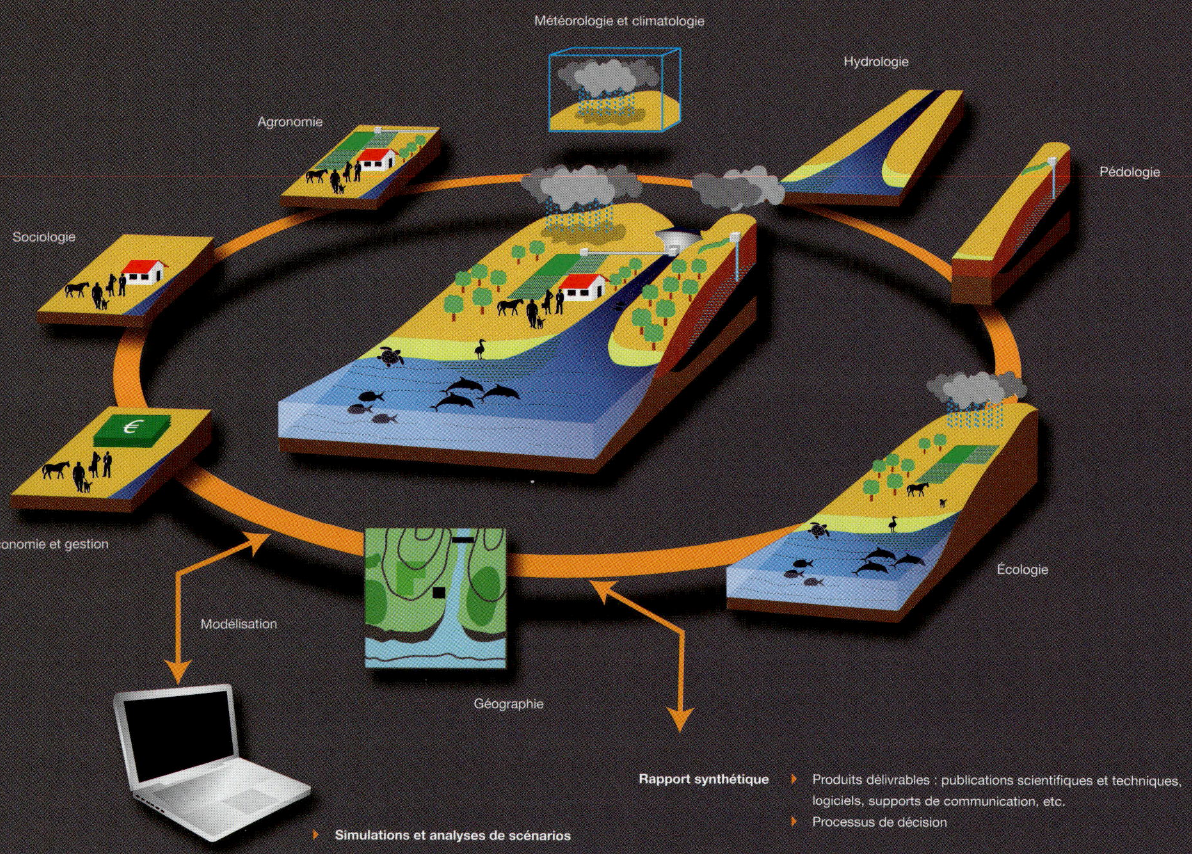

Schéma de principe d'une étude interdisciplinaire et intégrée d'une région. Les disciplines doivent coopérer à la fois pour faire émerger des questionnements communs et pouvoir élaborer des synthèses, tout en vérifiant que chacune y trouve son compte, conditions nécessaires de réussite.
Les programmes interdisciplinaires ne se limitent pas à faire des listes d'actions de recherche, mais s'interrogent sur la méthode ; au-delà du mot, comment faire de l'interdisciplinarité efficacement? Bien entendu un tel schéma est idéal, il a cependant l'avantage de fixer les idées, d'avoir un repère. Adapté du schéma original, plan d'action du programme Environnement, vie et sociétés, 1995-1998, décembre 1994.

Des sciences de la nature aux sciences de l'environnement

L'assise historique : les sciences de la nature

L'inselberg des Nouragues en Guyane est colonisé, sur ses pentes les moins raides, par une végétation basse particulièrement adaptée aux conditions de température et d'ensoleillement extrêmes qui règnent sur ce dôme granitique. La couleur noire du granite est due à un biofilm principalement constitué de cyanobactéries.

Avant 1978, il existait bien entendu des recherches sur un ensemble d'« objets » de l'environnement. Effectuées au sein de diverses disciplines, elles s'inséraient dans un cadre que l'on pourrait appeler les sciences de la nature. Cet ensemble regroupait d'un côté les êtres vivants, auxquels s'intéressaient les sciences de la vie (zoologie, botanique, biologie générale, physiologie, etc.), et, d'un autre côté, les objets inanimés, relevant de ce qu'on appelle aujourd'hui les géosciences (géologie, hydrologie, pédologie, océanographie physique, etc.). Une discipline se distinguait déjà : l'écologie, centrée sur l'étude des interactions. Interactions entre des éléments différents, entre des êtres vivants – compétition, prédation, mutualisme, symbiose –, et entre des êtres vivants et des objets inanimés des milieux solides, liquides et gazeux, ou encore composites comme les sols. Par essence, l'écologie avait à faire avec d'autres disciplines des sciences de la nature et elle concevait ses propres méthodes, en considérant des « systèmes ». Elle a été au cœur de ce qu'on va appeler les sciences de l'environnement, qui vont émerger au tournant des années 1970.

Émergence des sciences de l'environnement : l'interdisciplinarité en question

Bien que l'expression ne soit pas alors encore consacrée, les « sciences de l'environnement » vont se constituer dans les années 1970. Alors que l'on prend de plus en plus conscience – que l'on constate – les effets de l'action de l'homme sur la nature, le concept d'environnement se précise. Par définition, l'environnement est ce qui environne un objet central. Mais quel est cet objet ? Bien que la réponse paraisse *a posteriori* évidente, il a fallu du temps pour qu'il soit admis que l'environnement est ce qui entoure l'homme et les sociétés humaines. Les êtres humains sont donc bien au centre. En tant qu'êtres biologiques bien sûr, mais surtout en tant qu'êtres sociaux agissant directement sur leur environnement, par le biais des objets technologiques, des outils qu'ils ont inventés et des produits qu'ils ont fabriqués et synthétisés. Ainsi, les humains perturbent et changent ce qui les entoure, volontairement ou pas. Si l'on veut comprendre les modifications de cet environnement, il devient évident que l'on ne peut s'en tenir aux dynamiques naturelles. Bien sûr, il faut comprendre ces dynamiques pour elles-mêmes, mais il faut également décrypter les effets des actions de l'homme. En retour, les modifications de l'environnement, spontanées ou provoquées, ont une influence sur les individus et les sociétés, qu'il s'agit d'évaluer.

Départ d'une rotation d'hélicoptère depuis la *drop zone* du camp Inselberg, station des Nouragues.

Pour aborder scientifiquement l'environnement, on ne peut plus se contenter des sciences de la nature. D'autres secteurs sont concernés : les sciences de l'homme et de la société, ainsi que les secteurs producteurs de technologies et de produits nouveaux, les sciences de l'ingénieur et la chimie. Et si l'on veut mieux comprendre et prévoir, il faut modéliser, donc mobiliser les mathématiques appliquées et l'informatique. Ces perceptions nouvelles conduisent à porter des regards différents sur les entités composant cet environnement. Ainsi, un arbre n'est pas seulement une source de planches pour faire des meubles, ou de poutres pour faire des charpentes, mais aussi un élément fondamental d'un écosystème, un absorbeur ou un émetteur de CO_2, un habitat pour des animaux, pour d'autres végétaux et pour des microorganismes. Tout comme le travail, l'emploi ou l'énergie, qui ont fait en leur temps l'objet de programmes interdisciplinaires, ou tout sujet qu'on peut qualifier de « complexe », l'environnement, constitué d'entités en interaction, ne peut donc se réduire à une simple somme de contributions disciplinaires. Ce tableau, qui n'était pas dessiné au début, s'est précisé peu à peu. Il faut non seulement avoir une approche pluridisciplinaire, mais surtout croiser les regards et faire coopérer les chercheurs de disciplines différentes. En 1975, une nouvelle dynamique de recherche autour de l'interdisciplinarité s'amorce au CNRS, sous l'impulsion de son directeur général Robert Chabbal. La mise en place de programmes interdisciplinaires de recherche est une réponse proposée pour tenir compte de ces nouvelles considérations, qui concernent entre autres l'environnement. Le Piren – programme interdisciplinaire de recherche sur l'environnement – est créé en 1978 et démarre l'année suivante.

01

02

03

01 : rayons de soleil sur un carbet du site Inselberg. Dans la forêt, la lumière constitue un facteur limitant primordial puisque seuls 2 % de l'énergie lumineuse incidente arrivent au sol.

02-03 : pluie sur le site Inselberg.

Les aïeux

Le Piren, le programme Environnement et le PEVS

Le Piren : première génération de programmes interdisciplinaires de recherche sur l'environnement

De 1979 à 1990, le Piren va commencer à construire l'interdisciplinarité et à organiser la recherche en matière d'environnement. Déjà, et même si une vision globale n'a pas encore été énoncée, on perçoit la nécessité de composer un certain nombre de thèmes prioritaires plutôt que de lancer des appels d'offres non structurés, conduisant à des travaux certes intéressants, mais peu capitalisables. C'est ainsi que progressivement des thèmes sont identifiés, à la fois sous l'impulsion de la communauté scientifique réunie par le CNRS et sous celle, plus vaste, de la communauté internationale : « Systèmes ruraux », « Invasions biologiques », « Histoire de l'environnement », « Économie, droit, sociologie de l'environnement », « Grands cycles biogéochimiques », « Littoral », « Eaux continentales », « Santé et écotoxicologie », etc. Nous sommes encore dans des schémas hétéroclites, avec des intitulés qui désignent tantôt des objets, tantôt des processus, voire des ensembles de disciplines ou des préoccupations. Les thèmes évoluent dans leur nombre et dans leurs définitions tout au long des onze années d'existence du Piren, avec des énoncés nouveaux, par exemple « Écosystèmes et changements globaux ». L'importance de la structuration est reconnue. Zaher Massoud, alors directeur du Piren, et son équipe donnent ce souffle au programme.

Les objets de la recherche sont d'abord choisis en fonction de leur pertinence pour répondre à des questions scientifiques urgentes, évaluées par la communauté scientifique. C'est ainsi que l'on prête déjà une attention particulière aux écosystèmes intertropicaux, en particulier la savane et la forêt. Pour la forêt, la vision qui prime alors est celle des gestionnaires et exploitants, à savoir la production de ressources exploitables, en l'occurrence du bois. Mais un autre point de vue commence à émerger, celui d'une lecture écologique : la forêt n'est plus uniquement perçue comme un système de production, mais comme un écosystème. L'étude des écosystèmes forestiers intertropicaux, fortement diversifiés, est pour beaucoup dans cette évolution.

Carbets du site Inselberg de la station des Nouragues, Guyane. La longueur de ces habitations sans murs permet l'hébergement de trois ou quatre personnes et leur largeur est calculée pour l'accrochage d'un hamac et d'une moustiquaire.

Le programme Environnement : réorganiser l'interdisciplinarité

En 1990, le Piren est transformé en programme Environnement, en lien avec une nouvelle structuration de la recherche conçue alors, tandis que François Kourilsky est directeur général du CNRS. Une réorganisation de l'interdisciplinarité est amorcée, s'appuyant sur l'expérience accumulée. L'objectif est de mieux mémoriser et capitaliser les résultats, et de mieux prendre en compte des thèmes émergents. Au sein du programme Environnement, alors dirigé par Alain Ruellan, les recherches sur les écosystèmes sont réunies dans un grand thème chapeau intitulé « Systèmes écologiques et actions de l'homme du fait de l'importance de l'intervention des humains sur ces systèmes ». Examiner le fonctionnement écologique à la fois dans ses aspects spontanés et dans ses dimensions anthropiques, pour évidente que semble aujourd'hui cette démarche, n'allait pas de soi à l'époque. Mais les réticences initiales ont rapidement cédé le pas devant la qualité et l'intérêt des résultats obtenus. Ainsi, c'est en intégrant l'activité de pêche que l'on a mieux compris la dynamique des populations d'oiseaux marins dans les îles australes. De même, dans certaines zones tropicales, des singularités locales de la biodiversité peuvent s'expliquer par l'intervention de l'homme, actuelle et passée, qui favorise des espèces à usage domestique.

La biodiversité est un terme nouveau et une problématique qui émerge sur la période 1986-1988. Elle se distingue de celle de la diversité biologique en intégrant les relations entre les êtres humains et les autres êtres vivants de la planète, et fait alors l'objet d'une réflexion internationale. Ce néologisme sera popularisé lors de la conférence de Rio en 1992. Le programme Environnement, très présent à Rio, crée, dès l'automne 1992, le thème Dynamique de la biodiversité et environnement. Robert Barbault est le principal instigateur de ce concept, qui

Vues et scènes de vie sur les deux sites de la station des Nouragues.

01 : vue aérienne du camp Saut-Pararé. **02** : discussion entre scientifiques au camp Inselberg. **03** : les couchages (hamacs et moustiquaires) sont suspendus aux traverses en bois. **04** : la brouette est le véhicule indispensable pour transporter le matériel jusqu'aux carbets. **05** : accrochage des hamacs. **06** : carbet cuisine et pièce à vivre du camp Inselberg.

apparaît formulé pour la première fois au monde. D'une certaine façon, l'Institut français de la biodiversité, puis la Fondation pour la recherche sur la biodiversité en sont les descendants. En pratique, le remplacement de l'expression « diversité biologique » par « biodiversité » s'est traduit par un élargissement du concept, dans la philosophie de l'ouvrage édité par O.E. Wilson en 1988 (1). Réservé aux sciences de la vie au départ, il intègre en plus les relations entre les hommes et les autres êtres vivants de la nature, puis, avec une extension supplémentaire, le monde biologique dans son ensemble : les êtres vivants et leurs productions. Un grand ensemble de disciplines scientifiques sont donc mobilisées derrière ce concept. C'est ce que résume la figure ci-dessous.

Les actions du programme sont bien interdisciplinaires, mais, dans un souci d'identifier un point d'entrée en sciences humaines et sociales, le programme Environnement crée un thème « Environnement, sociétés et développement à long terme ». Il préfigure les recherches sur le développement durable. Les recherches en physicochimie sont renforcées et deviennent une thématique solide. La partie concernant l'atmosphère sera absorbée et développée par l'Insu (Institut national des sciences de l'univers) au titre de la contribution française aux programmes internationaux du domaine.

Une autre originalité du programme est d'animer une réflexion conceptuelle en matière de recherche sur l'environnement en s'appuyant sur un thème consacré aux méthodes, aux modèles et aux théories (rapidement connu sous le sigle MMT). Les recherches menées dans ce sens ont des conséquences importantes dans la structuration des laboratoires. Elles sont par exemple à l'origine de la création en 1993 par Jacques Weber du laboratoire Green du Cirad à Montpellier. C'est un souci constant du programme que de mieux définir le champ de recherche sur l'environnement afin de mieux le structurer et de favoriser l'interdisciplinarité. L'objectif est aussi de rendre plus visibles les résultats de la recherche et donc de mieux capitaliser les connaissances. Une analyse stratégique est menée dès l'origine du programme, traduite dans un texte d'orientation et de programmation scientifique publié en 1990. En 1992 et en 1993, la réflexion sur le programme fait émerger trois grands thèmes autour desquels s'organisent implicitement les recherches sur l'environnement (2), schématiquement, avec un vocabulaire actualisé :

- le changement climatique ;

1. Wilson O.E., *Biodiversity*, Washington D.C., National Academic Press, 1988.

Les différentes facettes de la biodiversité, selon la représentation communément admise actuellement, fruit d'une évolution du concept depuis son émergence à la fin de années 1980. Ce schéma a été présenté dans le cadre d'un séminaire du groupement d'intérêt scientifique Silvolab à Cayenne en novembre 2007, ainsi que lors d'une conférence de la réunion plénière de l'Académie des technologies en septembre 2009. Il a été repris dans la note de l'Académie des technologies datée du 15 janvier 2010, « La question de la biodiversité – 2010, Année internationale de la biodiversité ».

01

02

03

04

05

06

- la biodiversité et les ressources renouvelables ;
- le cadre de vie, la santé, l'environnement et le développement durable.

Les interactions entre ces trois ensembles deviennent un enjeu majeur de l'action scientifique du programme Environnement qui, de fait, pose les bases de l'organisation scientifique d'un pan important des recherches sur l'environnement du CNRS, et même au-delà du CNRS, pour une douzaine d'années, de 1990 à 2002. Des recherches sur la biodiversité et les écosystèmes tropicaux sont développées dans ces différents thèmes. Le programme Environnement se voit confié le soutien à la station scientifique des Nouragues, construite quelques années auparavant, en 1986, au cœur de la forêt amazonienne de Guyane. Puis deux grandes actions de recherche sont mises en place par le programme : Ecofit (Écosystèmes forestiers intertropicaux) visant à reconstituer l'histoire et le fonctionnement des forêts intertropicales, notamment de la forêt amazonienne, et Salt (Savanes à long terme), dont le but est de comprendre le fonctionnement des grandes savanes et de prévoir leur évolution ; son objet d'étude est essentiellement la savane africaine.

L'intérêt de développer la recherche en Guyane est déjà souligné dans un article de la *Lettre du programme Environnement du CNRS* (3). Dans le cadre de son animation scientifique, le programme Environnement organise en 1993 avec le soutien de l'Orstom des journées de rencontres et de réflexion sur le thème « Les écosystèmes intertropicaux, fonctionnement et usages ». De grands résultats émergent des actions du programme. On peut citer par exemple les variations historiques des forêts d'Amazonie, avec de grandes périodes sèches et des incendies durant l'holocène (en gros les 10 000 dernières années), où une partie du couvert forestier a été remplacé par de la savane, et la mise en évidence de l'extension spontanée actuelle de toutes les forêts intertropicales, mais contrebalancée par la déforestation due à l'homme.

Toutes ces actions, comme la plupart des actions du programme, sont conduites avec la participation de chercheurs de différents organismes. Comme l'interdisciplinarité, l'interorganisme permet, déjà, de dépasser les frontières contre lesquelles butent les chercheurs. Au total, le programme Environnement et ses successeurs mobilisent de façon permanente un millier de chercheurs, dont près du tiers liés à des organismes autres que le CNRS. La mise en commun des points de vue permet d'enrichir la réflexion scientifique et stratégique, de mieux apprécier les évolutions de la recherche, et donc de mieux structurer, capitaliser et anticiper les orientations des recherches. Elle est à l'origine du lancement par le CNRS, avec des partenaires (Cemagref, Ifremer, Inra), de la revue *Natures, Sciences, Sociétés*, qui diffuse la pratique interdisciplinaire. Trois personnalités jouent un rôle important dans la création de cette revue : Marcel Jollivet, Gérard Mégie et Jean-Marie Legay. Dès cette époque, le programme a une activité internationale importante en direction de plusieurs pays d'Europe, de la Russie, des États-Unis, du Japon et du Brésil. Plusieurs missions ont lieu en Amazonie. Le programme est l'un des acteurs principaux de la représentation de la recherche française à la conférence de Rio en 1992. Il entretient des liens permanents avec les grands programmes internationaux : IGBP (International Geosphere - Biosphere Programme), MAB (Man and Biosphere), HDP (Human Dimension of Global Change Programme), Diversitas.

Le PEVS : la préfiguration en deux phases du département EDD, puis de l'Inee

Durant les années 1990 et au début des années 2000, deux principaux acteurs sont en charge des recherches sur l'environnement au CNRS, l'Insu et les programmes interdisciplinaires : programme Environnement, et à sa suite le programme Environnement, vie et sociétés, le PEVS. Un plan d'action est édité début 1995. Deux nouveaux thèmes sont alors créés : « Transferts, transformations et écotoxicologie des contaminants » et « Environnement et santé ». Le programme Mercure en Guyane est lancé en 1996. Il répond à une alerte du Réseau national de santé publique (actuel Institut national de veille sanitaire). Pour les recherches sur la biodiversité et le fonctionnement des écosystèmes intertropicaux, les actions Ecofit et Salt sont maintenues, ainsi que le soutien à la station des Nouragues. D'autres actions concernant la zone intertropicale sont lancées, notamment dans le champ « Émergence et réémergence de maladies infectieuses » identifié dans le thème « Environnement et santé ». En 1996, les Journées du PEVS sont consacrées aux tendances nouvelles en modélisation pour l'environnement, renforçant

Une iule,

famille des mille-pattes.

Photo : Loïc Brepson

2. Jollivet M. et Pavé A., « L'environnement, un champ de recherche en formation », *Natures, Sciences, Sociétés,* n° 1, 1993, p. 6-20. Une version actualisée et développée de cet article a été publiée au Brésil et connaît un franc succès : Jollivet M. et Pavé A., « O meio ambiente : questões e perspectivas para a pesquisa », in Freire Vieira P. et Weber J. (dir.), *Gestão de recursos naturais renovaveis e desenvolvimiento*, São Paulo, Cortez, 1997, p. 53-112.
3. Pavé A., Barbero M., Lévêque C., « La Guyane : un territoire pour la recherche », *Lettre du programme Environnement du CNRS*, n° 5, 1992, p. 7-8.
4. Blasco F. (dir.), *Tendances nouvelles en modélisation pour l'environnement*, Elsevier, 1997.

CHRONOLOGIE DE L'ORGANISATION DES RECHERCHES SUR L'ENVIRONNEMENT

(en italiques gras : les principales initiatives en Guyane ou concernant la Guyane)

Principales initiatives nationales et internationales		Programmes – Départements – Instituts du CNRS
Le Programme MAB (Man and Biosphere) de l'Unesco	80	
1986 Invention du mot et du concept « biodiversité » **-** **1988** Les programmes globaux sur l'environnement de l'ICSU (International Council of Scientific Unions) PIGB (Programme international géosphère-biosphère)…	90	**1978** **Création du Piren** : Programme interdisciplinaire de recherche sur l'environnement. Première structuration du champ : mosaïque de thèmes (« Milieu rural », « Écosystème PIGB », « Grands Fleuves », « Chimie et Environnement »…) **1985** Création de l'Insu (Institut national des sciences de l'univers) et de ses programmes. **1986** ***Création de la station CNRS des Nouragues en Guyane***
1992 Conférence de Rio de Janeiro (PNUED : Programme des Nations unies sur l'environnement et le développement) **-** Création du programme Diversitas (IUBS : International Union of Biological Sciences) **-** ***Création du GIS Silvolab en Guyane*** **1993** ***Création du GIP Ecofor*** **-** Création du club des Directeurs généraux des organismes concernés par les recherches sur l'environnement **1997** TAIB (Towards An Integrative Biology – IUBS) **1999** Création de l'IFB (GIS Institut français de la biodiversité) **1999** Création du comité de concertation interorganisme pour la recherche sur l'environnement	00	**1990** **Piren -> programme Environnement** **1990** Organisation thématique : TOPS (Texte d'Orientation et de Programmation Scientifiques) **1992** Création du programme Dynamique de la Biodiversité et Environnement ***Programme Ecofit*** et Salt **1993** Création de la revue NSS *(Natures, Sciences, Sociétés)* – 1er article : « L'Environnement, questions et perspectives pour la recherche », Trois thèmes globaux en interrelations sont identifiés : 1. Climat 2. Biodiversité et ressources renouvelables, 3. Conditions de vie et Santé : environnement et développement durable **1994** **Du programme Environnement -> programme Environnement, vie et sociétés (PEVS)** Plan d'action / structuration thématique : SEAH (Systèmes écologies et actions de l'homme), MMT (Méthodes modèles et théories), Santé et environnement, ESDLT (Environnement, sociétés et développement à long terme) , TTEC (Transports, transformation et écotoxicologie des contaminants) **1996** ***Programme Mercure en Guyane*** **1997** ***Création de l'UPS Nouragues*** **1998** **PEVS I -> PEVS II** Programme thématique SEDD (Systèmes écologiques et développement durable) Zones ateliers pour la recherche sur l'environnement (Lévêque C. *et al.*) coopération avec le réseau LTER (Long Term Ecological Research) soutenu par la NSF (USA)
2000 Rapport du CSRT : Les recherches sur l'environnement en France	05	**2002** **fin du PEVS II** **2002** ***Création de l'UPS CNRS-Guyane*** **2003** **Tentative Insue** **2004** ***Création du programme Amazonie***
2008 ***Création du GIS Irista en Guyane*** **2009** Création de la FRB (Fondation pour la recherche sur la biodiversité) **2009** ***Projet d'un Centre franco-brésilien sur la biodiversité amazonienne (CFBBA)*** **2010** Création de l'Alliance pour la recherche sur l'environnement	10	**2006** **Création du département EDD (Environnement et développement durable)** **2008** ***Phase 2 du programme Amazonie*** **2009** **Création de l'Inee (Institut écologie-environnement)**

toujours plus l'attention portée à la méthodologie et aux aspects théoriques de la recherche sur l'environnement (4). Cette même année, une mission d'expertise du CNRS dans l'État brésilien d'Amapá est organisée à la demande du gouverneur de cet État (5). C'est un engagement fort dans la région.

Fin 1997, en accord avec le département des sciences de la vie dirigé par Pierre Tambourin, le PEVS propose à la directrice générale du CNRS, Catherine Bréchignac, de créer une unité propre de service – une UPS – pour stabiliser et soutenir la station scientifique des Nouragues en Guyane française. Le CNRS réalise alors son premier engagement institutionnel dans ce territoire ultramarin. Pierre Charles-Dominique, fondateur de la station, prend la direction de cette unité destinée à la gestion et au développement d'un dispositif de terrain permanent pour la recherche. Les chercheurs travaillant en Guyane interviennent encore à ce stade uniquement sous forme de missions ponctuelles. En 1998, le PEVS est reconduit, Christian Lévêque, directeur de recherche à l'Orstom, en est nommé directeur. Cette seconde phase prolonge l'action de la première période avec quelques innovations majeures : l'introduction de l'expression « développement durable » et l'invention des zones ateliers pour la recherche sur l'environnement, qui s'appuie sur la nécessité de penser en termes de grandes infrastructures pour la recherche dans le secteur de l'écologie et de l'environnement. La revue anglo-saxonne *Nature* souligne le fait dans un article publié suite à une interview d'Alain Pavé (6). Le soutien aux actions intertropicales est maintenu et renforcé. Le programme Mercure en Guyane, dirigé successivement par Alain Boudou puis Laurent Charlet, atteint une renommée internationale. Ses résultats totalement originaux dans l'analyse et la modélisation du cycle du mercure en milieu intertropical sont à l'origine d'adaptations techniques des procédés d'exploitation minière, et inspirent diverses recommandations sanitaires.

Le PEVS s'achève officiellement en 2003, dans la mouvance d'une nouvelle expérience d'organisation de la recherche sur l'environnement du CNRS, celle de l'Insue : Institut national des sciences de l'univers et de l'environnement. Cette expérience tourne court. Elle aura néanmoins le mérite de mettre en évidence la difficulté des communautés des sciences de l'environnement à coexister dans un unique système de

5. « Environnement et développement durable dans l'État d'Amapá, Amazonie brésilienne », rapport *Recherche et expertise, programme Environnement, vie et sociétés*, CNRS, 1997.
6. « French Environmental Labs May Get "Big Science" Funds », *Nature*, n° 403, 2000, p. 822.

Un «jardin de fourmis» dans un chablis. Celui-ci est habité par deux espèces de fourmis : *Camponotus femoratus* et *Crematogaster levior*, vivant en parabiose. Dans les associations de ce type, les deux espèces de fourmis cohabitent pacifiquement et se partagent le nid, tout en élevant leur couvain séparément. Elles récoltent les graines de la plante épiphyte (ici *Peperomia macrostachya*) et les plantent dans le nid. L'ensemble se développe en créant un jardin suspendu. Station des Nouragues, Guyane.

01

01-02 : taon capturé par des fourmis *Allomerus decemarticulatus* de Guyane qui habitent exclusivement dans la plante *Hirtella physophora*. Ces fourmis construisent des pièges pour capturer des insectes et ensuite les consommer. L'association entre cette fourmi et la plante est un mutualisme : la plante fournit un logement aux fourmis sous la forme de poches situées à la base des feuilles et les fourmis protègent en contrepartie leur plar hôte contre les insectes herbivores. Statio des Nouragues, Guyane.

02

03

03-04 : soldat de termite du genre *Nasutitermes*. Les soldats ont une tête piriforme qui leur permet de projeter une sécrétion défensive collante et irritante su leurs ennemis, en général des fourmis.

04

05

05 : termites du genre *Nasutitermes*. Au centre de l'image se trouve une nymph reconnaissable à ses fourreaux alaires qui développent au cours de mues successive La nymphe se transforme ensuite en imag ailé qui quitte le nid pour fonder une nouv colonie. Les autres individus sont des ouvriers et des soldats.

gouvernance scientifique. Fin 2005, une autre tentative est faite avec la création du département EDD (Environnement et développement durable), dont la direction est confiée à Bernard Delay. Avec Hélène Naftalski au poste clé de secrétaire générale, ils forment une tête d'équipe opiniâtre et efficace. Fermement soutenu par la gouvernance du CNRS, le département EDD résiste ; il évolue en institut avec la réforme de l'établissement engagée en 2006 sous la présidence de Catherine Bréchignac, Arnold Migus étant directeur général. L'Inee (Institut écologie et environnement) est créé en 2009. Françoise Gaill en prend la direction, à la suite de Bernard Delay.
Il y a beaucoup à dire sur ces évolutions, les difficultés récurrentes à organiser la recherche sur l'environnement en un ensemble harmonieux, le rôle et la responsabilité des différents acteurs. La création, le 9 mars 2010, de l'alliance AllEnvi pour les sciences de l'environnement peut être vue comme un nouveau témoignage de ces difficultés et des tentatives pour y remédier. Il n'en demeure pas moins que l'on peut encore se poser la question : le vrai débat de la gouvernance des recherches sur l'environnement en France sera-il ouvert un jour ? Dans l'attente, s'il faut retenir quelque chose de cette histoire un peu compliquée, ce sont bien les enseignements essentiels qu'elle a apportés. Elle a permis des progrès, exemplaires au niveau international, grâce aux équipes mais aussi à l'importance du travail interactif de programmation scientifique. Le bilan en termes de structuration de la communauté de la recherche sur l'environnement et de publications scientifiques est clair : mobilisation d'une large communauté de chercheurs conduisant à la création d'un département puis d'un institut dédiés qui n'aurait pu se faire sans une structuration préalable (7). On poussera jusqu'à dire que cette communauté a pu se consolider sur le savoir-faire du programme Environnement, vie et sociétés dans le montage d'actions interdisciplinaires ; et on rappellera que cette compétence a été reconnue en 2001 par nos collègues des États-Unis lors de la réunion commune tenue à Versailles avec les représentants des LTER (Long Term Ecological Research/USA), cofinancée par la fameuse National Science Foundation américaine. Fort de l'expérience réussie des zones ateliers, l'Inee crée, plus récemment, un nouvel outil de promotion de l'interdisciplinarité pour l'étude des socioécosystèmes : les observatoires hommes - milieux. Ces observatoires se consacrent à l'étude des changements rapides et importants, ils sont centrés sur un objet (lieu) qu'un fait à très fort impact social et environnemental structure profondément et qu'un événement vient affecter d'une façon majeure (ex : un bassin minier et l'arrêt de l'exploitation). Toutes les sciences de l'environnement étudient cet ensemble depuis leur cœur de disciplines.

Des enseignements...

A posteriori, de cette expérience des programmes Environnement, on peut tirer quelques conclusions en termes d'interdisciplinarité. Tout d'abord, on peut l'inciter mais pas la décréter. L'initiative doit venir des chercheurs. Ensuite cette incitation doit se fonder sur deux motivations principales : des thèmes de recherche attractifs et des moyens suffisants pour le travail scientifique. Alors que la pluridisciplinarité se limite à une collection de recherches disciplinaires, l'interdisciplinarité nécessite d'énoncer un questionnement consensuel et partagé et de faire une synthèse des résultats en commun. Parler de l'eau par exemple, dans un contexte EDD, nécessite de croiser l'ensemble des regards sur le sujet et d'en tirer un point de vue unificateur si l'on veut mieux gérer la ressource. L'interdisciplinarité s'exprime à différentes échelles et niveaux d'organisation du système de recherche : interdisciplinarité de proximité dans les actions de recherche, interdisciplinarité au sein du regroupement thématique et interdisciplinarité au niveau du programme dans son ensemble.
L'interdisciplinarité demande du temps, de la disponibilité et de la curiosité intellectuelle ; elle peut être dérangeante, car pouvant mettre en cause jusqu'aux paradigmes fondamentaux des disciplines. C'est encore le contexte où peuvent émerger de nouvelles disciplines, aux interfaces entre des champs disciplinaires. On peut citer l'exemple de la bioinformatique : les caractéristiques spécifiques des données et des modèles de la biologie et de l'écologie ont mené à la conception de méthodes numériques et informatiques spécifiques et, de là, à des développements originaux qui identifient la bioinformatique comme une discipline. Les aspects méthodologiques, les méthodes et outils partagés, la modélisation et les modèles peuvent eux aussi faciliter le travail interdisciplinaire, en se positionnant comme le trait d'union entre un ensemble de disciplines (8). Les dispositifs de recherche comme les stations de terrain, les plateformes technologiques, les grands équipements autour desquels se regroupent les chercheurs, jouent aussi ce rôle, en donnant l'opportunité d'échanger des idées et des expériences dans des champs variés au-delà du dispositif technique dont ils font un usage commun.

7. Se reporter à une étude bibliométrique de l'Inee de janvier 2009, très illustrative, accessible sur le site web du CNRS.
8. Voir par exemple : Schmidt-Lainé Cl., Pavé A., « La modélisation au cœur de la démarche scientifique et à la confluence des disciplines », *Les Cahiers du musée des Confluences*, Lyon, 2008.

2002

Vers le programme amazonie

L'aventure du CNRS en Guyane est ancienne par l'engagement de ses chercheurs. Parmi les événements marquants, la fondation de la station de terrain des Nouragues, en 1986, par Pierre Charles-Dominique est à retenir. La création de l'UPS Nouragues en 1997 constitue le premier engagement institutionnel du CNRS en Guyane. En 2000, une mission du Conseil supérieur de la recherche et de la technologie en Amazonie est organisée. Un rapport, daté de 2001, est transmis au cabinet du ministre chargé de la Recherche et au CNRS. Jacqueline Godet, alors directrice du département des sciences de la vie, en est informée et le porte à la connaissance de la direction générale. Au cours de cette même année, le président du conseil régional de la Guyane et le ministre en charge de l'Outre-Mer ont une entrevue avec Geneviève Berger, alors directrice générale du CNRS. Ils font état des projets de développement universitaire dans la région et formulent une demande précise d'implication du CNRS. Le 13 février 2002, lors du comité de direction hebdomadaire de l'établissement, il est décidé d'implanter le CNRS en Guyane.

Les événements se succèdent alors, sur l'initiative de Jacques Sevin, directeur des études et des programmes au CNRS. Le 30 juin 2002, l'UPS CNRS-Guyane est créée, la direction en est confiée à Alain Pavé qui constitue avec Gaëlle Fornet et Jocelyne Chagny, deux agents administratifs du CNRS, proposés par le département des Sciences de l'univers, une première équipe qui va s'atteler au développement du projet. Un appel à intentions de candidature pour venir en Guyane est publié. Les premiers chercheurs arriveront début 2003, le CNRS-Guyane s'étoffe aussi progressivement de divers personnels ingénieurs, techniciens et administratifs. Depuis 2007, les effectifs oscillent entre 20 et 25 personnes, dont 10 à 12 chercheurs. Les prévisions établies sur la foi de l'appel à intentions de 2002 et de l'élan alors très perceptible permettaient d'en espérer davantage. Mais un projet de ce type implique des mobilités complexes dont l'accompagnement, difficile, est un facteur limitant des ambitions affichées. Au cours de l'année 2003, Alain Pavé est chargé de proposer un programme interdisciplinaire de recherche pour accompagner et renforcer l'installation du CNRS en Guyane. Il s'agit aussi de préparer l'avenir plus lointain en mobilisant une communauté scientifique au-delà du cercle des chercheurs résidant localement. Déjà, l'idée d'un hôtel à projets est avancée, mais il faudra encore plusieurs années, pendant lesquelles sont acquis expérience et recul sur les spécificités locales, pour parvenir à définir les contours d'un outil pertinent pour la Guyane.

Inspection de pavés de sol afin d'inventorier les fourmis qui nichent dans cet horizon de la forêt, station des Nouragues, Guyane.

En pratique, c'est sur la base de l'expérience accumulée par les programmes interdisciplinaires de recherche sur l'environnement que le programme Amazonie est conçu. Il en est donc un descendant naturel, s'inspirant largement du CNRS en la matière. Le programme est créé en 2004 par Bernard Larrouturou, directeur général du CNRS. Il s'intitule initialement « Analyse, modélisation et ingénierie des systèmes amazoniens », mais rapidement, la dénomination « programme Amazonie », plus simple, plus suggestive, s'impose. Elle permet aussi une visualisation plus franche de son contenu par un public externe au périmètre académique : les élus, les médias et bien sûr le grand public. C'est sous cet intitulé qu'il est maintenant connu et cité. Son action est prévue sur quatre ans, de 2004 à 2007. Il entre dans le cercle des programmes interdisciplinaires du CNRS, coordonnés sous la responsabilité d'Élisabeth Giacobino. En 2008, ce programme est renouvelé pour une deuxième phase, jusqu'en 2011. Il mobilise une petite communauté d'une cinquantaine de chercheurs, dont une dizaine résidant en Guyane. Mais ce qui va rapidement le caractériser, c'est l'ampleur et la qualité de sa production scientifique, difficile à prévoir initialement, et son succès comme incubateur de projets financés par des agences, l'ANR en particulier. En octobre 2009, son activité est très largement appréciée par le conseil scientifique du CNRS, appelé à évaluer seize dossiers interdisciplinaires. Amazonie se place, de fait, en deuxième position. D'un budget initial de 300 k€ en 2004, il progresse régulièrement pour atteindre 840 k€ en 2010, soit près du triple du budget initial. Il se singularise également par une interdisciplinarité réussie.

Récolte et tamisage de la litière foliaire en vue de l'application de la méthode Winkler : dispositif qui permet d'extraire les arthropodes (myriapodes, insectes, arachnides...) vivant dans la litière, lesquels sont souvent minuscules, cryptiques et peu mobiles. L'objectif est d'améliorer la connaissance de la biodiversité des fourmis de litière des Nouragues (Guyane), et de mieux comprendre la composition et le fonctionnement des assemblages d'espèces de la litière. Station des Nouragues, Guyane.

L'histoire du CNRS-Guyane s'inscrit dans l'évolution du paysage français de la recherche et de l'enseignement supérieur, qui a connu un tournant en 2005 avec l'élaboration de la loi de programme pour la recherche, votée en avril 2006. En particulier, le programme Amazonie et le projet CNRS-Guyane auront des effets induits sur un ensemble d'éléments du paysage scientifique guyanais pensés dans le cadre de cette réforme : le projet de pôle de recherche et d'enseignement supérieur en Guyane, notamment, ou la réflexion sur la compétitivité des territoires. Indépendamment de l'histoire plus ou moins heureuse de ces projets, du développement qu'ils ont pu connaître, la présence du CNRS en Guyane, sa participation, et sa prise d'initiative sur ces sujets, ou d'autres encore comme le Centre franco-brésilien de recherche sur la biodiversité amazonienne (CFBBA), ont permis de créer au niveau régional les conditions de mise en place d'une dynamique de réflexion, de prospective et d'action entre l'ensemble des acteurs de la recherche et de l'enseignement supérieur. Le groupement d'intérêt scientifique Irista a sur ce plan joué un rôle central en offrant un espace de réflexion prospective commune, dans la continuité de ce qu'avait produit le groupement Silvolab sur les écosystèmes forestiers. Créer en Guyane cet espace de prospective et de coordination de la recherche sur les espaces amazoniens était l'un des objectifs qui ont présidé à l'installation du CNRS dans ce territoire d'outre-mer. Porté à la présidence du groupement d'intérêt scientifique Silvolab en 2004, le CNRS va bénéficier d'une conjoncture favorable, qui voit Bernard Thibaut, directeur de recherche au CNRS, arriver peu après à la tête de l'UMR Ecofog, pour créer cet élan, qui va façonner pour partie le paysage de la recherche scientifique en Guyane tel qu'il existe en 2010.

l'installation

Le programme amazonie

Quand peut-on parler d'un programme de recherche, d'une programmation scientifique ? N'est-ce pas une pure invention d'une « technostructure » ? *A priori*, toute activité de recherche scientifique est organisée ; en quoi la notion de programme apporte-t-elle quelque chose de plus ? L'exemple du programme interdisciplinaire de recherche Amazonie propose une réponse à ces questions, en montrant que cette formule souple se révèle particulièrement adaptée au traitement scientifique des questions environnementales.

Déploiement du programme

La démarche scientifique s'applique à l'étude d'objets ou de problèmes que l'on énonce sur ces objets. On distingue les approches « centrées objets » et celles « orientées problèmes », qui sont en pratique imbriquées. Pour le cas de l'environnement, quelle que soit l'approche choisie, on bute sur la complexité de l'objet, du fait du nombre et de la diversité de ses composantes, mais aussi des multiples interactions souvent non linéaires entre celles-ci. S'il est illusoire de tout appréhender dans le détail, on peut néanmoins espérer avoir une approche synthétique sur une partie de cet environnement, par exemple une zone géographique limitée, ou, si l'on s'en tient à une vision globale, avec des regroupements en grandes catégories d'éléments ou de problèmes, par exemple le climat ou la biodiversité. Souvent, concrètement, on est amené à identifier des entités ou des problèmes plus limités en fonction de la conjoncture scientifique, d'urgences identifiées ou soupçonnées ou de l'expression d'une attente sociale.
Élaborer une vision synthétique demande d'aller plus loin. Créer un programme interdisciplinaire de recherche devient alors une solution efficace, qui permet d'organiser et d'harmoniser l'activité scientifique issue de plusieurs disciplines autour de l'objet des recherches, et pensée plutôt en grands sujets, ou grands thèmes, qui évitent la multiplication des actions ponctuelles. Sa grande force est de permettre d'énoncer, en amont, un point de vue et un questionnement communs et partagés, et, en aval, une synthèse qui doit être commune, elle aussi. Cette organisation permet de mobiliser une communauté scientifique plus large, et donc de réunir des compétences diverses, de mieux brasser les idées, d'énoncer des problèmes et d'obtenir des résultats plus génériques. De ce fait, ils en deviennent plus facilement capitalisables et, au bout du compte, plus efficaces. Ce sont cette logique et cette méthodologie, développées par les programmes interdisciplinaires de recherche sur l'environnement, qui ont présidé à l'organisation du programme Amazonie et à son évolution.

Grenouille ostéocéphale de cabrera *(Osteocephalus cabrerai).* Cette espèce vit en forêt primaire et a été ici photographiée lors d'une mission de chercheurs du CNRS de Lyon visant à identifier les modes de reproduction des amphibiens tropicaux encore très largement méconnus, voire complètement inconnus, de la science.
Photo : Loïc Brepson

Phase 1 (2004-2007)

Comment assurer un développement durable dans l'environnement amazonien ?

L'Amazonie est une vaste région, qui pourrait se concevoir comme une grande zone atelier. Elle est susceptible d'être étudiée de cette façon, dans son ensemble, ou à l'échelle d'une zone géographique plus limitée, par exemple celle de la Guyane française et de son voisin, l'État brésilien d'Amapá et, dans cette zone, sur certains sites ateliers. La hiérarchisation et les emboîtements sont des concepts clés des zones ateliers pour la recherche sur l'environnement (9). On s'en rapproche.
En général, l'environnement peut être représenté comme un ensemble d'entités en interactions. Le penser comme un système, quelle que soit l'échelle d'étude, peut donc garantir une certaine efficacité. C'est pour cette raison que nous parlons de « système amazonien », mais il en va de même pour la problématique plus générale du système « environnement et développement durable ». La réflexion initiale autour du programme a conduit à un choix des orientations scientifiques articulé sur un schéma tétraédrique qui relie quatre pôles : l'environnement, l'économie, la technique et la société. Mais la traduction pratique doit se fonder sur une réalité : la capacité de réponse de la communauté scientifique. Cette capacité a été évaluée à partir d'une soixantaine de réponses sélectionnées à l'appel à intentions préalable à la constitution du projet CNRS-Guyane. L'organisation générale thématique proposée pour le projet a été la suivante :

- sciences pour l'ingénierie des systèmes complexes : le cas amazonien ;
- diversité, complexité, organisation des environnements amazoniens ;
- diversité, complexité, organisation des sociétés et des territoires amazoniens ;
- diversité, complexité, organisation des systèmes vivants ;
- diversité des produits, des usages et des pathologies ;
- aspects méthodologiques, techniques et théoriques.

9. Lévêque C., Pavé A., Abbadie L., Weill A., Vivien F.-D., « Les zones ateliers, des dispositifs pour la recherche sur l'environnement et les anthroposystèmes », *Natures, Sciences, Sociétés*, n° 4, 2000, p. 44-55.

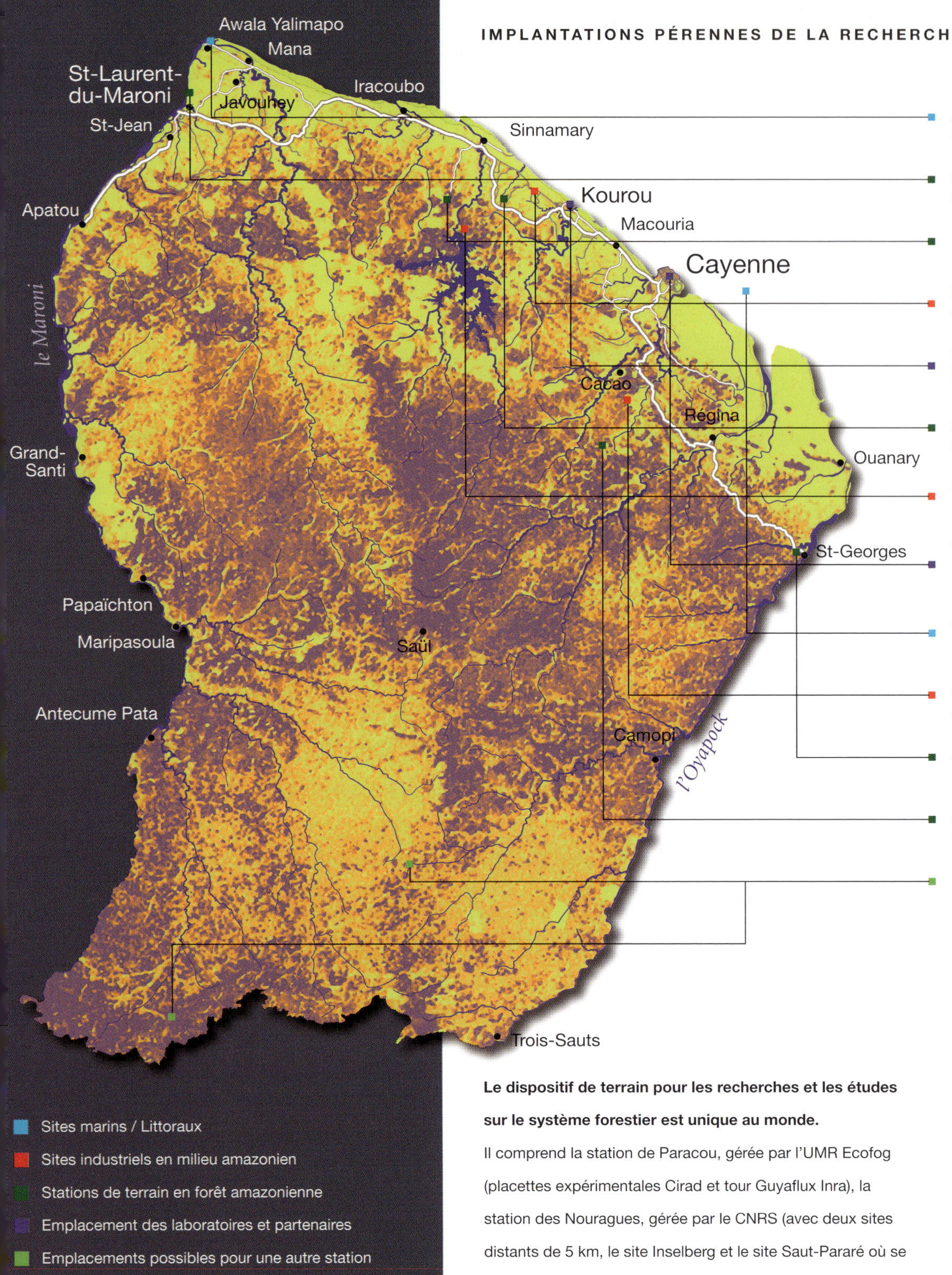

Awala Yalimapo :
site d'étude des tortues marines (CNRS)

St-Laurent-du-Maroni (proximité) :
site forestier « Bafog » (ONF)

Piste de St-Elie :
site forestier utilisé par les chercheurs de divers organismes

Kourou : centre spatial – sites de lancement d'Ariane 5, de Soyouz et de Vega (CNES/CSG)

Kourou : UMR Ecofog (Cirad, CNRS, Inra, AgroParisTech et UAG), IUT-UAG, ONCFS, CSG

Paracou :
station forestière et tour à flux (Cirad, Inra sur terrains CNES)

Barrage de Petit-Saut :
Laboratoire Hydréco et dispositif d'accueil cofinancé par le CNRS.

Cayenne : UPS CNRS-Guyane, UPS Oyapock, L3MA (Ecofog), Ifremer, Inrap, institut Pasteur de la Guyane, IRD, ONF, Institut d'études supérieures de la Guyane (UAG)

Île du Grand Connétable : site d'observation des oiseaux de mer utilisé épisodiquement par des chercheurs du CNRS (Chizé)

Cacao (proximité) : mine Boulanger (compagnie minière travaillant avec le CNRS pour le programme Mercure en Guyane)

St-Georges-de-l'Oyapock :
UPS Oyapock (CNRS)

Station des Nouragues :
site Inselberg et site Saut-Pararé

Emplacements possibles : pour une autre station de recherche « type Nouragues » en partenariat avec le Parc amazonien de la Guyane (parc national)

Le dispositif de terrain pour les recherches et les études sur le système forestier est unique au monde.
Il comprend la station de Paracou, gérée par l'UMR Ecofog (placettes expérimentales Cirad et tour Guyaflux Inra), la station des Nouragues, gérée par le CNRS (avec deux sites distants de 5 km, le site Inselberg et le site Saut-Pararé où se trouve le dispositif Copas d'observation de la canopée), la piste de Saint-Elie avec des équipements gérés par l'IRD, et une parcelle suivie depuis une trentaine d'années, et diverses placettes de l'ONF. Ce dispositif est complété par des équipements sur Cayenne et Kourou (laboratoires, instruments pour la recherche, herbier, collections et bases de données, serres, station de réception d'images satellitales Seas), gérés en Guyane par les divers organismes de recherche. Divers sites industriels, agricoles ou d'intérêt écologique remarquable sont également accessibles pour la recherche. Organisé en réseau interorganisme et partenarial, cet ensemble, qui s'apparente à une zone atelier de recherche sur l'environnement, accueille de nombreux chercheurs et étudiants du monde entier.

L'introduction du mot « complexité » correspondait à un mouvement scientifique de l'époque, avec un usage qui s'était multiplié, et mieux cadré depuis par l'introduction de la notion de « système complexe ». Les aspects méthodologiques devaient figurer explicitement, car l'approche interdisciplinaire de telles thématiques demande des développements spécifiques. Le rôle clé de la modélisation avait déjà été identifié, non seulement comme outil de compréhension et de prévision, mais aussi comme catalyseur de l'activité interdisciplinaire. Le schéma d'organisation de la recherche au sein du programme est une adaptation du tétraèdre initial. L'environnement est découplé en deux pôles : les environnements amazoniens, d'une part, et leurs composantes vivantes, d'autre part. La dimension technologique est restée identifiée, tandis que les composantes socioéconomiques ont été regroupées. La notion de territoire est apparue, qui spatialise les approches et insiste sur la dimension humaine. Les aspects méthodologiques sont bien identifiés comme un facteur commun, et c'est particulièrement vérifié pour la modélisation.

Le singe atèle ou singe araignée *Ateles paniscus* est principalement un consommateur de fruits et joue donc un rôle important dans la dispersion des graines d'arbre de canopée.

Le programme est créé sur cette base en 2004, et un appel à propositions de recherche publié dans la foulée. Les moyens du programme n'ont permis de retenir qu'un nombre limité de réponses. Petit à petit le cadre se resserre et se précise : quatre thématiques sont alors énoncées dans lesquelles s'intègrent les treize projets retenus :

- impact des activités industrielles et minières (exploitation aurifère, activité spatiale, production d'énergie), remédiation des milieux, recommandations technologiques et sociales ;
- histoire et dynamique du peuplement humain d'Amazonie et écologie de la santé ;
- histoire, dynamique, gestion et valorisation de la biodiversité et des écosystèmes amazoniens (en particulier forestiers) ;
- développements techniques, méthodologiques et théoriques (stations de terrain, instrumentation, moyens analytiques de la chimie, modélisation, simulation).

De fait, la moitié des projets concerne la biodiversité. Et cette orientation s'est renforcée dans la périphérie du programme. Pour cette raison, la phase 2 s'est focalisée sur cette thématique, à laquelle la diversité des peuplements humains, au sens phylogénétique, se rattache également.

Ce schéma, croisé avec celui issu de l'expérience des programmes de recherche sur l'environnement, permet de dégager un modèle d'évolution : à partir d'une mosaïque de thèmes, on tente une structuration. Puis les thèmes globaux se dégagent de la recherche sur l'environnement par une vision systémique et synthétique : climat - biodiversité - santé et développement. Les relations entre, d'une part, les dimensions humaines, sociales, économiques et technologiques, et d'autre part l'environnement proprement dit permettent de définir le cristal conceptuel du domaine scientifique « Environnement et développement durable ». Cette démarche, du particulier au général, peut être qualifiée d'ascendante. Le schéma obtenu est décliné dans le cas spécifique du programme Amazonie en fonction de l'objet de recherche et du contexte scientifique, en tenant compte de la capacité de réponse de la communauté scientifique. Les sché-

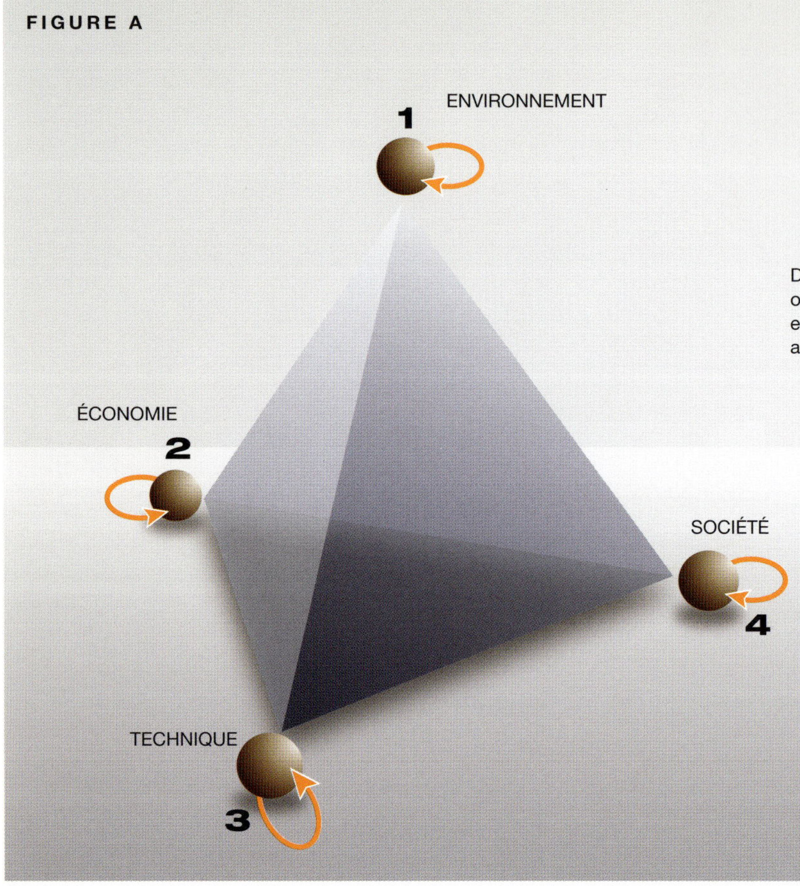

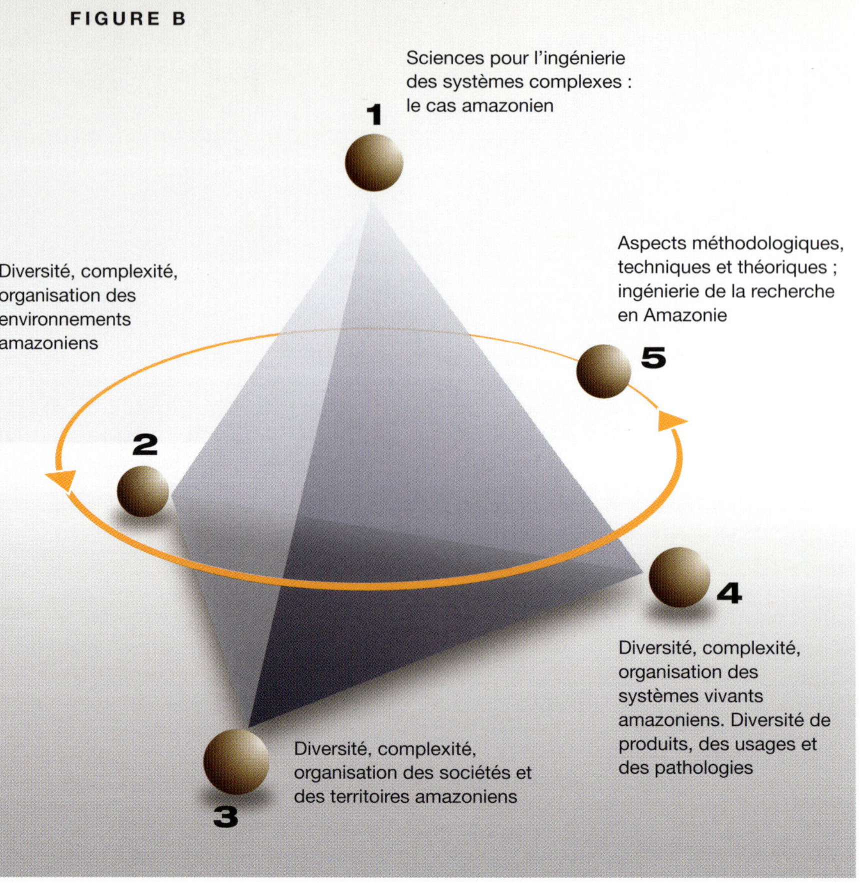

Figure A. La problématique «Environnement et développement durable» peut être résumée grâce à un schéma tétraédrique reliant quatre composantes : l'environnement, qui est, rappelons-le, celui des êtres humains, en tant qu'individus ou réunis en société, et trois composantes anthropiques : sociale, technologique et économique. Ces composantes interagissent entre elles. C'est la présence des interactions qui rend nécessaire une approche interdisciplinaire, sinon une approche pluridisciplinaire serait suffisante. En effet, l'hypothèse sous-jacente de la pluridisciplinarité est qu'une connaissance globale peut être obtenue par une simple addition des contributions monodisciplinaires. Ce n'est pas le cas dans ce type de schéma à cause de la présence des interactions, qui, de plus, sont souvent non linéaires. C'est pourquoi il faut se plier à la discipline de l'interdisciplinarité.

Figure B. Schéma d'organisation thématique du programme dans sa phase initiale. Bien qu'il s'agisse encore d'un tétraèdre, ce n'est pas la transcription du schéma de la figure 2. Ainsi, l'environnement est en fait découplé en spécifiant la composante vivante (II et IV). Les dimensions technologiques sont toujours identifiées (I) et les composantes socioéconomiques sont regroupées (III). On voit apparaître la notion de territoire qui d'une part «spatialise» les approches et d'autre part insiste sur la dimension humaine.

mas se restreignent progressivement, comme cela sera le cas pour la phase 2 du programme. Illustration de la combinaison des approches dites *bottom-up* – de la base vers le sommet – puis *top-down* – du sommet vers la base –, le produit ainsi obtenu – le programme –, fruit de la confrontation entre l'aspiration théorique et le principe de réalité, est efficace.

Phase 2 (2008-2011)

La biodiversité dans tous ses états

En 2007, lorsque se profile la fin de la phase 1 du programme, nous sommes donc dans une inflexion. La biodiversité sera privilégiée, mais en restant exigeant sur la surface du concept : aspects fondamentaux et finalisés, biologiques et écologiques, mais aussi anthropologiques, sociologiques, technologiques, juridiques et économiques : la biodiversité dans tous ses états. Quelques questions se posent :

- quels sont les processus spontanés qui maintiennent, sur le long terme, une grande biodiversité dans les systèmes amazoniens ?
- quels sont les contextes écologiques dans lesquels ils s'expriment et leur importance relative, quelle influence ont-ils ?
- quels sont les effets directs ou indirects de l'action de l'homme sur la biodiversité, y compris les plus subtils ?
- quels sont les modes de gestion des systèmes amazoniens qui préservent cette diversité et l'efficacité des processus qui assurent spontanément son maintien ?

Alwin H. Gentry est l'un des plus célèbres botanistes américains du XXe siècle. Expert des forêts tropicales et spécialiste de la famille des *Bignoniaceae*, il disparut tragiquement lors d'un accident d'avion en Équateur en août 1993. Gentry est célèbre pour être l'auteur d'un ouvrage encyclopédique sur les plantes tropicales, *A Field Guide to the Families and Genera of Woody Plants of Northwest South America* (University of Chicago Press, 1993) qui fait référence chez les chercheurs tropicalistes et les spécialistes de la conservation du monde entier. Brillant scientifique, Alwyn Gentry a formé de nombreux étudiants tant aux États-Unis qu'en Amérique du Sud. Le prix Al Gentry, remis annuellement par l'ATBC depuis 1996, récompense des étudiants de troisième cycle pour l'originalité et l'excellence de leurs travaux. Il rend ainsi hommage à l'héritage laissé par Alwin H. Gentry à la biologie tropicale, et à son œuvre remarquable de formation d'une génération de chercheurs tropicalistes. Ce prix a récompensé, en 2008, deux étudiantes en thèse à l'université de Toulouse, qui effectuent des recherches à la station des Nouragues.

Photo : Randall Hyman

Coq de roche mâle, *Rupicola rupicola*, site Inselberg, station des Nouragues, Guyane. En période de reproduction les mâles se regroupent sur certaines zones de forêts basses où ils débarrassent des arènes d'environ un mètre carré de toutes les feuilles mortes. Ils paradent en compétition sur ces arènes choisies pour leur ensoleillement à courte distance les unes des autres. Cette aire de parade est appelée lek. Les femelles, de couleur beaucoup plus discrète, sont en périphérie du lek où elles choisissent un prétendant.

- dans cette diversité, quelles sont les sources d'inspiration pour des produits et des technologies nouvelles, et comment les détecter ?

À partir de ces questions, trois thèmes sont identifiés :

- modéliser la biodiversité : théorie, prédiction, gestion globale et territoriales, valorisation et technologies bioinspirées ;
- les humains et la biodiversité : histoire partagée, représentations, cultures, savoirs, usages et territoires ;
- développements technologiques et méthodologiques pour la recherche en milieu amazonien : accès à la canopée, instrumentation, automatisation, acquisition et organisation des données.

Une action spécifique centrée sur la station des Nouragues est créée. Son but est de développer les recherches sur la station, et de valoriser au meilleur niveau l'investissement important consenti par le CNRS. La sélection des projets impose donc d'être pointilleux sur leur qualité scientifique. Cette politique porte ses fruits. La station confirme sur la période son statut d'équipement pour la recherche internationale. Le taux de fréquentation des équipes européennes et étrangères explose littéralement. La renommée de la station s'élargit. Elle est relayée par les meilleures revues scientifiques, *Science* et *Nature* en particulier. En juin 2008, au colloque annuel de l'ATBC (Association for Tropical Biology and Conservation) à Paramaribo, Suriname, les deux prix du très symbolique jury « Al Gentry » distinguent des travaux conduits aux Nouragues. Ce succès touche alors à une forme de consécration de la recherche française en écologie tropicale, mettant à l'honneur, devant l'ensemble des *blockbusters* anglo-saxons du domaine, le dispositif de recherche de Guyane sur la biodiversité, présenté à Paramaribo par la trilogie UMR Ecofog/station des Nouragues/programme Amazonie.

Quels angles d'attaques ?

Théorie, prédictions, gestion, dimension territoriale, valorisation et technologies bioinspirées

Nous avons déjà évoqué la question de la biodiversité. Il existe des lieux privilégiés pour son étude et pour les enjeux qu'elle représente. L'Amazonie fait bien partie de ces lieux. Il est donc compréhensible qu'un programme centré sur une telle région s'y intéresse plus particulièrement. Cet intérêt procède d'une double logique, celle, institutionnelle, de favoriser cette orientation, et celle, scientifique, des chercheurs, qui trouvent là un excellent terrain d'étude. En complément des questions fondamentales, la finalité des recherches est de gérer cette biodiversité, en la préservant et en la valorisant, à travers les bioressources et l'ensemble des services qu'elle peut offrir.

La biodiversité est aussi une source d'inspiration pour de nouvelles technologies ; on parle alors de technologies bioinspirées. Ainsi, en savoir plus sur la mécanique de l'arbre sur pied – les processus qui le maintiennent vertical en dépit des contraintes auxquelles il est soumis – peut permettre des avancées techniques pour tous les dispositifs verticaux : pylônes, mâts, etc. De telles innovations issues du vivant participent d'une philosophie de développement durable, dans laquelle il ne faut pas oublier, cependant, que la biodiversité n'est pas naturellement bonne. Des organismes sont pathogènes, des produits sont toxiques (mais pas forcément inutiles). La recherche a là aussi un grand rôle à jouer, car elle permet à moindre risque de limiter les effets néfastes par le contrôle des pathogènes et des produits naturels, par la détermination de précautions d'usage.

Fonder les recherches sur la biodiversité sur des bases conceptuelles et théoriques solides offre la meilleure garantie pour répondre efficacement à des finalités, avec un coût raisonnable. C'est pourquoi un effort significatif est fait pour se doter du socle de connaissances nécessaire en termes biologiques et écologiques, temporels et spatiaux, tout en intégrant les divers niveaux d'organisation du vivant. En reprenant des idées développées par ailleurs – celles des travaux sur l'évolution biologique en particulier –, c'est bien de construire l'édifice d'une véritable théorie synthétique de la biodiversité dont il s'agit. Ces démarches doivent s'appuyer sur des données solides, mais elles doivent aussi bénéficier des méthodes rigoureuses de modélisation et de son pouvoir d'aide à la compréhension, à l'innovation et à la prévision. À titre d'exemples, on peut énoncer quelques questions, dont certaines font déjà l'objet de recherches actives, mais qui peuvent être amplifiées :

- quels processus expliquent les dynamiques actuelles et passées de la biodiversité en Amazonie ? Quelles sont les dynamiques biogéochimiques actuelles et leurs relations avec la biodiversité ? Parmi ces processus, quels sont ceux sur lesquels nous pouvons intervenir, que nous pouvons infléchir, modifier ou contrôler afin de gérer tout ou partie de cette diversité ? La recherche de substances biologiquement actives peut-elle s'appuyer sur une biologie déductive permettant de guider cette recherche ? On pense aussi à la biomasse comme source d'énergie renouvelable, mais est-ce aussi une source de composés de base, qui peut se substituer en partie au pétrole, pour l'industrie chimique ?
- vouloir tenir des inventaires exhaustifs de la biodiversité est une démarche irréaliste. Ces inventaires ont-ils seulement un intérêt ? Mais l'estimation du nombre d'espèces est envisageable, et l'on peut alors approcher la dynamique régionale et globale. C'est là l'essentiel pour établir des discours raisonnables sur la biodiversité. Quand on parle d'érosion de la biodiversité, par exemple, il y a bien des raisons théoriques qui sous-tendent ce discours. Et l'évidence du lien entre la destruction des habitats, la structuration de l'espace et la disparition de populations, ou même d'espèces endémiques apparaît comme le facteur sans doute le plus important de la diminution de la biodiversité. Cela étant, l'état de la biodiversité est le résultat tant de processus de diminution que de processus de diversification biologiques et écologiques. Ces derniers, plus difficiles à analyser que ceux qui conduisent à l'érosion, doivent faire l'objet d'une attention particulière pour une évaluation correcte de la dynamique de la biodiversité ;
- l'analyse de la biodiversité et des processus associés peut-elle conduire à la maîtrise des pathologies infectieuses ? Cela peut passer par une meilleure connaissance des processus épidémiologiques, mais aussi par une

Crique Cascade, réserve des Nouragues. Les eaux cristallines de cette crique sont légèrement colorées par les tanins et l'acide humique issus de la décomposition de la végétation et drainées par le lessivage des sols lors des pluies. Un petit barrage a été construit en aval, pour faire fonctionner une microturbine qui alimente le camp Inselberg en électricité.

prise en compte de la diversité environnementale dans laquelle ces processus prennent place ;

- dans de nombreux cas, le territoire s'avère être le niveau pertinent de gestion des milieux. C'est celui où se croisent le plus étroitement les dynamiques humaines, sociales et économiques, et les dynamiques naturelles. Mais ce niveau est-il aussi pertinent pour la gestion de la biodiversité des organismes, des populations et des écosystèmes ? La définition des zones d'usage et de non-usage (préservées) dans un espace géographique donné relève-t-elle d'une approche territoriale ?
- les systèmes vivants résultent de plusieurs centaines de millions d'années d'évolution au cours desquelles sont apparus spontanément et ont été sélectionnés des structures et des processus efficaces pour assurer la survie, le maintien, voire l'extension des systèmes biologiques, là où ils s'expriment. Les technologies bioinspirées proviennent de l'examen de ces structures et processus, du niveau des molécules à celui des écosystèmes. Cette démarche est-elle porteuse d'innovations déterminantes ? Et si oui, comment les atteindre ?
- l'évolution climatique touche toutes les régions du monde, même la zone intertropicale. Le fonctionnement des écosystèmes et la dynamique de la biodiversité seront modifiés. Les grands systèmes écologiques de cette zone jouent un rôle dans la régulation locale du climat, mais peut-on évaluer, à l'échelle des systèmes écologiques intertropicaux, tant les impacts du changement climatique que la contribution de ces systèmes au changement ou leur capacité de régulateurs de ces changements ? Que peut nous apprendre l'histoire naturelle et humaine de ces systèmes sur les évolutions climatiques passées et leurs conséquences ?

Les projets de recherche se situent par rapport à ces questionnements généraux et s'intéressent à des objets guyanais ou plus généralement amazoniens. Ils ne se limitent pas à une catégorie particulière, comme ceux qui sont strictement liés à la forêt, mais constituent un ensemble qui permet d'examiner d'autres situations dans d'autres espaces et écosystèmes : littoral, agro-écosystèmes, systèmes fluviaux ou lacustres, par exemple.

La modélisation de la biodiversité, de sa dynamique, de sa gestion, a des propriétés prédictives. Elle permet d'élaborer des scénarios transposables, et c'est là un enjeu actuel qui dépasse le cadre de ce programme. La biodiversité est incontestablement une deuxième question globale, avec celle du climat, et, comme pour ce dernier, elle nécessite une grande opération de recherche dans le domaine de la modélisation. Les travaux menés sur les systèmes amazoniens ont vocation à se développer dans cet objectif de modélisation globale.

01-03 : pour leur inventaire des espèces, les chercheurs du programme Amazonie vont directement récolter les feuilles dans les arbres à identifier, ici sur le site de Saut-Pararé en Guyane. Il y a jusqu'à 200 espèces d'arbres différents dans un hectare de forêt.

Lumière sur…

Comprendre et dépasser les frontières d'étude de la biodiversité dans le contexte amazonien

Coup de projecteur 1 :

Les humains et la biodiversité

L'Amazonie, c'est un ensemble de grands écosystèmes continentaux et littoraux, dont le plus évident et symbolique est la forêt. Mais ce sont aussi des peuples qui depuis près de 10 000 ans y vivent et en vivent. Leur histoire reconstituée est importante. Elle met à plat le mythe de la forêt vierge, celle « où la main de l'homme n'aurait jamais mis le pied ». Un creuset du fixisme, lui-même pendant du créationnisme. Comment imaginer un développement, même durable, sur de tels fondements ? C'est une autre réalité que nous révèlent les chercheurs : un monde habité par des humains depuis longtemps, qui ont traversé et remanié la nature. Leurs traces se sont effacées, dissoutes ou ont été enfouies dans une nature maximale, difficilement accessible. Qui soupçonnerait aujourd'hui qu'au moins 5 millions d'humains vivaient en Amazonie à l'époque précolombienne ? Cette histoire ne se livre pas facilement, elle est encore méconnue. Mais le savoir peut nous aider à accepter une évidence : l'Amazonie n'est pas une terre virginale de la Création. Elle évolue dans la marche du développement humain, ici et maintenant partagé par neuf pays, sur des territoires en situation d'émergence. Cette région est appelée à

Pagaie traditionnelle N'djuka, utilisée sur le fleuve Maroni. Motifs peints et sculptés en art Tembe.

Photo : Gaëlle Fornet

Noirs Marrons des Guyanes

une histoire singulière d'un peuplement

Les communautés noires marronnes sont les descendantes des esclaves africains déportés dans les colonies des Guyanes durant les quatre siècles – du XVIe au XIXe siècle – de la traite négrière transatlantique. Leur histoire les a amenés à croiser sur le sol des Amériques celle d'autres groupes humains, tels les Européens et les Amérindiens. On sait que de nombreux échanges culturels ont eu lieu au fil des ans entre ces populations, contribuant à créer l'identité actuelle des peuples d'Amazonie. Concernant les langues par exemple, on identifie de manière assez évidente des racines hollandaises et portugaises dans le parler courant des populations noires marronnes. Sur le plan des techniques, elles ont emprunté aux peuples amérindiens certaines solutions particulièrement adaptées à l'Amazonie, comme le canoë ou l'habitat traditionnel, les intégrant d'ailleurs avec une certaine habileté. Les travaux proposés par une équipe de chercheurs, dirigée par Jean-Michel Dugoujon du laboratoire d'Anthropologie moléculaire et imagerie de synthèse (CNRS/université Toulouse-3 Paul-Sabatier), dans le cadre du programme Amazonie, permettent cependant d'éclairer d'autres nuances des processus de mixité. Grâce aux techniques actuelles offertes par la biologie et la génétique, les chercheurs montrent ici que les échanges culturels qui ont incontestablement eu lieu ne se sont pas traduits, contrairement à ce à quoi l'on pourrait s'attendre, par des flux génétiques – autrement dit, des brassages biologiques – entre les populations. De manière surprenante, leurs résultats font ainsi état d'une contribution très faible des Européens et des Amérindiens au pool génétique noir marron, respectivement seulement 2,6 % et 1,7 %. Parallèlement, ils confirment l'origine ouest-africaine très marquée des populations noires marronnes de Guyane. Les chercheurs établissent ainsi que 95,7 % du pool génétique des populations actuelles noires marronnes est commun avec les populations africaines du Mali, de la Côte d'Ivoire, du Sénégal, du Nigéria et du Cameroun. Cette très forte préservation du pool génétique africain sur le plateau des Guyanes est un événement unique, en comparaison avec les autres populations d'origine africaine d'Amérique du Sud, qui se révèlent notablement plus mélangées.

Référence de la publication : Brucato N., Tortevoye P., Plancoulaine S., Guitard E., Sanchez-Mazas A., Larrouy G., Gessain A., Dugoujon J.-M., « The Genetic Diversity of Three Peculiar Populations Descending from the Slave Trade: Gm Study of Noir Marron from French Guiana », *Comptes Rendus Biologies*, nº 332, octobre 2009, p. 917-926.

Le fleuve Oyapock sépare la Guyane française de l'État brésilien d'Amapá. C'est une frontière entre la France et le Brésil, entre l'Europe et le Mercosur. Une frontière entre deux mondes… et pourtant un espace de vie partagé depuis bien longtemps.

des changements majeurs sous la pression anthropique. Pour appréhender ces changements, il est nécessaire de comprendre la diversité et la complexité des relations, passées, actuelles et à venir, des humains avec leur environnement, et très spécifiquement avec les êtres vivants qui le constituent dans leur grande diversité et dans la complexité de leurs interactions. Une part importante des relations peuvent se regrouper en deux grandes catégories, dépendantes l'une de l'autre : celles qui sont liées aux représentations et celles qui sont liées aux usages. Cela explique l'accent mis sur ces catégories, qui interrogent alors les points suivants :

- histoire et parenté des peuples d'Amazonie : approches historiques, archéologiques, anthropologiques, linguistiques et génétiques. L'apport d'outils statistiques et de modélisations originales, appliqués à un contexte de recherche sur l'histoire des populations humaines, est à évaluer et à développer ;
  histoire commune humaine et écologique des systèmes amazoniens et évaluation de la part d'origine anthropique dans l'évolution de la biodiversité à court et long termes, localement et régionalement ;
- représentations et usages passés et actuels de la biodiversité, des milieux et des territoires porteurs de cette diversité ;
- coutumes et règles d'usage de la biodiversité en Amazonie, état des lieux et comparaisons ;
- légiférer en matière de biodiversité : protection et usage des bioressources, partage équitable des « avantages » dans un contexte de valorisation ;
- mutations et évolution sur la frontière France - Brésil, mise en place d'un observatoire hommes - milieux. Les tentatives de modélisation des dynamiques simultanées, sociales et écologiques, par exemple avec des modélisations multi-agents, sont envisagées, mais encore largement à développer.

01

02

03

01 : le matériel archéologique retrouvé sur les sites précolombiens est d'une grande diversité typologique et morphologique. Il témoigne d'une occupation continue du territoire amazonien, et de l'existence de cultures matérielles riches et diversifiées.
02-03 : **restauration de matériel archéologique** provenant de fouilles réalisées par l'Inrap sur le chantier du pont sur l'Oyapock.

Coup de projecteur 2 :
Instrumentation du dispositif de terrain

Un projet technologique de la phase 2 du programme Amazonie consiste à développer et à déployer sur le terrain des instruments de suivi de l'environnement ou de l'activité des organismes vivants. Un effort important est consenti à cette fin sur la station des Nouragues, en particulier avec l'achèvement et la certification du dispositif Copas d'accès à la canopée, une frontière biologique quasiment inexplorée. L'objectif est quadruple :

- mesurer sur le long terme les flux biogéochimiques entre la forêt et l'atmosphère, et divers paramètres environnementaux (température, humidité, intensité lumineuse), si possible de manière distribuée dans l'espace ;
- documenter les événements biologiques à l'aide de systèmes d'observation fixes, automatiques programmables, diurnes et nocturnes, en continu ou déclenchés, en particulier au niveau de la canopée ;
- développer un système local de gestion des données et d'envoi en temps réel d'une partie de ces données. Ce volet s'appuie sur un chantier, achevé en 2008, d'équipement de station en accès Internet satellitaire ;
- automatiser le recueil et le stockage des données ainsi que le prélèvement d'échantillons, à l'aide de robots actionnables à distance.

Aux Nouragues, l'idée est de privilégier l'adaptation de matériels disponibles sur le marché, plutôt que de développer des capteurs spécifiques. L'aspect prototype aurait un côté trop hasardeux, étant donné les caractéristiques du site de mise en service, son isolement et son éloignement des centres de contrôle.
Enfin, des moyens de survol de la canopée et d'accès « par le haut » on été testés (radeau et bulle des cimes). Les technologies actuelles permettent d'autres exten-

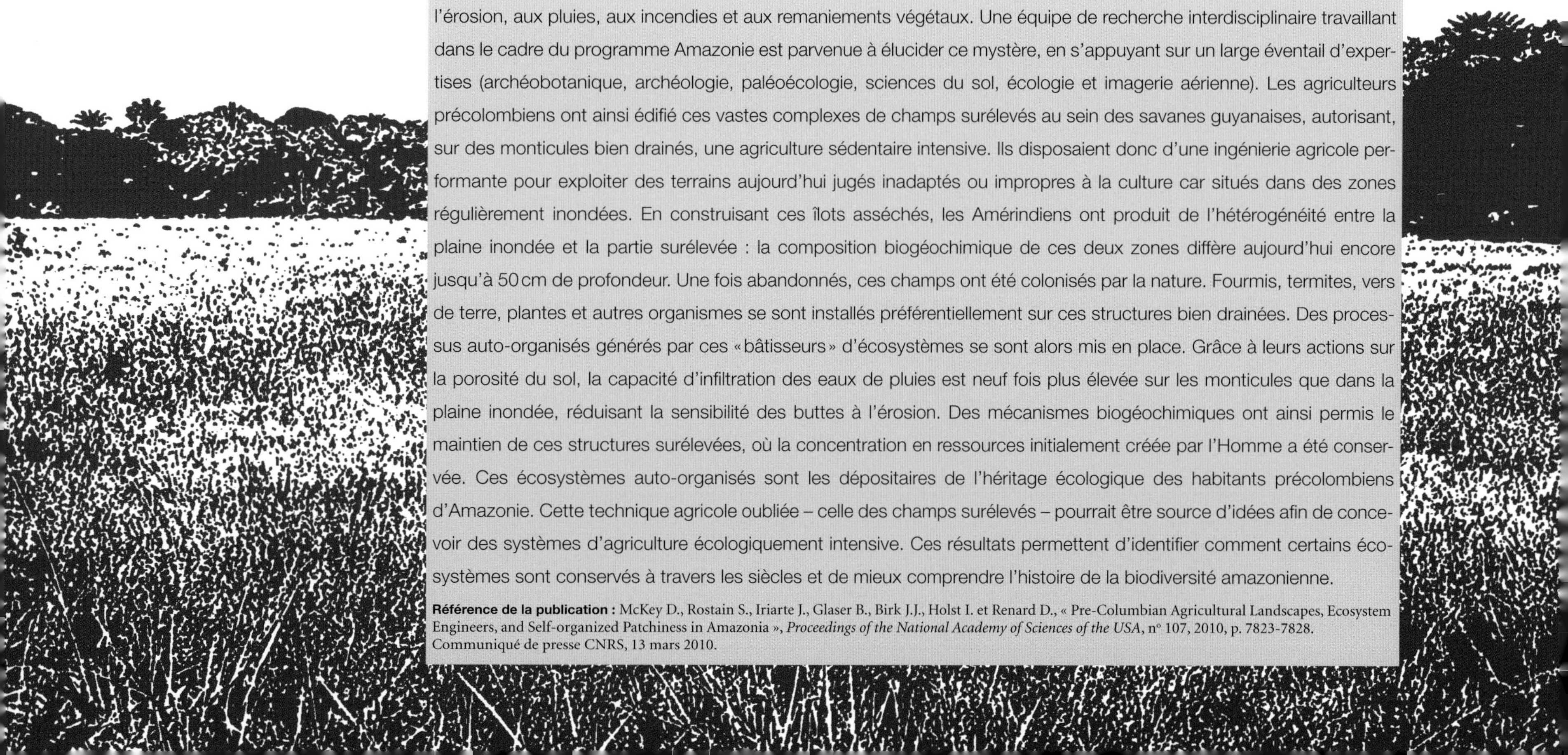

S'inspirer des techniques agricoles passées

Exemple d'un écosystème « durable » en Guyane

Le littoral du plateau guyanais, de l'île de Cayenne jusqu'au Guyana, est parsemé de petites buttes, que l'on pourrait prendre pour de banales mottes de terre. Pour les habitants des environs, leur origine est mystérieuse, et de nombreuses explications circulent. Certains affirment, par exemple, que ces buttes sont liées au passage répété de bovins dans ces savanes marécageuses. Pourtant, des études archéologiques menées à la fin des années 1980 ont révélé que ces structures étaient le fruit de la main humaine. Ces champs construits par des Amérindiens précolombiens et abandonnés pour la plupart vers 1250, avant l'arrivée des Européens, ont contre toute attente persisté jusqu'à nos jours, résistant à l'érosion, aux pluies, aux incendies et aux remaniements végétaux. Une équipe de recherche interdisciplinaire travaillant dans le cadre du programme Amazonie est parvenue à élucider ce mystère, en s'appuyant sur un large éventail d'expertises (archéobotanique, archéologie, paléoécologie, sciences du sol, écologie et imagerie aérienne). Les agriculteurs précolombiens ont ainsi édifié ces vastes complexes de champs surélevés au sein des savanes guyanaises, autorisant, sur des monticules bien drainés, une agriculture sédentaire intensive. Ils disposaient donc d'une ingénierie agricole performante pour exploiter des terrains aujourd'hui jugés inadaptés ou impropres à la culture car situés dans des zones régulièrement inondées. En construisant ces îlots asséchés, les Amérindiens ont produit de l'hétérogénéité entre la plaine inondée et la partie surélevée : la composition biogéochimique de ces deux zones diffère aujourd'hui encore jusqu'à 50 cm de profondeur. Une fois abandonnés, ces champs ont été colonisés par la nature. Fourmis, termites, vers de terre, plantes et autres organismes se sont installés préférentiellement sur ces structures bien drainées. Des processus auto-organisés générés par ces « bâtisseurs » d'écosystèmes se sont alors mis en place. Grâce à leurs actions sur la porosité du sol, la capacité d'infiltration des eaux de pluies est neuf fois plus élevée sur les monticules que dans la plaine inondée, réduisant la sensibilité des buttes à l'érosion. Des mécanismes biogéochimiques ont ainsi permis le maintien de ces structures surélevées, où la concentration en ressources initialement créée par l'Homme a été conservée. Ces écosystèmes auto-organisés sont les dépositaires de l'héritage écologique des habitants précolombiens d'Amazonie. Cette technique agricole oubliée – celle des champs surélevés – pourrait être source d'idées afin de concevoir des systèmes d'agriculture écologiquement intensive. Ces résultats permettent d'identifier comment certains écosystèmes sont conservés à travers les siècles et de mieux comprendre l'histoire de la biodiversité amazonienne.

Référence de la publication : McKey D., Rostain S., Iriarte J., Glaser B., Birk J.J., Holst I. et Renard D., « Pre-Columbian Agricultural Landscapes, Ecosystem Engineers, and Self-organized Patchiness in Amazonia », *Proceedings of the National Academy of Sciences of the USA*, n° 107, 2010, p. 7823-7828. Communiqué de presse CNRS, 13 mars 2010.

Le milieu ambiant amazonien est agressif pour les technologies

Humidité et moiteur sont des facteurs très corrosifs, surtout s'ils se conjuguent, en extérieur, à un ensoleillement parfois impitoyable et à des pluies diluviennes. L'un des enjeux du développement territorial en Amazonie est de parvenir à concevoir des systèmes techniques qui restent fonctionnels longtemps, et avec une maintenance réduite. En effet, le modèle de fonctionnement hors réseaux (routiers, aériens, cablés) caractérise encore les territoires amazoniens et impose au matériel une robustesse d'usage particulière, tout dépannage associant une problématique supplémentaire : celle de la logistique, et donc des coûts et des délais.

Station météorologique automatique du site Inselberg du camp des Nouragues en Guyane. Les stations météorologiques sont très rares en Guyane, c'est pourquoi le relevé de ces données sur le long terme est crucial pour toutes les études effectuées sur la station.

sions, notamment pas l'utilisation de drones. La vocation de nos stations est aussi de tester ces techniques, pour répondre aux propres besoins des chercheurs de ces stations et ainsi rendre service à ceux qui ont besoin, ailleurs et par ailleurs, de ces technologies.

Coup de projecteur 3:

Modélisation, bioinformatique, biostatistique et géomatique

Les démarches scientifiques actuelles se fondent sur le tripode données - modèles - simulations. La solidité des données est indispensable pour compléter le pouvoir créatif et rigoureux de la modélisation et de la simulation. L'enjeu est ici de mettre en place, ou de développer sur de l'existant, des bases de données en ligne sur la biodiversité de Guyane et d'élaborer des modèles de connaissances et de scénarios de gestion de cette biodiversité, à l'usage des chercheurs et des gestionnaires d'espaces naturels. La conception de ces modèles peut s'appuyer sur diverses approches mathématiques et informatiques en revisitant la synthèse faite par le programme Environnement, vie et sociétés et réactualisées en fonction des résultats obtenus depuis.

Cela implique de renforcer la compétence régionale dans la modélisation, dans l'organisation des données sur la biodiversité et le traitement de l'information spatialisée, et de fournir un effort dans l'exploitation des données de télédétection aérienne : couverture par altimétrie laser ; couverture optique simultanée ; essai de détermination spécifique et de positionnement des arbres à partir de photos aériennes permettant d'avoir la distribution spatiale, à grande échelle, de la biodiversité « visible » ; conception d'instruments satellitaires. Développer ces domaines impose la mise en œuvre de moyens de calcul lourds, qu'il faut encore parvenir à installer, et le recrutement de spécialistes.

Coup de projecteur 4:

Méthodes d'identification et d'évaluation de la biodiversité, moléculaires ou basées sur d'autres critères

Identifier et évaluer la biodiversité, voilà une grande question ! Elle est au centre de nos préoccupations. Le tout est de savoir comment y parvenir. Actuellement, on dispose d'excellentes méthodes d'identification des arbres forestiers, par les technologies moléculaires. De plus, il s'est avéré que l'analyse des fragments d'ADN – communs aux différentes espèces, et suffisamment variables pour être discriminatoires – choisis pour leurs propriétés permettait aussi de reconstituer des phylogénies moléculaires (voir encadré). On sait évaluer au niveau local la biodiversité en s'appuyant sur des méthodes de terrain : par exemple, par l'analyse palynologique des sédiments, ou, plus récemment, avec les études moléculaires des fragments d'ADN récupérés dans les sols, dans le cadre de travaux conduits à l'été 2009 aux Nouragues par Jérôme Chave et Pierre Taberlet (CNRS, et respectivement université Paul-Sabatier, Toulouse, et université Joseph-Fourier, Grenoble) ; ou encore par des analyses chimiques comme l'analyse des cires couvrant les feuilles des arbres et relarguées dans l'air, travaux proposés par Maureen Comte (université de Harvard). Plus généralement, l'analyse de substances chimiques produites par les êtres vivants peut apporter des informations taxonomiques et phylogénétiques. C'est un des résultats espérés dans le cadre de la nouvelle thématique « Biodiversité, écologie chimique et chimie des substances naturelles » du programme Amazonie. On peut ainsi obtenir une évaluation de la composition par espèce sur quelques hectares, mais sans pour autant avoir l'agencement global, la structure spatiale à plus grande échelle. Élaborer une théorie synthétique de la biodiversité nécessite ce type de données. C'est pourquoi il faut penser à aller plus loin dans l'espace et dans le temps, et… regarder de plus haut.

L'équipe de Thierry Lengagne, du laboratoire d'écologie des hydrosystèmes fluviaux (université de Lyon/CNRS), cherche à déterminer l'adaptation des règles de communication sonore en tenant compte de toute la complexité du milieu naturel. En forêt tropicale, de nombreuses espèces animales communiquent dans un environnement très contraignant : végétation très dense, fort bruit de fond dû principalement aux insectes, aux oiseaux et aux anoures. Chez les grenouilles anoures le chant des mâles joue un rôle important au moment de la reproduction, la femelle utilisant souvent les informations contenues dans le chant pour choisir le meilleur mâle. Comment la femelle peut-elle sélectionner un partenaire sur la base de son chant dans un tel vacarme ? C'est ce défi acoustique qui intéresse les chercheurs.

La modélisation pour mieux comprendre et gérer la biodiversité

La modélisation fait partie intégrante de la démarche scientifique. La simulation en est le complément indispensable pour calculer et visualiser les solutions de ces modèles. Cependant, la confrontation avec les données qualitatives et quantitatives est nécessaire, tant pour juger de l'adéquation du modèle avec la réalité que pour inspirer le modélisateur. Le développement méthodologique n'est pas un but en soi, il s'appuie sur une problématique biologique, en relation immédiate avec des données ou en rapport avec une réflexion théorique. C'est un peu la philosophie de ce qu'on appelle « l'école de Lyon » de la modélisation en biologie. La plupart des travaux faits dans le cadre du programme Amazonie ont un recours plus ou moins important à cette manière de faire, qui peut même être essentielle dans certains cas, comme lorsque l'on étudie la dynamique de la forêt après une perturbation, et la reconstitution spontanée de la biodiversité fonctionnelle en suivant l'évolution de la distribution spatiale des espèces de lumière (appelées héliophiles) ou de couvert (dénommées ombrophiles) (1).

Le modèle est aussi l'outil indispensable pour tester des théories. Par exemple, la théorie neutraliste de la biodiversité tente d'expliquer le maintien d'une grande biodiversité sur le long terme. Elle permet de construire des modèles de distributions statistiques des arbres, avec l'hypothèse que les diverses espèces n'ont pas de préférence pour les différentes conditions environnementales rencontrées dans ces forêts. La comparaison entre les prévisions du modèle et des données de terrain permet soit de la valider, soit d'énoncer des hypothèses complémentaires pour expliquer les écarts observés. C'est ainsi que le filtrage environnemental a été introduit pour rendre compte des préférences constatées de certaines espèces pour des conditions particulières de milieu. Son rôle apparaît important à petite échelle, explicable par des hétérogénéités locales de terrain (au niveau des sols, par exemple), ou, à une échelle plus grande, selon des gradients bioclimatiques. En revanche, le modèle neutraliste marche bien à échelle moyenne (2) grâce à une sorte de compensation. On observe aussi que des arbres voisins sont en général d'espèces différentes : la distribution spatiale des arbres est très hétérogène. Ce fait, non directement expliqué par la théorie neutraliste, résulte de processus écologiques de brassage, par exemple de dispersion des graines, qui aboutissent à des répartitions quasi aléatoires. On peut montrer que la présence de tels processus est un facteur favorisant la résilience de l'écosystème, à savoir la reconstitution possible d'une biodiversité voisine de ce qu'elle était avant une perturbation. Sur un tout autre plan, celui de l'évolution biologique, ce sont des processus du même type qui sont à l'origine des diversifications phylogénétiques. Des sortes de « roulettes biologiques et écologiques » en sont à l'origine. Elles s'expriment à tous les niveaux d'organisation du vivant, du gène à l'écosystème.

L'analogie peut aller plus loin, en constatant que de nombreux processus biochimiques, biologiques et écologiques peuvent être modélisés avec les mêmes types d'équations que ceux utilisés pour représenter, par exemple, le fonctionnement de ces dispositifs mécaniques engendrant du hasard. Ces modèles sont dits déterministes dans la mesure où ils n'incluent pas de probabilités. Néanmoins, dans certaines conditions, ils peuvent engendrer des résultats incertains, donc difficiles à prévoir. C'est le hasard physique. Il est donc vraisemblable que pour certaines fonctions des systèmes vivants il en soit de même et que du hasard biologique soit engendré spontanément par des mécanismes analogues. Dans ce cas, le modèle est d'abord utilisé pour explorer la vraisemblance d'une hypothèse, celle de l'existence de roulettes biologiques. Reste alors à les identifier, à modéliser leur fonctionnement et à examiner comme on peut agir sur elles. En vérité, une partie du chemin est déjà parcouru, celui de l'observation des aléas qu'engendrent leur fonctionnement, leur identification et leur étude est maintenant d'actualité.

Outre l'utilité de la démarche pour la recherche, les résultats obtenus permettront d'élaborer non seulement des modèles de prévision, mais aussi de gestion préservant la biodiversité sur le long terme, laissant, par exemple, une large place au hasard, mais un hasard maîtrisé, calculé. La conception des aménagements et des modes d'exploitation durables d'agroécosystèmes, ou encore la définition de politiques de gestion des systèmes naturels, peuvent en tirer des applications pratiques et efficaces.

Références des publications :

1. Khöler P., Chave J., Riéra B., Huth A., *Simulating the Long-term Response of Tropical Wet Forests to Fragmentation*, Ecosystems, n°6, 2003, p. 114-128. Ces travaux sont antérieurs au programme, mais sont complètement dans sa philosophie et réalisés par des chercheurs y contribuant. Ils ont donc inspiré ses orientations.
2. Jabot F., *Marches aléatoires en forêt tropicale. Contribution à la théorie de la biodiversité*, thèse de doctorat, université Paul-Sabatier, Toulouse, 2009, 263 p.

Et se reporter à la partie II, notamment :

- « Dynamique de la biodiversité et des écosystèmes en Amazonie »
- « Origine et dynamique de la biodiversité : le rôle du hasard »

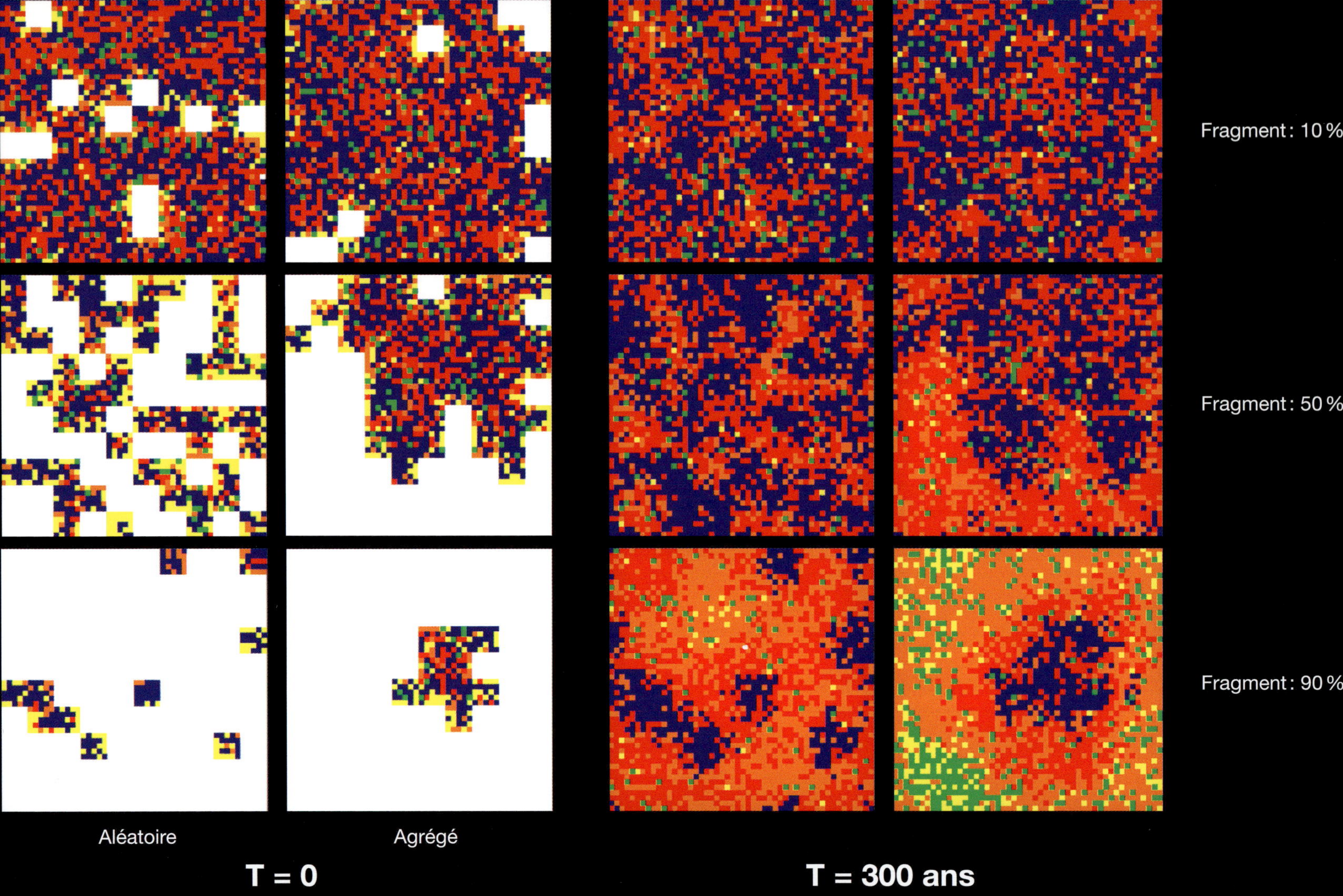

Résultats de la simulation d'une régénération forestière après des perturbations de nature et d'intensité variables, par exemple des coupes forestières. Les couleurs représentent une caractéristique de la biodiversité dite fonctionnelle (espèces de lumière en couleurs claires et d'ombre en couleurs foncées). Pour cette simulation, on a utilisé des paramètres de croissance et démographiques calculés à partir de données obtenues sur les dispositifs guyanais de Paracou et des Nouragues. Cette illustration est la version couleur d'une figure de l'article de Khöler *et al.* (cf. note 1 p. 45). Elle a été utilisée pour la page de couverture d'un numéro des *Comptes-rendus biologies de l'Académie des sciences* (n° 329 : 1, 2006) consacré à la modélisation de systèmes complexes en

Modélisation

Développer une compétence régionale

Dès l'origine, le CNRS-Guyane et le programme Amazonie ont cherché à soutenir des actions spécifiques dans le domaine de la modélisation, notamment des actions de formation. C'est ainsi qu'un partenariat a débuté avec un laboratoire de mathématiques de l'université des Antilles et de la Guyane (AOC : Analyse, optimisation et contrôle) longtemps dirigé par Marc Lassonde, professeur à l'UAG – UFR des Sciences exactes de la Guadeloupe. Dans le cadre de ce partenariat, la Guyane a participé au réseau Realma (Réseau Europe - Amérique latine en mathématiques appliquées), monté par ce laboratoire et impliquant aussi le Cimpa (Centre international de mathématiques pures et appliquées, agence bien connue de coopération scientifique française en direction des pays du Sud). Ce partenariat a conduit à deux manifestations : un colloque en 2007, à Kourou (colloque Meta – Modélisation des écosystèmes tropicaux et amazoniens) et un séminaire de formation en mathématiques appliquées en 2008, toujours à Kourou, à destination des étudiants de masters, doctorants et chercheurs de la région Amérique latine - Caraïbes.

Coup de projecteur 5:

Télédétection aérienne et satellitaire pour la biodiversité

La forêt d'Amazonie couvre 90 % du territoire de la Guyane mais, curieusement, ce n'est pas pour cette caractéristique que cette région française d'outre-mer est connue internationalement: c'est pour son statut de port spatial de l'Europe, articulé autour de la base de lancement des fusées Ariane, et bientôt Soyouz et Vega, à Kourou. La Guyane est avant tout perçue comme un territoire pour l'exploration de l'espace; accessoirement, cela permet de mesurer à quel point le terrain scientifique de l'écologie tropicale est encore un vaste champ à défricher, une terre d'aventure pour la science européenne.

La vitrine technologique de l'activité spatiale a influencé un ensemble de domaines de compétences en Guyane, et en particulier dans les domaines des technologies appliquées de ce secteur. Le développement, au sein de l'IRD, d'une compétence régionale en télédétection en fait partie. Elle a permis à la communauté des chercheurs un certain nombre d'avancées sur la connaissance des flux biogéochimiques et la caractérisation spatiale de la biodiversité. Cependant, une fois que l'on a rappelé cela, il faut quand même bien reconnaître que nous disposons de peu d'informations sur la biodiversité renvoyées par les instruments spatiaux actuels.

Le corpus théorique constitué depuis quelques années maintenant permet d'expliquer la distribution des arbres forestiers, la dynamique écologique en jeu dans le maintien global de la biodiversité et les variations à différentes échelles. Comme on l'a déjà évoqué, il relève d'une synthèse de trois approches: la théorie dite « neutraliste » (Hubble, 2001) en est la base, complétée par une expression faible de la théorie dite « des niches », le filtrage environnemental, et par les processus de distribution aléatoires dans l'espace forestier (10).

C'est ce que nous enseignent les collectes de données actuelles, sur le terrain. Pour affiner les théories, il faut imaginer des dispositifs de collectes d'information à grande échelle, voire à celle de l'Amazonie tout entière et même à celle de tous les écosystèmes forestiers, notamment intertropicaux, de la planète. En Amazonie, on peut évaluer de 80 à 100 milliards les arbres observables d'en haut, c'est-à-dire ceux accédant à la canopée. Nous avons une théorie, nous savons donc quoi faire des données, pourquoi et comment les analyser. L'idée d'un sa-

10. Hubbell S.P., *The Unified Neutral Theory of Biodiversity and Biogeography*, Princeton University Press, 2001; Chave J., Alonso D., Étienne R. S., « Comparing models of species abundance », *Nature*, n° 441, 2006; Jabot F., Étienne R.S. et Chave J., « Reconciling Neutral Community Models and Environmental Filtering: Theory and an Empirical Test », *Oikos*, n° 117, 2008, p. 1308-1320; Jabot F., *Marches aléatoires en forêt tropicale. Contribution à la théorie de la biodiversité*, thèse de doctorat, université Paul-Sabatier, Toulouse, 2009; Pavé A., *On the Origins and Dynamics of Biodiversity: the Role of Chance*, Springer US, 2010.

Des « codes-barres » ADN pour les arbres tropicaux

Parvenir à un inventaire à grande échelle de la biodiversité des plantes, aussi précis que possible, est essentiel pour le développement de stratégies en matière de conservation. Dans le cadre de la convention sur la diversité biologique (dite convention de Rio), l'utilisation d'une technique de code-barres ADN a été proposée pour identifier les espèces végétales et animales. Cette méthode consiste à séquencer, à partir du tissu, de courts fragments d'ADN qui contiennent une quantité énorme d'informations. Ces fragments sont ensuite comparés à des collections de référence afin d'identifier leur provenance. En août 2009, après plusieurs années de discussion, un consensus international mené par le groupe de travail sur les plantes du Consortium for the Barcode of Life (CBoL) a déclaré que deux marqueurs ADN (deux régions sur les gènes baptisés rbcL et matK) seraient suffisants pour caractériser 250 000 espèces de plantes. L'équipe du laboratoire Évolution et diversité biologique de Toulouse, en collaboration avec des partenaires guyanais, a effectué le premier test en milieu tropical forestier de cette méthode de code-barres ADN. Au total, 8 codes-barres ont été testés sur plus de 200 espèces d'arbres échantillonnés à la station CNRS des Nouragues en Guyane française. Plus de 2 000 séquences d'ADN ont ainsi été générées pour ce projet, et ont permis d'obtenir des avancées énormes en termes de discrimination des espèces végétales. Cependant, le succès d'identification n'a pas dépassé 70 % et l'un des deux marqueurs proposés par CBoL s'est révélé très difficile à séquencer. À l'interface entre recherche fondamentale et appliquée, ces travaux suggèrent qu'en dépit de l'outil inestimable que constituent les codes-barres ADN pour l'identification des espèces végétales, la méthode proposée internationalement pose encore des problèmes dans des familles de plantes exclusivement tropicales. Les résoudre permettrait, entre autres, de recenser et de suivre la biodiversité des plantes amazoniennes beaucoup plus efficacement.

Référence de la publication: Gonzalez M.-A., Baraloto C., Engel J., Mori S.A., Pétronelli P., Riéra B., Roger A., Thébaud C., Chave J., « Identification of Amazonian Trees with DNA Barcodes », *PloS ONE*, n° 4, 2009, et communiqué de presse CNRS, 20 octobre 2009.

tellite devient alors intéressante, en permettant de positionner géographiquement chaque arbre et de déterminer son appartenance à une espèce (ou à un groupe taxonomique plus vaste). L'utilisation d'une résolution réaliste d'un mètre générerait un flux de données énorme, mais les grands instruments de la physique et les techniques de séquençage rapide de l'ADN permettent de commencer à maîtriser ce type de problème. Il reste à développer les techniques d'identification, encore embryonnaires, et les capteurs pertinents. C'est un grand projet, à long terme, qui s'inscrit dans la philosophie des projets spatiaux.

Au cours de l'année 2009, le programme français Tropisar a hissé la Guyane à un nouveau degré scientifique pour l'étude de la biodiversité aux frontières des connaissances. Tropisar est une phase de préparation appliquée de la mission candidate satellite BIOMASS de l'Esa (Agence spatiale européenne). Coordonnée par l'Onera, elle a pour objet de mettre au point les instruments embarqués qui permettraient une quantification de la biomasse à l'échelle de toute la ceinture intertropicale. Ce grand projet est mis en œuvre dans le contexte de maîtrise planétaire des émissions de carbone. Plusieurs laboratoires français y sont associés. La Guyane a été choisie comme terre de mission pour Tropisar en raison de son dispositif de recherche forestier, de la qualité et de la continuité des mesures qui y sont opérées depuis bientôt trente ans. Cet exemple démontre la pertinence des choix effectués en matière de soutien pérenne des dispositifs de terrain, comme c'est le cas avec le programme Amazonie sur les Nouragues. Aussi, rêvons donc un peu ! Et espérons le développement des technologies du spatial au service de cette vision synthétique de la biodiversité à laquelle nous travaillons dans le cadre du programme Amazonie.

Coup de projecteur 6:

Biodiversité, écologie chimique et chimie des substances naturelles

La chimie des substances naturelles est un thème de recherche dans lequel le CNRS a investi de larges moyens, et depuis longtemps. Par exemple, l'invention du Taxotère, l'un des médicaments de référence des traitements de certains cancers, est un des résultats de ce choix stratégique. Aujourd'hui, ces recherches se poursuivent, avec toujours pour perspective de découvrir des molécules, actives et valorisables dans des domaines variés comme la thérapeutique, la chimie des matériaux ou des procédés, ou l'industrie agro-alimentaire. Très schématiquement, les recherches actuelles s'organisent autour de deux objectifs principaux : d'une part, comprendre le rôle des substances d'origine biologique dans le fonctionnement des systèmes écologiques (populations, communautés et écosystèmes), et, d'autre part, ouvrir des pistes de recherche sur des composés valorisables. Des modes de recherche traditionnels de ces substances naturelles actives, fondés sur des procédures de *screening* ou d'analyse et d'exploitation des savoirs ancestraux, il est de plus en plus souvent fait appel aux connaissances biologiques et écologiques, appelant donc au rapprochement de deux disciplines clés : la chimie des substances naturelles et l'écologie chimique.

Projet Tropisar

Quantifier la biomasse des forêts tropicales par le ciel, un rêve à portée d'ailes

La mise en place du processus Redd (Réduction des émissions dues à la déforestation et à la dégradation), annexé à la convention Climat de l'Onu, est un enjeu économique fort des années à venir. Il est l'un des derniers maillons du déploiement d'un marché mondial du carbone articulé autour des notions de « puits » et de « sources ». Pour les pays de la ceinture tropicale, c'est un enjeu d'autant plus important qu'ils abritent de vastes massifs forestiers. Mais pour espérer en faire un argument de poids dans les discussions internationales, il faut être capable d'estimer de la manière la plus exacte possible la quantité de carbone que séquestrent réellement ces massifs, et évaluer tout aussi exactement la quantité de carbone émise lors des déforestations. C'est aussi un enjeu de protection des derniers massifs de forêt primaire : leur accorder une valeur monétaire peut inciter les États à les préserver ou à les gérer durablement. Cette quantification de biomasse pose problème dans les forêts tropicales, étendues et relativement impénétrables. La mission satellite candidate BIOMASS, en cours de développement par l'Esa, propose une approche originale grâce aux technologies satellitaires. La méthodologie est testée en Guyane dans le cadre du projet Tropisar. La Guyane a été choisie car elle dispose, grâce aux stations de terrain gérées par les organismes de recherche, d'une qualité de suivi scientifique des massifs forestiers unique au monde.

Communiqué de presse régional, CNRS et partenaires, 18 mai 2009.

Photos : Onera

01 : **les arbres ont une architecture audacieuse** qui leur permet de s'élever jusqu'à 45-50 m et dans certains cas, pour des émergents, jusqu'à 60-70 m. Ils sont munis d'un houppier qui donne une grande prise au vent. L'architecture souple du tronc permet de supporter le tout. Parfois, ils sont flanqués de lianes qui croissent à partir du sol, assurant un haubanage des troncs. Ces lianes sont peu connues et étudiées, pourtant elles représentent une part importante de la biomasse végétale et jouent un rôle déterminant dans la structuration de la forêt.

02 : contrairement à ce que l'on pourrait croire, les lianes ne pendent pas des arbres mais croissent à partir du sol.

03 : la densité des arbres dont le diamètre est supérieur à dix centimètres se situe entre 400 à 600 individus à l'hectare. Sur cet hectare de forêt tropicale en Guyane, on dénombre entre 160 et 220 espèces d'arbres différentes.

04 : Cette broméliacée en fleurs, *Vriesea elegans,* est particulièrement commune dans les forêts d'altitude où le brouillard est fréquent.

01 : les feuilles de la broméliacée *Catopsis berteroniana* sont recouvertes d'une poudre cireuse blanche hydrophobe. Lorsqu'une goutte d'eau est déposée sur la feuille, elle est immédiatement dirigée vers la base, donc vers le réservoir de la plante. Cela permet à la broméliacée de capter l'eau de pluie et de condensation pour maintenir son réservoir en eau. L'objectif est d'évaluer l'importance respective des interactions trophiques (prédation) et comportementales (stress, communication chimique) sur la dynamique de communautés aquatiques simples hébergées par des plantes épiphytes

Dans l'espace amazonien et à une échelle plus limitée en Guyane, la biodiversité très importante, végétale, animale et microbienne, est une source potentielle de substances naturelles biologiquement actives. Bien entendu, d'autres parties du monde, à grande biodiversité, sont aussi intéressantes à étudier, à analyser et à valoriser de ce point de vue. Néanmoins, pour le CNRS, l'implantation en Guyane rend légitime de concentrer une partie de ses moyens sur la région amazonienne. Des équipes spécialisées sont déjà implantées, et des laboratoires bien équipés ont été créés, dans le cadre de l'UMR Ecofog. Par ailleurs, le contexte interdisciplinaire local et celui, plus général, du programme Amazonie permettent une réflexion intégrée sur les technologies bioinspirées, au sens large.

À l'issue d'un séminaire organisé à Kourou du 19 au 22 octobre 2009, il a été décidé d'adjoindre de façon explicite cette nouvelle thématique au programme Amazonie. Un appel à propositions de recherche a été ouvert en décembre 2009, avec pour premier objectif de constituer et de structurer une communauté scientifique à l'interface entre écologie et biologie, d'une part, et chimie et biochimie des substances naturelles, d'autre part. Cette communauté a vocation à travailler dans un contexte interdisciplinaire, autour de points de vue clairement identifiés :

- pour l'écologie et la biologie, l'intérêt principal est d'expliquer la dynamique de la biodiversité et les mécanismes sous-jacents, conduisant à une diversification, à des disparitions, à des érosions, etc., mais surtout au résultat observé de son maintien global et d'une coexistence des systèmes vivants entre eux, dans une grande diversité et hétérogénéité. Parmi les facteurs identifiés agissant sur ces dynamiques, les substances et processus chimiques jouent un rôle primordial, qu'il s'agisse de molécules uniques ou de mélanges plus ou moins complexes. L'écologie chimique, étudiant le rôle de ces composés organiques dans les interactions biotiques (médiation, protection, défense), s'attache à les identifier et à comprendre les mécanismes de leur production et de leur action ;
- pour la chimie des substances naturelles et la biochimie, il s'agit d'abord d'identifier et de connaître, parmi la grande diversité des molécules produites par le vivant, celles ayant des effets biologiques pour une meilleure compréhension du fonctionnement des écosystèmes, mais aussi qui sont susceptibles d'être à l'origine d'innovations. Grâce à la connaissance des structures et des modes d'action de ces molécules naturelles, il est envisageable de les optimiser et de s'en inspirer pour concevoir de nouveaux produits, de nouveaux matériaux ou de nouveaux procédés d'intérêts technologiques. Au-delà des démarches classiques (criblage, savoirs traditionnels), il est nécessaire de renforcer une recherche écoguidée et bioguidée.

Les chercheurs et les équipes impliqués sont appelés à une aventure intellectuelle où convergent les deux points de vue dans une stratégie visant à mieux comprendre le rôle de la médiation chimique dans la dynamique de la biodiversité (diversification, maintien, diminution) et les mécanismes d'action des substances identifiées, seules ou en mélange. À côté des avancées conceptuelles, les éléments essentiels à attendre de ces recherches sont le développement d'outils prédictifs et de technologies bioinspirées, ainsi que la découverte de produits nouveaux valorisables.

En Amazonie, où il n'y a pas eu de glaciations, les petits mammifères (ici, un marmosops) ont évolué « tranquillement » et ont pu conserver des caractères ancestraux. L'équipe de Vincent Laudet (ENS Lyon) s'intéresse, dans le cadre du volet BECCSN du programme Amazonie, aux sécrétions produites par les glandes de ces petits mammifères, dont certains peptides pourraient présenter une vaste gamme d'effets biologiques sélectionnés au fil de l'évolution.

Photo : Loïc Brepson

Biodiversité, écologie chimique et chimie des substances naturelles

Le but poursuivi par le nouvel appel à propositions de recherche du programme Amazonie « Biodiversité, écologie chimique et chimie des substances naturelles – BECCSN » peut se traduire par un questionnement : comment la diversité des molécules produites par les êtres vivants intervient-elle dans la dynamique de la biodiversité ? Quels sont les mécanismes d'action ? Comment la connaissance des structures et celle des mécanismes d'action peuvent-elles nous renseigner sur les valorisations possibles ? La recherche s'organise alors sur des déclinaisons de ces questions adaptées aux objets d'études choisis par les équipes. Cinq projets ont été retenus, concernant : 1. les modalités des interactions entre les arbres pour le partage des ressources azotées via les microorganismes et la rhizosphère ; 2. les relations entre les plantes et les insectes sur le cas des aracées ; 3. les médiateurs de ces relations sur les exemples de figuiers (le genre *Ficus* est très représenté en Guyane) ; 4. les substances émises pas les micromammifères en relation avec leur phylogénie et 5. les venins des arthropodes, notamment des fourmis, encore peu connus.

Synthèse

Politique scientifique et fonctionnement du programme

Le contenu de ce chapitre a permis, nous l'espérons, de comprendre les mécanismes de pensée et les réflexions qui sont à l'œuvre dans le déploiement, année après année, du programme Amazonie.

Comprendre le fonctionnement de ce vaste système qu'est l'Amazonie constitue l'objectif principal, celui qui définit notre cap. Il s'agit d'en tirer des enseignements génériques sur les grands systèmes écologiques anthropisés pour contribuer à la conception de technologies, de modes de gestion des territoires et plus généralement à la définition de politiques de développement durable au bénéfice des sociétés humaines qui habitent ces régions, tout en répondant aux enjeux planétaires. Le déploiement de notre effort de recherche s'appuie sur le tripode : 1. réflexion conceptuelle, 2. modélisation et 3. rapport au réel (observation et expérimentation, acquisition, traitement et organisation des données). Il se fonde sur les bases scientifiques et techniques les plus solides et tient compte des attentes sociales et économiques. Pour avancer, l'interdisciplinarité est un principe et une pratique essentiels. Elle est à la fois pensée au niveau du programme dans son ensemble et mise en œuvre « sur le terrain » dans ses diverses actions. Elle se conjugue avec une grande manœuvrabilité au niveau du programme, qui se garde des possibilités d'inflexions thématiques et de configurations multiples pour être réactif. Car l'objectif est ambitieux et ne peut s'atteindre que progressivement, en s'adaptant aux évolutions des problématiques et en mobilisant une communauté bien plus large que celle du programme.

Celui-ci ne constitue qu'une pièce modeste pour cette communauté, mais avec l'espoir qu'il tienne toute sa place en apportant une contribution significative et évolutive. Des étapes doivent être franchies, des priorités énoncées. C'est ainsi que nous nous focalisons sur l'étude de la biodiversité, de sa dynamique, sur l'évaluation de son rôle écologique, sur son importance pour les sociétés humaines, en termes d'usages, de gestion et de valorisation, mais aussi de désagréments à éviter. Ces recherches sont conçues en fonction de ce territoire qu'est la Guyane et dans la perspective de son développement.

Nous n'oublions pas non plus que cette biodiversité s'intègre dans un tableau plus large, celui de l'Amazonie, mais aussi de la vie sur la planète, de son histoire et de son évolution. Tableau d'une vaste région, d'un lointain passé et d'un possible futur, espace de rêve, mais aussi et plus prosaïquement cadre essentiel de compréhension de la vie et de sa diversité.

Et gardons en tête Theodosius Dobshansky, qui écrivait en 1973 que « Rien ne prend sens en biologie, si ce n'est à la lumière de l'évolution (11) ».

11. *The American Biology Teacher* 1973, 35: 125-129. Cette idée a montré une multitude de fois sa pertinence ; elle s'étend à l'écologie ; elle est particulièrement vraie pour comprendre la biodiversité ; nous nous situons tout naturellement dans son sillage. Penser un développement durable demande d'adopter de telles profondeurs de champ.

01 : recherche de caractères botaniques utiles pour l'identification des plantes. Saut-Pararé, Guyane.
02 : photographie d'un échantillon.
03-04 : mise en herbier d'un échantillon d'arbre à encens *(Burseraceae)*.
05 : échantillons conservés en vue de leur montage (planches d'herbiers). Herbier de Guyane à Cayenne (dispositif IRD, géré par l'UMR Amap).

entourage

Sous le vent du programme…

Le CNRS s'installe officiellement en Guyane en 2002. À partir de cette date, et malgré « la jeunesse » de cette implantation, son influence sur le paysage scientifique régional va rapidement prendre de l'importance et produire des évolutions majeures sur la période 2002-2010, portées par le souffle scientifique du programme Amazonie.

Où vont les bulles d'amazonie ?

Sous cette feuille de Clusia, les guêpes ont fabriqué un nid en carton à partir de fibres végétales.

De nombreux organismes de recherche sont présents en Guyane, dont certains depuis longtemps, comme l'IRD (anciennement Orstom) ou l'Institut Pasteur. Le CNRS témoigne bien d'un passé de recherche important dans la région, au travers de programmes, de missions régulières et de sa présence sur le site des Nouragues depuis 1986. En revanche son implantation institutionnelle est récente. Il est le dernier arrivé, avec un bureau de représentation régionale ouvert seulement en 2002. Le programme Amazonie a été mis en place en 2004.

La création d'une structure de recherche, la mise en place d'un programme induisent toujours des effets d'ordre socioéconomique. Ces effets sont souvent difficiles à mesurer, y compris dans le cercle le plus proche de l'enseignement supérieur et de la recherche, car ils se diluent dans un ensemble de composantes qui interagissent entre elles. Par ailleurs, structures de recherche et programmes sont d'autant moins visibles, spectaculaires, qu'ils s'expriment dans un système déjà stabilisé, arrivé à maturité. Mais en Guyane, dans un périmètre géographique relativement resserré, et à l'échelle d'un petit dispositif de recherche, encore par bien des aspects en émergence, nous avons la chance de pouvoir identifier très nettement et tracer certains de ces effets.

Nous avons choisi quelques exemples, illustratifs de l'incidence que peut avoir dans une région une action de recherche suffisamment importante et structurée, portée par un projet durable de politique scientifique comme c'est le cas pour le CNRS en Guyane. Ces exemples sont assez différents les uns des autres, pris dans les sphères de la recherche scientifique dite « académique », de l'enseignement supérieur, de l'innovation régionale, ou encore de l'image territoriale et de la culture scientifique. Leurs contenus se font écho et offrent sept regards croisés pour comprendre la dynamique en action.

UMR Écologie des forêts de Guyane

Amazonie et Ecofog

L'unité mixte de recherche Ecofog est l'héritière des implantations du Cirad et de l'Inra sur Kourou dans les années 1970, puis par la suite de l'Engref en 1989. Créée en 2001, elle a regroupé les forces scientifiques des trois organismes – hormis la composante des sciences du bois du Cirad –, avec un objectif scientifique restreint aux aspects de fonctionnement et de gestion de l'écosystème. Le CNRS a rejoint l'UMR à mi-parcours du premier mandat, en janvier 2004, en apportant des compétences complémentaires en écologie et en microbiologie.

Impact de l'appel à candidatures du CNRS (2002) et du premier appel à projets Amazonie (2004-2007)

En parallèle, l'appel à candidatures du CNRS de fin 2002 s'est traduit par l'arrivée en Guyane en 2004 de scientifiques des secteurs de la chimie et des sciences pour l'ingénieur, rassemblés par un projet de valorisation des matériaux et des substances naturelles de l'écosystème forestier. La concertation s'engage avec les chercheurs de ces disciplines physicochimiques déjà représentées localement, par les sciences du bois au Cirad à Kourou et par les sciences des matériaux et le génie civil à l'Institut d'enseignement supérieur de la Guyane, branche guyanaise de l'université des Antilles et de la Guyane (UAG), à Cayenne. Fin 2004, le projet d'équipe Laboratoire matériaux et molécules en milieu amazonien (L3MA) est finalisé. Il est conduit par Gérard Chalant, professeur à l'UAG, et Bernard Thibaut, directeur de recherche au CNRS. Il obtient dès l'origine la reconnaissance de la délégation régionale à la recherche et à la technologie (DRRT, représentation régionale du ministère de la Recherche) et du Pôle universitaire guyanais (PUG, groupement d'intérêt public constitué en 2004). La mise en chantier d'un laboratoire de 400 m^2 sur le nouveau campus universitaire de Troubiran à Cayenne et l'attribution de crédits d'équipements scientifiques d'un montant de 450 k€, financés par le CPER/Docup (12) 2000-2006, permettent l'installation de l'équipe dans ses nouveaux locaux fin décembre 2005. Le L3MA bénéficie aussi immédiatement de l'appui du CNRS. 100 k€ sont versés par la direction générale pour la construction du laboratoire, le département des sciences pour l'ingénieur attribue une bourse de doctorat cofinancée par la Région Guyane, et le programme Amazonie accorde un financement de 70 k€ au projet scientifique, qui permet le fonctionnement et l'acquisition d'équipements de base. L'hébergement à titre gracieux, dans un premier temps, par l'institut Pasteur de Cayenne dans ses locaux, a permis la première percée scientifique reconnue de l'équipe chimie sur les molécules antipaludéennes contenues dans l'arbuste *Quassia amara.*

L'UMR est évaluée en 2005 à la fin de son premier mandat. Bernard Thibaut succède à Mériem Fournier à la tête d'Ecofog et devient porteur du nouveau projet pour cette UMR, qui va précipiter le dialogue avec le L3MA autour de l'objet commun « Forêt de Guyane ». L'intérêt est de regrouper des forces scientifiques dispersées dans un projet interdisciplinaire autour du même enjeu, la gestion durable de la forêt guyanaise. Deux volets scientifiques sont considérés : la compréhension du fonctionnement et de la dynamique de l'écosystème, d'une part, la valorisation de ses produits et de ses services, d'autre part. Le regroupement de ces forces a permis, pour le nouveau mandat 2006-2010, de conforter l'intérêt du Cirad, avec l'apport des sciences du bois, et de créer la liaison indispensable avec l'université en Guyane, en pleine évolution. Il a joué un rôle majeur dans la conquête de financements compétitifs comme ceux de l'Agence nationale de la recherche (ANR, cinq contrats, représentant un apport financier de 980 k€) ou du 7e programme cadre européen (en négociation financière début 2010). Sept contrats PO/Feder (fonds européens) ont également été signés en 2008, pour un apport financier de 2 750 k€. Durant ces quatre années, l'apport du CNRS a été très significatif : en moyenne six scientifiques dont quatre titulaires d'une habilitation à diriger des recherches assurant l'encadrement de dix-huit thèses (dont quatre soutenues dans la période), quarante publications dans les revues de rang A, le pilotage d'un projet ANR. Il a certainement contribué à la bonne évaluation de l'UMR par l'Agence de l'évaluation de la recherche et de l'enseignement supérieur (Aeres), une étape importante de la reconnaissance scientifique de cette unité localisée en Guyane.

12. CPER/Docup signifie Contrat plan État-Région/Document unique de programmation. C'était une disposition spécifique aux territoires d'outre-mer prenant en compte dans un document unique les contributions des Régions, de l'État et de l'Europe. À partir de 2007, les programmes opérationnels, ou PO, ont succédé aux Docup.

Enjeux du second appel à projets Amazonie (2008-2011)

Les projets ANR et PO/Feder ont permis d'asseoir les grandes thématiques scientifiques de l'UMR en confortant les dispositifs et plateformes, les coopérations stratégiques avec les autres unités et en permettant des campagnes de mesures et d'expérimentation de grande ampleur.

L'appel à projets Amazonie 2 a été l'occasion d'ouvertures sur de nouvelles approches interdisciplinaires, en associant des équipes extérieures stratégiques pour l'avenir de l'UMR. Ces projets totalement dédiés à l'écosystème forestier guyanais sont souvent copilotés par des collègues d'unités de recherche de métropole, moteurs des thématiques nouvelles qui paraissent intéressantes pour la Guyane. C'est typiquement le cas du projet Couac, piloté conjointement par deux scientifiques de l'Inra, à Nancy, et de l'Inrap, à Cayenne, où se retrouvent des écologues, des généticiens et des archéologues visant à explorer l'impact des activités humaines dans les temps longs sur l'écosystème forestier actuel (le projet Couac est détaillé dans la partie II). L'UMR est présente dans sept projets du programme Amazonie et deux réponses à l'appel d'offres spécifique Nouragues. Une des conséquences, extrêmement importante pour l'avenir, est le rapprochement scientifique de l'UMR Ecofog et du projet CNRS des Nouragues dessinant l'amorce d'un grand équipement du type observatoire de la biodiversité amazonienne en Guyane.

Et pour l'avenir…

La stratégie scientifique de l'UMR est basée sur quatre orientations fondamentales :

- l'implantation d'une unité de recherche interdisciplinaire forte, cohérente et originale, en zone de forêt tropicale humide, interconnectée avec des unités de recherche reconnues dans les disciplines concernées, en France, en Europe et aux États-Unis ;
- être un acteur « sud-américain tropical » de la recherche en écologie, en favorisant la coopération régionale avec les pays voisins (université de Brasilia et Inpa, à Manaus au Brésil) et en s'insérant dans des réseaux internationaux concernés par la forêt amazonienne au sens large (réseaux Rainfor et LBA, Large Scale Biosphere-Atmosphere Experiment in Amazonia) ;
- faire de l'écologie le cœur du projet scientifique, au sens fort du terme écologie, en tant que science des interfaces. Nous parlons ici des concepts anglo-saxons de *chemical ecology*, *historical ecology* ou *genetic ecology*, une palette que nous pourrions élargir encore, et pourquoi pas sur la *physical ecology* ou la *mechanical ecology*. L'originalité du projet d'Ecofog nous permet de l'envisager raisonnablement ;
- partir de ce cœur de recherches cognitives sur l'écologie de la forêt, pour développer des outils, méthodes, itinéraires ou produits innovants, grâce aux connaissances accumulées et aux compétences disciplinaires présentes. Les cibles concernent des secteurs aussi divers que la gestion forestière, l'aménagement du territoire, l'agroforesterie intensivement écologique, l'écotourisme, la chimie verte et les biocarburants, ou le génie civil et l'habitat.

Pour la plupart des arbres, la compétition pour la lumière est cruciale. Une des adaptations pour croître haut tout en restant stable est le développement des contreforts qui réduisent le risque de chute.

… et trois enjeux d'avenir :

- mettre en place un grand équipement guyanais dédié à la connaissance, au suivi et à la valorisation de la biodiversité en zone amazonienne, coopératif entre les institutions, installé dans la durée et bénéficiant d'une reconnaissance internationale ;
- réussir le pari de l'interdisciplinarité créatrice de nouvelles approches en maintenant l'excellence disciplinaire par le réseau de coopérations, d'échanges et d'accueil avec des partenaires durables reconnus par leurs organismes pour cette action en zone tropicale ;
- faire émerger des innovations majeures au service de l'enjeu de gestion durable de l'écosystème forestier tropical humide, assis sur les trois piliers : écologique (maintien du stock de carbone de la forêt, de sa diversité et de ses fonctions de régulation), économique (création d'emplois et de richesses au service des populations locales) et social (respect des cultures, des conditions de vie et de travail, équité du partage).

Le programme Amazonie peut contribuer fortement à l'évolution favorable de ces perspectives, tout en favorisant, grâce à des projets multipartenaires, la concertation avec les organismes concernés par les thématiques de l'UMR : les universités, le consortium agronomique, les gestionnaires d'espaces naturels et les partenaires socio-économiques.

01

02

03

04

Amazonie et le dispositif de terrain

Vers un très grand équipement pour la recherche ?

01 : l'accès à la canopée est toujours délicat alors que cette strate verticale située souvent entre 40 et 50 m de hauteur joue un rôle écologique considérable. Comme l'explique Pierre-Charles Dominique dans le premier article de la partie II, plusieurs solutions ont été testées, notamment aux Nouragues, où des passerelles permanentes ont été installées dès les premières années de fonctionnement de la station. L'installation a profité d'une opportunité de terrain accidenté, avec des arbres en contrebas d'un sentier. Techniquement des échelles de spéléologues ont été utilisées avec des câbles de soutien et de sécurité.

Photo : Pierre Tambourin

02 : la bulle des cimes a été testée aux Nouragues en 2004, la prise au vent reste un problème majeur des dispositifs aériens autoportés. Ajouté aux conditions difficiles d'approvisionnement en hélium, ce problème a conduit à déclasser ces solutions d'accès à la canopée et à explorer de nouvelles pistes techniques.

Photo : Roger Le Guen

03 : puma *(Puma concolor)*. La photographie est prise par *camera trapping* (piège photographique), technique développée aux Nouragues par l'ONCFS dans le cadre d'un programme d'étude et de suivi de la grande faune de Guyane.

Photo : ONCFS, Cécile Richard-Hansen

04 : le carbet de Saut-Pararé (station des Nouragues), de nuit.

En 2007, Pierre Charles-Dominique, qui fut le fondateur de la station des Nouragues et son directeur jusque-là, passe la main à un nouveau binôme constitué pour lui succéder, avec pour mission d'accompagner le développement scientifique international de la station. Ce binôme comprend Jérôme Chave, qui devient directeur scientifique de la station, et Philippe Gaucher, qui intègre le CNRS comme ingénieur et prend les fonctions de directeur technique et opérationnel de cette station, alors organisée en deux sites distants de quelques kilomètres : le site Inselberg (responsable de site : Patrick Châtelet) et le site de Saut-Pararé (responsable de site : Matthias Fernandez).

Le mode de fonctionnement de la station est repensé, afin de favoriser un calage sur les standards internationaux. Cela se traduit par la mise en place d'un conseil scientifique intégrant des profils diversifiés (thématique de recherche, nationalité) et l'adoption d'un fonctionnement sur appel d'offres, publié annuellement dans le cadre du programme Amazonie. L'option retenue, pour les premières années de fonctionnement, est celle de soutenir des projets originaux, de courte durée et d'un faible montant – maximum de 10 000 € –, mais permettant de supporter les voyages, l'accès à la station et un minimum de moyens expérimentaux. Cette action porte rapidement ses fruits et occasionne une importante hausse de la fréquentation scientifique de la station, ainsi qu'une diversification des thématiques proposées et des origines géographiques des porteurs de projets. Il permet très rapidement à la station de se positionner positivement par rapport à l'objectif de départ, à savoir une plus grande ouverture internationale et l'accès facilité à un équipement scientifique exceptionnel.

À côté de l'action spécifique Nouragues du programme Amazonie, des études de long terme sont poursuivies sur la station : suivi des populations animales, suivi des communautés végétales, questions de biogéochimie, d'écologie comparative et d'écologie évolutive financées par diverses sources. Tous les projets – légers, soutenus par l'action spécifique Nouragues du programme Amazonie, ou lourds, à long terme – sont motivés par des questions fondamentales. Ils conduisent à la mise en place de bases de données en ligne, notamment sur des groupes taxonomiques particuliers. Tous font par ailleurs l'objet d'une évaluation régulière par le conseil scientifique de la station. Parallèlement, la phase 2 du programme Amazonie consacre un volet de financement au développement technologique de la station. Il a pour but de soutenir le déploiement sur le terrain d'instruments de suivi de l'environnement ou de l'activité des organismes vivants. Un effort important est consenti sur la qualification du dispositif Copas d'accès à la canopée, une frontière biologique quasiment inexplorée, une interface entre le milieu intérieur de la forêt et l'atmosphère.

Dans l'ensemble, ce modèle de fonctionnement et le niveau d'équipement auquel il s'applique est inspiré de celui des Très Grands Équipements pour la Recherche (TGER), organisé autour d'une sélection rigoureuse et cohérente des programmes. Le schéma d'action opéré aux Nouragues et déployé sur d'autres outils mi-lourds en divers sites du territoire français permet d'espérer constituer à l'échelle nationale un TGE en écologie, à l'instar des structures actuelles dans le secteur des sciences de l'univers et dans celui des sciences des particules. L'un des objectifs qui doit intégrer la prospective de développement de la station est l'amélioration permanente des moyens techniques et scientifiques mis à disposition des chercheurs et celle des conditions de séjour sur le site. Cela implique des financements adaptés et une stratégie de levée de fonds. En se portant garant d'une finalité scientifique d'excellence, le programme Amazonie apporte un soutien sans faille à cette stratégie.

01

02

03

Méthode Winkler : chaque enceinte de coton correspond à un échantillon de litière mis à déposer.

01-02 : au fur et à mesure que la litière s'assèche au cours des 48 heures de dépôt, les organismes du sol (arthropodes) migrent vers le bas en réponse à l'assèchement de leur milieu, et finissent par tomber dans un gobelet partiellement rempli d'éthanol. Après 48 heures d'extraction, les gobelets contenant les organismes extraits de la litière sont récoltés.

03 : l'objectif est d'améliorer la connaissance de la biodiversité des fourmis de litière des Nouragues (Guyane), et de mieux comprendre la composition et le fonctionnement des assemblages d'espèces de la litière. Station des Nouragues, Guyane.

4-09: **scènes de travail** à la station des Nouragues.

Amazonie et le dispositif SHS

Création de l'observatoire hommes - milieux « Oyapock »

En 2008, à la fin de la phase 1, le programme Amazonie est recentré sur la biodiversité, qui apparaît comme le thème fédérateur des réponses de la communauté de recherche consultée. Néanmoins, un apport plus large des sciences humaines reste souhaité dans une volonté de comprendre la Guyane, et dans une finalité de gestion des territoires. Le faisceau de réponses au programme Amazonie va alors, paradoxalement, être à l'origine d'une évolution notoire du dispositif régional du CNRS, qui doit beaucoup à une forme de persistance à vouloir intégrer des approches SHS dans l'étude de l'objet central « environnement ». Une fois encore, on y verra l'expérience du PEVS.

En novembre 2007, Catherine Bréchignac, présidente du CNRS, séjourne en Guyane dans le cadre d'un séminaire de l'Académie des technologies sur le thème « Développer et préserver : technologies, cultures, environnement et développement durable ». La phase 2 du programme Amazonie est en préparation, et l'on s'interroge sur la manière de fédérer des approches SHS dans l'étude de notre objet amazonien. Des visites de terrain sont organisées, dont l'une dans l'Est guyanais dans le cadre d'un atelier sur le potentiel d'écodéveloppement dans les zones préservées et protégées. À l'occasion d'un arrêt dans la commune de Saint-Georges-de-l'Oyapock, l'idée d'implanter, à cet endroit précis, un observatoire hommes - milieux s'impose avec une grande évidence. Les observatoires hommes - milieux sont encore méconnus. L'outil est tout nouveau, conçu et proposé depuis peu par le département EDD sous l'impulsion de Robert Chenorkian, directeur scientifique adjoint pour les interactions hommes et milieux. Aujourd'hui, ils sont, avec les zones ateliers, un outil de promotion de l'interdisciplinarité propre à l'Inee pour l'étude des socioécosystèmes. Les OHM se consacrent à l'étude des changements écologiques et socioéconomiques rapides et majeurs, Les sciences de la nature et les sciences humaines et sociales étudient ces événements depuis leur cœur de discipline. Une mise en commun périodique assure les éclairages croisés qui facilitent des études interdisciplinaires. Ici l'événement sera la construction d'un pont au-dessus du fleuve Oyapock, qui sépare la Guyane française et l'État fédéré d'Amapá, autrement dit – et surtout ! – d'un pont transfrontalier entre la France et le Brésil.

Canot sur une plage du fleuve Oyapock.
Ici, point besoin de voitures ; ces embarcations permettent aux riverains de se déplacer le long des berges et d'une rive à l'autre, côté français et côté brésilien. La construction du pont transfrontalier, qui enjambera le fleuve entre la commune française de Saint-Georges et celle d'Oiapoque au Brésil, pourrait modifier ces habitudes.

La mission de création de l'observatoire est confiée à Françoise Grenand, anthropologue connue pour son travail auprès des Amérindiens de Guyane conduit avec son époux Pierre Grenand depuis les années 1970. L'observatoire « Oyapock, un fleuve en partage » est inauguré le 3 juillet 2008, en présence de Catherine Bréchignac qui revient pour l'occasion en Guyane. La structure administrative choisie est celle d'une unité propre de service du CNRS adaptée à la finalité des observatoires hommes - milieux, celle d'être avant tout un outil d'aide à la décision. Trois objectifs sont définis à la création :

- quatre orientations de travail : dynamiques des peuplements humains, dynamiques identitaires, dynamiques environnementales et dynamiques économiques ;
- déclinées sur trois phases dans le temps : avant, pendant et après la construction du pont ;
- et deux axes dans l'espace : le fleuve Oyapock de sa source à son embouchure, ainsi que les deux tronçons de route reliant depuis peu les deux bourgades frontalières, Saint-Georges-de-l'Oyapock et Oiapoque, à leurs capitales respectives, Cayenne et Macapá.

Le concept est encore en émergence, et son périmètre d'action en Guyane non stabilisé. L'OHM doit trouver sa place dans le dispositif guyanais. C'est au niveau des gestionnaires d'espaces naturels que s'amorcent les premières collaborations. Le Parc amazonien de Guyane, plus grand parc national français et seul espace équatorial européen de cette catégorie, est créé depuis 2007. Il se déploie progressivement dans ses territoires de compétence et devient un partenaire naturel de l'observatoire sur la zone des moyen et haut Oyapock, sur la commune de Camopi. Il en est aujourd'hui le partenaire le plus assidu. Peu à peu, l'OHM gagne la confiance des

Le pont

Les deux rives de l'Oyapock ont longtemps été françaises, puis la rive droite, au cœur d'un contesté tranché en 1900 par la Confédération helvétique, devient brésilienne. Cet arbitrage donne lieu à des mouvements de population et à d'insolites situations linguistiques, sans réussir à casser l'habitude de franchir le fleuve. Soudé autour de ses deux berges, le bas Oyapock donne ainsi l'image d'un bout du monde, aussi bien pour la Guyane que pour le Brésil. Qu'il soit dessiné comme une frontière importe peu. Pourtant, après la ruée vers l'or de l'année 1986, l'accroissement sans précédent du peuplement sur la rive brésilienne et l'invasion clandestine de la forêt guyanaise qui s'en suit, on peut parler de front pionnier, ce qui n'est qu'une autre forme de frontière. Puis vient la décision de construire un pont sur le fleuve. De part et d'autre des deux piles qui vont s'arc-bouter aux deux berges, il ne s'agira pas seulement d'enjamber une artère liquide, mais de relier à sa croisée, par un ruban de route, deux univers : l'Amapá et le Brésil (donc l'Amérique latine et le Mercosur) et la Guyane et la France (donc l'Union européenne et la zone Euro). En reliant les villes « capitales » de Cayenne en Guyane et de Macapá, en Amapà, c'est tout une diagonale de vie qui trouvera une nouvelle ampleur. Le paysage physique, humain et économique de la région de l'Oyapock va s'en trouver modifié. Et ces mutations surviendront non seulement dans le voisinage immédiat du pont, mais sur la totalité du fleuve Oyapock, intéressant de ce fait un ensemble de communes et trois espaces naturels protégés : le parc amazonien de Guyane, le Parque Nacional Montanhas doTumucumaque et le Parque do Cabo Orange, faisant du même coup la plus grande aire protégée du monde. D'une appropriation des territoires guyanais et amapéen qui avait laissé cette frontière comme un angle mort, on passe aujourd'hui à la promotion géopolitique du modèle de l'interface, qui s'accompagne du désenclavement par rapport aux centres de décision locaux. La frontière devient un élément positif de structuration des territoires. La dynamique d'insularité s'estompe et la région connaît un repositionnement territorial dans lequel sont à l'œuvre différentes échelles de fonctionnement.

Référence : Extrait des documents de cadrage de l'observatoire Oyapock

Ci-dessus, **le chantier d'accès aux abords du futur pont sur l'Oyapock**, en novembre 2009. Les équipes de travaux publics s'activent côtés français et brésilien. La date d'ouverture du pont, prévue avant le début de l'année 2011, est encore incertaine.

collectivités territoriales (municipalités, département, région). Les services de l'État s'en rapprochent également : la préfecture le place début 2010 dans son réseau d'entités ressources, par exemple dans le comité de pilotage du CEP (Contrat d'études prospectives), la DSDS (Direction de la santé et du développement social) le sollicite sur des questions de santé publique, EDF le questionne sur le schéma d'électrification des sites isolés, le rectorat de la Guyane l'intègre dans le conseil de coopération européenne et internationale pour l'ouverture de classes internationales à Saint-Georges de l'Oyapock, la Drac (Direction régionale des affaires culturelles) l'invite à réfléchir sur sa nouvelle mission, la promotion et la pérennisation des cultures et des langues régionales. Au niveau des partenaires académiques, un rapprochement assez naturel s'établit avec l'UAG. Deux enseignants chercheurs du laboratoire Crillash (Centre de recherche interdisciplinaire en lettres, langues et sciences humaines) s'associent plus étroitement à l'observatoire. Une thèse démarre à l'UAG dans le cadre d'un cofinancement CNRS et Europe (Fonds social européen). L'observatoire renforce par ailleurs un lien amorcé en 2009 avec le programme ANR « Dynamiques des circulations migratoires et mobilités transfrontalières entre Guyane, Suriname, Brésil, Guyana et Haïti », coordonné par Luc Cambrezy (IRD), ainsi qu'avec le projet mené par Philippe Léna (IRD) sur la phase 2 du programme Amazonie, et centré sur les problématiques de gestion territoriale de la biodiversité sur les frontières. Le rapprochement avec l'UMR Ecofog s'organise ; un partenariat se met en place avec le Cirad, aboutissant au lancement d'un appel d'offres porté sur l'évolution des formations végétales et des sols sous influence anthropique à Saint-Georges de l'Oyapock. Les problématiques

Canot à pagaies sur la crique Gabare, côté français de l'Oyapock. C'est avec ces petites embarcations que l'on se rend aux abattis, parcelles familiales où l'on cultive du manioc, des bananes ou autres produits de l'alimentation traditionnelle.

hommes-milieux se matérialisent dans diverses autres opérations. L'appel d'offres 2010 de l'OHM, centré sur les situations de fronts pionniers, se positionne également sur cette interface. La perspective du CFBBA – Centre franco-brésilien de la biodiversité amazonienne – converge avec les objectifs de l'OHM. La mise en place de cette structure binationale, créée sur la volonté politique d'inciter les collaborations France-Brésil sur un domaine de recherche partagé entre la Guyane et l'Amapá, et autour d'un outil de développement territorial de la zone Oyapock, laisse entrevoir différentes possibilités de connexions autour des recherches appelées à être menées en matière de biodiversité et d'écologie forestière. La dimension binationale de l'OHM se confirme. Elle se matérialise dans le cadre de diverses conventions avec des partenaires brésiliens pour des actions telles que l'organisation fin 2009 d'une rencontre transfrontalière des peuples amérindiens, ou l'accueil d'un chercheur brésilien en Guyane, dans le cadre d'une convention Capes (Coordenação de Aperfeiçoamento de Pessoal de Nível Superior).

L'observatoire atteint donc en 2010 une vitesse de croisière. Interdisciplinaire, pluripartenarial, binational, il s'inscrit dans la tradition des programmes Environnement du CNRS, s'insérant sur l'interface de la recherche et de la société. Outil d'aide à la décision, mais aussi structure de support de la recherche, ce que propose l'observatoire est en fait un programme de recherche-action. Il offre une structure d'innovation territoriale et de valorisation des résultats des recherches menées dans la région Guyane et le nord de l'État brésilien d'Amapá. Il exprime en cela un prolongement du programme Amazonie.

Amazonie et l'organisation de la recherche en Guyane

De Silvolab à Irista, d'Irista au projet de PRES en Guyane

Les premières initiatives de structuration de la recherche sur la forêt

Dès 1992, la nécessité d'organisation de la recherche interorganisme apparaît en Guyane, notamment pour tout ce qui concerne l'écosystème forestier ; le groupement d'intérêt scientifique GIS Silvolab est créé à cette époque. Au niveau national, le groupement d'intérêt public GIP Ecofor est créé peu après, le 1er janvier 1993. Il commence à fonctionner avec, comme premiers membres, l'Inra, le Cemagref, le CNRS, l'Engref, l'Inra et l'ONF. Jean-Pierre Troy en assure la présidence, Alain Pavé étant pour sa part le président de son conseil scientifique. L'implication du CNRS dans Ecofor est conditionnée par l'intégration des écosystèmes forestiers intertropicaux dans le périmètre scientifique du groupement ; cela permet peu après à l'Orstom de rejoindre le tour de table. La création de ce GIP marque une véritable rupture. On passe alors d'une vision utilitariste de la forêt à une vision écosystémique de celle-ci, élargie à d'autres dimensions que l'on souhaite prendre en compte dans sa gestion : des fonctions biogéochimiques, mais aussi d'autres finalités, par exemple récréatives, ou encore de productions secondaires de plantes et d'animaux, de préservation des sols, de fonctions régulatrices. L'implantation, dans ce même pas de temps, de l'Engref sur le campus agronomique de Kourou offre une possibilité de point d'entrée du GIP Ecofor en Guyane. C'est finalement le GIS Silvolab qui va devenir en 1993 le représentant et l'opérateur régional privilégié d'Ecofor.

En 1996, le programme Environnement, vie et sociétés développe ses actions dans la région et souhaite avoir une représentation permanente en Guyane. Le département des sciences de l'univers, informé de cette ambition, propose de mettre à disposition du PEVS l'un de ses agents – Christine Schrive, cadre administratif – résidant alors en Guyane. Cette opération permet au CNRS de mieux accompagner régionalement ses propres actions, lors du lancement du programme Mercure notamment, ou celles conduites en interorganisme par le renforcement du GIS Silvolab. Au titre des succès, on peut souligner l'obtention du label européen Large Scale Facility pour l'étude des écosystèmes forestiers tropicaux humides, obtenu entre 1998 et 2000 par les dispositifs du GIS Silvolab.

Dès 2002, les idées d'interdisciplinarité, de coopération interorganisme et de coopération avec le Pôle universitaire guyanais, alors en voie de création, forment le socle de l'engagement du CNRS en Guyane. En octobre 2003, un premier document est proposé à la communauté. Reprenant le cadrage scientifique du programme Amazonie, il est rédigé dans une perspective de mise en place d'un Institut interdisciplinaire de recherche sur les systèmes amazoniens. Une version révisée est ensuite élaborée et éditée en octobre 2004. Une collaboration efficace est rapidement établie avec le GIS Silvolab, présidé à cette époque par Michel Bordères, directeur régional de l'ONF, en particulier lors des discussions avec la Région sur l'application du CPER/Docup. En mars 2005, la candidature du CNRS à la présidence du GIS fait l'unanimité : la présidence de Silvolab est confiée au directeur du CNRS-Guyane, également directeur du programme Amazonie, Alain Pavé. Deux agents du CNRS-Guyane vont travailler plus particulièrement au service du GIS : Mireille Charles-Dominique, qui en assure le secrétariat général, et Christine Schrive, qui, ayant rejoint la Guyane une nouvelle fois, se consacre au renforcement du CNRS et aux initiatives interorganisme.

Vue de l'inselberg des Nouragues depuis le camp juste après la pluie. L'eau de pluie ruisselle en cascade le long des parois. La couleur noire du granite est due à un biofilm principalement constitué de cyanobactéries. Cette colline granitique de plus de 400 m de haut, apparue après plusieurs millions d'années d'érosion, culmine au-dessus d'un des deux sites (site Inselberg) de la station des Nouragues en Guyane.

L'animation scientifique au cœur de l'activité de Silvolab et d'Irista

Alain Pavé, à la présidence du GIS, prend l'initiative de lancer une animation scientifique visible à destination de la communauté recherche et du grand public. Cette mission, qui va rapidement dynamiser l'image du groupement, est confiée à Marie-Pierre Quessette (Engref), qui assure la communication de Silvolab. Une de ses premières actions sera de mettre en place un cycle de conférences intitulé « Les vendredis de Silvolab », organisé dans le cadre d'un partenariat avec la mairie de Kourou. Le succès de ces rendez-vous culturels réguliers, au rythme d'une à deux conférences par mois, sera ensuite exporté sur Cayenne, dans le cadre d'une convention avec la

Repères chronologiques

1992 : création du GIS Silvolab

1993 : création du GIP Ecofor

1994 : lien fort organique entre Silvolab et Ecofor

1994-2000 : grands projets Silvolab : Large Scale Facility, base de données Arlequin, gestion de la documentation

2000 : projet scientifique 12e CPER « comprendre le fonctionnement de l'écosystème et proposer des modes de gestion durable de la forêt tropicale de Guyane »

2002 : abandon du lien avec Ecofor

2003 : nouvelle convention Silvolab « allégée »

2005 : élaboration d'un projet de PRES Irista dans le cadre de la loi de programme pour la recherche, en préparation

2006 : réduction du projet de PRES Irista, abaissement de son ambition jusqu'au plus petit dénominateur commun des membres, puis abandon de ce projet de PRES

2007 : restitution CPER – prolongement de la convention Silvolab jusqu'au 31 décembre 2007

2008 : création du GIS Irista : Initiative de recherche interdisciplinaire sur les systèmes et territoires amazoniens

Fleur de fruit de la passion

Passiflora coccinea,

station des Nouragues.

Région Guyane. Aujourd'hui, il est devenu le cycle des « Vendredis d'Irista ». D'autres manifestations importantes sont organisées : restitution du CPER/Docup, en mars 2007, et tenue d'un colloque de l'Académie des technologies en Guyane intitulé : « Développer et préserver – technologies, cultures, environnement et développement durable » (29-31 octobre 2007).

Une activité soutenue de fédération de la recherche et de l'enseignement supérieur : le projet Irista

Mais ce dont il s'agit, c'est bien de relancer la dynamique de production scientifique et d'adapter la structure Silvolab à une dimension désormais plus large, rassemblant la communauté recherche de Guyane au-delà du seul thème des écosystèmes forestiers. La convention constitutive de Silvolab se termine au 31 décembre 2007. Dès 2005, une réflexion est engagée sous la conduite de la présidence CNRS du groupement sur le futur cadre de réflexion et de travail qui doit succéder à Silvolab. On part du principe de l'ouverture à d'autres systèmes amazoniens que la forêt et de l'intégration de problématiques transversales communes à tous ces systèmes, comme celles liées à la biodiversité. L'idée est de s'engager dans un niveau de structuration du dispositif de recherche sur la base des nouvelles possibilités présentées par la loi de programme du 18 avril 2006 pour la recherche, qui introduit la notion de Pôle de recherche et d'enseignement supérieur, et fait de cette nouvelle notion un outil majeur de collaboration entre les établissements et les organismes. Le recteur de l'académie de la Guyane, Jean-Michel Blanquer, soutient cette idée, à laquelle se rallie également Alain Arconte alors président de l'UAG. En mars 2006, le projet de la création d'un PRES en Guyane sous la forme juridique d'un GIP est présenté au ministre de la Recherche, François Goulard, lors de sa visite ; il le reçoit très positivement. Le CNRS fait de la Guyane une exception en acceptant d'être l'un des membres fondateurs de ce PRES ; la rédaction du projet est en grande partie assurée sur son initiative, tant dans sa composante scientifique (alors dénommée BEST - Amazonie pour Biodiversité, environnement, sociétés et territoires d'Amazonie) que dans sa composante juridique.

Tout semble aller pour le mieux, mais le mandat du président de l'université des Antilles et de la Guyane se termine. Son successeur, une fois en place, fait rapidement savoir qu'il ne souhaite plus de PRES en Guyane, option qui aurait selon lui pour première conséquence de fragiliser l'UAG en menaçant son unité. Sans le support d'une université, un PRES n'est plus possible. Les organismes de recherche membres du groupement B2C3I (BRGM, Cirad, Cemagref, Ifremer, Inra, IRD), dont n'est pas le CNRS, décident pour leur part, dans la foulée du retrait de l'UAG comme porteur du projet, de ne dimensionner leur engagement dans un processus de structuration qu'à la hauteur d'un GIS. Les différents partenaires s'accordent dès lors pour créer un groupement d'intérêt scientifique, avec un domaine de compétence étendu par rapport à Silvolab. Le GIS Irista naît officiellement en octobre 2008. La présidence en est confiée à Olivier Huisman, directeur de l'Institut d'études supérieures de la Guyane, composante de l'UAG. Le GIS rassemble aujourd'hui, en 2010, seize organismes de recherche et établissements, dont tous les ex-membres de Silvolab, à l'exception de l'Inra. Irista signifie « Initiative de recherche interdisciplinaire sur les systèmes et territoires amazoniens ». Son grand intérêt est de pérenniser le modèle Silvolab, en en étendant le champ de compétences scientifiques, très inspiré du contenu du programme Amazonie, et le périmètre des partenaires en l'élargissant au BRGM, au CNES, à l'Ifremer, à l'Inrap, à l'Institut Pasteur et au PUG. La création d'Irista correspond donc à un réel progrès pour une structure de concertation et d'animation de la recherche en Guyane.

Cette histoire témoigne que la structuration du système de recherche n'est pas simple, même à petite échelle comme c'est le cas en Guyane. Ici, la multiplicité des acteurs impose un interorganisme large pour parvenir à atteindre une masse critique suffisante sur une thématique transversale et structurante à l'échelle de la communauté de recherche. Autant d'acteurs, autant d'ambitions ou simplement de motivations différentes de s'impliquer ou pas dans un projet. Et ce n'est généralement pas sur le contenu scientifique que les difficultés apparaissent, du moins quand celui-ci est solide, mais plutôt sur les rapports de pouvoir. Et c'est bien dommage, car l'effet positif des groupements est pourtant évident : synergies, mises en commun des idées et des moyens et même pouvoir collectif sont autant de plus-values appréciables dans nos contextes, où nos capacités individuelles ne permettent pas toujours de répondre aux défis scientifiques qui nous sont posés. Ce type de difficulté ne se retrouve pas dans les programmes interdisciplinaires qui s'occupent surtout de science, et non de positionnement, et ciblent principalement des équipes, et non des institutions. Finalement, l'interdisciplinarité apparaît comme un moyen efficace de faire fonctionner de l'interorganisme…

Amazonie, une nouvelle image pour le CNRS et la Guyane

Le choix d'assortir le projet scientifique du CNRS-Guyane d'une communication forte s'est imposé dès l'origine, en 2002. Une conjonction de conditions favorables permet une traduction rapide de ses avancées vers le grand public, tant au niveau régional qu'au niveau métropolitain, contribuant à lui conférer très tôt une audience nationale, et même internationale. La rencontre d'un dispositif de communication et de diffusion des savoirs, organisé entre la direction de la communication du CNRS, au siège parisien, et ses représentations régionales, et d'un sujet très porteur, l'Amazonie, a sur ce plan été déterminante.

En 2002, lorsque le CNRS décide de s'implanter durablement en Guyane, il doit composer avec une image desservie par son mode d'intervention, celui des « missions ». Elle est alors celle d'un établissement métropolitain, utilisant la forêt guyanaise comme terrain de jeu pour des recherches fondamentales dont l'intérêt et l'ancrage dans les problématiques concrètes du territoire n'apparaissent pas évidents. Absent institutionnellement des concertations régionales sur la recherche ou l'enseignement supérieur, le CNRS ne trouve pas beaucoup d'occasions de compenser un déficit d'image largement injustifié.

La décision de créer une implantation pérenne en Guyane et d'ouvrir une structure de représentation régionale change la donne. Très rapidement, le plan de communication s'attelle à rétablir une image plus juste du CNRS en concentrant l'effort sur tout ce qui fait la plus-value de l'établissement : sa puissance d'intervention, son statut d'acteur européen de la recherche, sa pluridisciplinarité, sa capacité de prise de risques, sa quête d'une recherche aux frontières des connaissances, et enfin son rôle en matière de formation de haut niveau ; la Guyane vient alors de se doter d'un outil de développement régional de l'enseignement supérieur : le PUG – Pôle universitaire de Guyane –, et l'arrivée institutionnelle du CNRS s'accorde aux ambitions de mise en place de filières de formation jusqu'au niveau doctorat. Développée auprès des médias régionaux, cette stratégie de fond permet d'accompagner la conversion progressive de l'image régionale du CNRS, plus finement perçu comme un facteur de contribution au développement du territoire. Elle est cohérente avec l'implication renforcée, visible, des organismes de recherche sur la thématique biodiversité, qui autorise par ailleurs l'exploration d'une filière d'excellence en Guyane, complémentaire à celle du spatial.

Un abattis palikur, à Saint-Georges-de-l'Oyapock. Avant la plantation du manioc, la nature reprend quelques droits.

Photo : Gaëlle Fornet

Les fourmis de Petit-Saut sur National Geographic TV

En avril 2005, l'équipe Dejean ***et al.*** publie dans la revue internationale *Nature* un article sur les fourmis piégeuses du genre *Allomerus*, un travail conduit sur le site de Petit-Saut en Guyane et intégré au programme Amazonie. C'est la première fois qu'une stratégie de prédation collective est mise en évidence et décryptée chez les fourmis. Le CNRS publie un communiqué de presse, le jour même de la publication. L'information connaît un succès immédiat. Elle est reprise dans de nombreux médias nationaux et quelques médias internationaux généralistes. Relayée par la station de radio britannique BBC, elle parvient aux oreilles d'une équipe de National Geographic TV alors en reportage en Afrique du Sud. Deux à trois liaisons téléphoniques et quelques transits aéroportuaires plus tard, les reporters arrivent en Guyane pour filmer la découverte rendue publique. Cet exemple est un premier témoignage de l'attractivité du modeste programme français Amazonie, encore émergent. Bien d'autres suivront et viendront confirmer cette caractéristique.

Référence de la publication : Dejean A., Solano P.J., Ayroles J., Corbara B., Orivel J., « Arboreal Ants Build Traps to Capture Prey », *Nature*, n° 7036, 2005, et communiqué de presse du CNRS du 21 avril 2005, accessible en ligne.

Plante de la famille des broméliacées dont un certain nombre d'espèces croissent sur les arbres afin d'obtenir suffisamment de lumière. Station des Nouragues, Guyane.

Cette stratégie de communication s'accompagne de la mise en place rapide d'outils de diffusion des résultats et des connaissances acquises par la recherche : sites web, organisations de séminaires et d'événementiels en Région Guyane, impulsion d'un cycle de conférences scientifiques à destination du grand public, mis en œuvre par le groupement Silvolab et aujourd'hui relayé par le groupement Irista, création de produits audiovisuels, contribution à des produits d'édition grand public, accueil de journalistes et de personnalités diverses sur la station des Nouragues… Au fil des mois, le projet Guyane du CNRS acquiert une solide notoriété, il prend corps pour le grand public. Dès 2002, les organes de communication du CNRS – journal du CNRS, rapports annuels et autres supports éditoriaux – assurent un relais efficace qui permet au projet Guyane d'atteindre le niveau national, et même international. Le bureau de presse du CNRS publie, depuis Paris, des communiqués successifs sur les résultats des recherches : tous connaissent un taux de retombée médiatique important. L'Amazonie intéresse, elle fédère. Le CNRS s'illustre sur des résultats de premier plan en écologie tropicale. Le département EDD, à l'origine du projet et en phase d'émergence, est conforté dans sa légitimité. Le programme Amazonie est également mis en avant dans diverses expositions organisées à Paris ; le public est là encore au rendez-vous. L'audience du programme s'élargit, avec plusieurs reportages de presse dans divers médias écrits et audiovisuels (*Libération*, *Le Journal du Dimanche*, *Le Monde*, *Les Échos*, *La Croix*, France 2, TF1, France Inter, etc.) et dans les médias internationaux (BBC, National Geographic TV, *Nature*…). Ce relais s'inscrit dans la durée, avec un intérêt jamais démenti : en 2008, le nouveau film institutionnel du CNRS, *L2i. Les deux infinis*, produit par Jean-Jacques Beineix, consacre 2 mn 30, sur une durée totale de 15 minutes, à la Guyane. Fin 2009, l'édition spéciale soixante-dix ans de la revue pour l'histoire du CNRS consacre une page à l'histoire des recherches sur l'environnement, mettant le programme Amazonie à l'honneur. En janvier 2010, la une du *Journal du CNRS* et une part du dossier intérieur sont consacrés aux recherches en Guyane et au programme Amazonie dans le cadre de l'Année internationale de la biodiversité. Cette même année, quatre films et une série de podcasts vidéo sont produits par le CNRS-Images sur la Guyane. Le projet Guyane bénéficie d'un effet d'entraînement « vers le haut » : il confirme sa capacité à produire, dans une échelle de temps courte, du contenu scientifique solide et original, attractif pour les médias, et bénéficie, dans le même temps, de la structuration d'un dispositif de communication particulièrement efficace, articulé entre les niveaux régionaux et nationaux du CNRS.

Dans la région, ce système se consolide par l'élaboration d'un partenariat avec deux acteurs forts : le CNES, puis plus récemment le rectorat de la Guyane. À partir de 2006, il permet de créer en Guyane de grands rendez-vous d'ampleur nationale : on citera par exemple la réalisation d'une semaine d'émission « La tête au carré » de Mathieu Vidard, sur France Inter en décembre 2006, la réalisation de l'opération pédagogique « Voyageurs des fleuves », de Stéphane Levin, en 2008, la participation notoire de la Guyane à l'Année mondiale de l'astronomie en 2009. Ce rapprochement permet de proposer en Guyane une communication construite et relayée, sur un ensemble de sujets : l'Année polaire internationale, en 2007, le projet de mission satellite BIOMASS, de l'Esa, et son volet régional Tropisar, en 2009, la préparation d'une série d'émissions scientifiques de la chaîne Arte tournée en Guyane en mai 2010, et diverses autres actions menées dans le cadre de l'Année internationale de la biodiversité, en sont quelques exemples. En 2009, il permet la réalisation d'une importante opération pédagogique régionale, intitulée « Mission Nouragues », à destination des classes de seconde des lycées.

Toutes ces actions de communication ont été, pour la plupart, lancées, soutenues et financées par le programme Amazonie. Elles ont contribué, bien au-delà du CNRS, à donner un visage et une identité à une communauté scientifique pluri-organisme et multidisciplinaire : celle de l'écologie tropicale française. Elles ont permis, en contribuant à l'effort régional pour la culture scientifique, d'intéresser le public guyanais à des enjeux importants pour le positionnement du territoire et son évolution. Elles ont œuvré à la fois pour le rapprochement de la science et du citoyen, et pour un nouveau regard à porter, en Guyane et ailleurs, sur ce morceau de France en Amazonie.

Photo : Nicolas Cegalerba

Les Nouragues

Un vecteur de communication porteur

Pièce maîtresse de la communication du CNRS-Guyane et du programme Amazonie, la station des Nouragues a permis de matérialiser un vecteur de communication particulièrement porteur qui a fortement contribué à exporter au-delà des frontières régionales la notoriété de la recherche en Guyane. La station accueille régulièrement des journalistes, des organes de la presse locale ou nationale. Leurs articles et reportages restituent l'image d'un fleuron de la recherche française en écologie tropicale. Le vécu, les portraits des scientifiques, les carbets immergés dans une nature grandiose, tout cela alimente un certain « rêve amazonien » auprès du grand public. L'audience du programme Amazonie, au-delà du monde académique de la recherche et de ses résultats « de rang A », doit ici beaucoup à l'investissement réalisé dans les dispositifs de terrain.

Montée en puissance scientifique de la Guyane :

Amazonie et ses effets d'amorce ANR

Quand le CNRS s'est installé en Guyane, l'Agence nationale de la recherche, l'ANR, n'existait pas, mais l'accès à d'autres sources de financements était possible : fonds de coopération régionale, contrat de plan État - Région, fonds européens. Les équipes du CNRS en avaient déjà bénéficié. Dès la création de l'ANR, les équipes participant au programme Amazonie se sont mises sur les rangs, rencontrant un franc succès puisque sur sept projets présentés en droite ligne de ceux menés dans le cadre du programme Amazonie, six ont été acceptés :

- Cycle biogéochimique du mercure en Guyane : **programme Mercure en Guyane** (responsables : Alain Boudou, UMR CNRS Epoc, université de Bordeaux-1, et Laurent Charlet, UMR CNRS LGIT, université Joseph-Fourier, Grenoble). Cette recherche d'excellente qualité étant antérieure au programme Amazonie, ce succès ne peut pas être mis à son crédit. Toutefois, cette action lancée en 1996 par le PEVS se déroulant de manière pluriannuelle en Guyane, elle s'est intégrée naturellement dans la dynamique scientifique du programme et a bénéficié du soutien logistique et des ressources internes du CNRS-Guyane.
- Matériaux et technologies bioinspirées : **programme ANR Woodiversity** (responsable : Bernard Thibaut, UMR CNRS Ecofog, université des Antilles et de la Guyane, Cayenne). Les arbres de Guyane sont très diversifiés (1 200 espèces recensées, probablement 1 800 à 2 000 espèces au total). Il en va de même pour les bois : densité, structure, couleur, capacités de résistance au milieu et aux agressions biologiques présentent d'importantes variations suivant les espèces. Le matériau bois possède des propriétés très différentes bien que les arbres évoluent dans des conditions voisines de vie, tant du point de vue des contraintes physicochimiques que biologiques : ils doivent résister aux forces mécaniques agissant sur eux et aux agressions biologiques. S'ils sont présents, c'est que la sélection naturelle les a filtrés selon leur capacité de vie dans cet environnement. L'objectif de ce programme est donc d'analyser la diversité des bois, d'envisager les valorisations possibles en tant que matériaux et de comprendre comment, derrière cette diversité de propriétés physiques, notamment mécaniques, les arbres peuvent survivre et se développer en milieu amazonien. Pour ce qui est des matériaux, des coopérations avec des entreprises de la filière bois et plus généralement des gestionnaires de la forêt sont établies depuis longtemps, bien avant l'arrivée du CNRS en Guyane et, *a fortiori*, bien avant l'ANR, mais ces recherches nouvelles viennent renforcer ces collaborations autour des résultats innovants qu'elles permettent d'atteindre.
- Chimie des substances naturelles et du matériau bois : **programme ANR Xylotech** (responsable : Didier Stien, UMR CNRS Ecofog, université des Antilles et de la Guyane, Cayenne). Les propriétés mécaniques ont leurs pendants chimiques, dont elles dépendent en partie. L'objectif est donc d'analyser la diversité chimique des molécules présentes dans le bois et de comprendre le rôle de ces molécules : comment assurent-elles une résistance aux agressions biologiques ? Peut-on identifier là des substances valorisables ? Les molécules peuvent aussi présenter un intérêt dans un ensemble divers de secteurs d'application : cosmétique, parfumerie, etc. Au-delà de son objet de recherche, l'intérêt de ce programme est d'envisager une valorisation des produits résiduels d'exploitation des scieries et, sur ce créneau, d'établir des collaborations avec de petites entreprises locales.
- Biodiversité et biologie des interactions : en particulier interactions plantes - animaux. L'arrivée d'Alain Dejean en Guyane et la fidélisation de son équipe ont été consécutives au lancement du projet BIG financé par le programme Amazonie, relayé par des fonds d'orientation régionaux. Ce projet a conduit au **programme ANR Allomerus** (écologie moléculaire et chimique d'une association tripartite obligatoire plante - fourmi - champignon, responsable : J. Orivel, UMR CNRS EDB, université Paul-Sabatier, Toulouse). Les insectes jouent des rôles importants dans la dynamique des écosystèmes amazoniens interagissant avec les autres êtres vivants, des animaux, des végétaux, et des microorganismes, un monde lui aussi très diversifié. Nombre de ces interactions sont sous la dépendance de médiateurs chimiques. Une part importante de la compréhension de ces interactions passe par celle des effets de ces médiateurs. C'est l'une des ambitions principales de ce programme.

Fleur de cacaoyer *Pachira aquatica* (Malvacée). Le cacaoyer est originaire des Amériques, comme beaucoup de plantes d'intérêt agroalimentaire. On en trouve des souches très intéressantes en Guyane.

- Théorie et dynamique de la biodiversité : **programme ANR Bridge**, monté au sein du programme Amazonie (Bridging Information on Tree Diversity in French Guiana and a Test of Ecological Theories, responsable : Jérôme Chave, UMR EDB Évolution et diversité biologique, université Paul-Sabatier, Toulouse). Ce projet de grande ampleur a pour objectif de mieux comprendre l'état et la dynamique de la biodiversité sur le modèle des arbres forestiers. Il s'agit d'abord de quantifier l'écologie des espèces d'arbres en Guyane en étudiant leur distribution et leurs traits fonctionnels, ainsi que d'évaluer le conservatisme évolutif de la niche écologique de ces plantes afin d'extrapoler à l'ensemble des espèces et de poser ainsi les bases d'une écologie évolutive des communautés. Dans ce cadre, des développements très originaux ont été faits : critique constructive de la théorie neutraliste de la biodiversité, théorie du filtrage environnemental, sur la base de modèles de distribution alternatifs, mise au point de méthodes moléculaires d'identification des arbres, ces méthodes étant aussi efficaces pour l'analyse phylogénétique. La production de substances naturelles biologiquement actives est un mécanisme clé dans les interactions biologiques, l'analyse de la diversité chimique des arbres, de son rôle, et la construction de phylogénies fondées sur cette diversité est un facteur important pour décrypter les mécanismes fins d'évolution de la biodiversité. Cet aspect est à rapprocher des travaux réalisés dans le projet Xylotech, et crée une véritable synergie entre les groupes de recherche. Un autre objectif est de contribuer aux modèles dynamiques de végétation globale (DGVM) et à leur couplage avec les modèles de circulation générale de l'atmosphère (GCM). Grâce à ces orientations, à l'animation scientifique menée au sein du programme et en direction des autres chercheurs, à son implication dans les stations de terrain, notamment les Nouragues, Bridge apparaît comme un programme fédérateur de plusieurs domaines de recherche liés à la biodiversité en Guyane et ailleurs car son rayonnement est international.
- Biologie de la conservation : tortues marines. Un programme européen Interreg a été monté au sein du programme Amazonie 1 en coopération notamment avec le WWF (responsable : Jean-Yves Georges, UMR CNRS institut pluridisciplinaire Hubert-Curien, Strasbourg). Ce travail a conduit au **programme ANR Mirette** (Migration et reproduction chez les tortues marines : trajectoires écophysiologiques). Ces travaux ont pour but de fonder une politique de conservation sur une connaissance du comportement et de l'écophysiologie des espèces en question, dont l'une, la tortue Luth, a une grande valeur symbolique. Les résultats permettent de quantifier des traits de vie et la dynamique spatiale de ces animaux, comme le déplacement dans les eaux littorales pendant la saison de ponte, la migration lointaine pendant l'intersaison, les bilans énergétiques, le taux de reproduction, etc., et ainsi de mieux élaborer des politiques de conservation.
- Maladies émergentes et réémergentes : **programme ANR Eremiba** (Émergence et réémergence de maladies infectieuses en bassin amazonien), amorcé au sein du programme Amazonie par François Renaud et Christine Chevillon (UMR CNRS/IRD Gemi – Génétique et évolution des maladies infectieuses, Montpellier), et Jean-François Guégan (UMR CNRS/IRD Gemi). À l'image du programme Mercure en Guyane, ce projet a continué à participer à la vie scientifique du programme Amazonie, sans émarger de façon significative à son budget, et constitue un autre exemple de fidélité et de conscience d'appartenance à une communauté. L'objet du programme est d'identifier et de comprendre les mécanismes biologiques, écologiques et anthropiques d'émergence et de réémergence de maladies infectieuses à partir de travaux réalisés dans le bassin amazonien. Parmi les cas typiques, la réémergence du paludisme dans le sud de la Guyane a pu être liée à la synergie entre une perturbation de l'environnement et la constitution d'un réservoir de pathogènes. Ainsi la déforestation, notamment due à l'orpaillage illégal, permettant au vecteur, un anophèle *(Anopheles darlingi)*, de se développer et la présence simultanée de porteurs du plasmodium, les *garimperos*, constitue un système infectieux « efficace » (agent infectieux - vecteur - réservoir humain). Trois autres types infectieux sont étudiés : le choléra, dont la virulence semble dépendre de conditions écologiques, l'ulcère de Buruli (dû à une mycobactérie : *Mycobacterium ulcerans*), fréquent en Afrique et qui a émergé récemment en Guyane, et la dengue, d'origine virale (un Flavivirus transmis par un moustique, *Aedes aegypti*), pathologie qui a pris une extension mondiale depuis une vingtaine d'années, « importée » récemment en Guyane et en Amazonie.

Tous ces exemples dont six sont issus directement du programme (le programme Mercure était antérieur, mais issu du… PEVS) permettent de souligner à nouveau le rôle du programme Amazonie comme incubateur de projets, mais aussi comme instrument d'animation scientifique, sans doute déterminant dans la cohésion de la communauté scientifique en Guyane, non seulement par ses actions ciblées, mais par l'ambiance et la dynamique scientifique que sa simple existence a créées.

***Bothrops guyanensis* : serpent venimeux assez dangereux**, mais aussi craintif. Bien que très présent on ne le rencontre pas souvent. En revanche, dérangé, il peut se montrer très agressif.

Amazonie et l'innovation en Guyane

Le CNRS, par la mise en place de son programme interdisciplinaire de recherche Amazonie, a très clairement, et dès l'origine, affiché son ambition de faire progresser les connaissances sur les bioressources guyanaises. L'un des axes prioritaires du programme, dans la phase 1, était de soutenir l'installation en Guyane d'une équipe de chimistes spécialistes des substances naturelles, ainsi que de faire progresser les technologies dites « bioinspirées ». Cette réflexion, convertie en action de sélection et de financement de projets de recherche, a abouti à la création dès 2004 du laboratoire L3MA – Laboratoire matériaux et molécules en milieu amazonien, qui a généré divers partenariats entre de petites sociétés guyanaises sur les créneaux de la valorisation de la ressource forestière, des laboratoires de recherche, solides sur ces thématiques, en métropole (et plus particulièrement l'ICSN pour la chimie des substances naturelles), des équipes de recherche régionales, travaillant également, hors UMR Ecofog, sur ces thèmes : IRD, institut Pasteur de Guyane, université Antilles - Guyane, ainsi que des gestionnaires d'espaces naturels garants d'une certaine pérennité de la ressource forestière, au sens large (ONF, ONCFS, parc amazonien de Guyane, réserves naturelles, parc naturel régional, etc.). Des collaborations diverses ont été montées avec des structures régionales, comme Guyane Technopole ou la Région Guyane qui a par exemple cofinancé, en partenariat avec le CNRS, la thèse d'une doctorante du L3MA, Mariana Royer. Cette succession d'actions, amorcée par le programme Amazonie, a contribué à dynamiser le périmètre d'innovation en matière de bioressources en Guyane.

Dans ce type de travaux, on perçoit aisément les applications possibles grâce aux nouvelles molécules ou procédés qui pourront être utiles pour la santé, le bien-être ou la chimie durable. L'alimentation participe aussi de ces préoccupations, mais elle ne fait pas directement partie du projet scientifique développé par le CNRS en Guyane, d'autres acteurs de la recherche étant plus spécifiquement placés pour investir ce domaine essentiel. Cependant, bien plus en amont et sur des aspects pouvant paraître plus fondamentaux, c'est en réalité l'ensemble des recherches menées en Guyane pour faire progresser la connaissance sur les écosystèmes forestiers qui doivent être considérées. Ces recherches s'inscrivent dans un *continuum*, trouvant toute leur utilité à la fois pour guider une recherche finalisée et pour garantir une gestion durable des ressources, voire, si l'on considère aussi les disciplines des sciences humaines, une réflexion construite sur les notions d'accès et de partage des avantages appelés à être tirés de la valorisation des connaissances sur la biodiversité.

Petit rapace forestier

Micrastur gilvicolis.

Photo : Pierre Charles-Dominique

Écologie chimique : faire progresser, en amont, les connaissances aux interfaces

En 2010, le programme Amazonie ouvre un appel d'offres intitulé « Biodiversité, écologie chimique et chimie des substances naturelles » (BECCSN). Il permet de sélectionner cinq projets nouveaux, sur des interfaces disciplinaires prometteuses, à la frontière de l'écologie et de la chimie. Cet appel à projet a un objectif appliqué : identifier et analyser des substances naturelles biologiquement actives, comprendre leurs modes d'action et les transformer pour des usages souhaités. Il appelle des recherches très fondamentales du domaine de l'écologie, qui participeront à l'avancée des connaissances. En elles-mêmes, elles ne produiront pas forcément des innovations issues des ressources biologiques, mais elles permettront d'ouvrir des pistes pour d'autres recherches plus finalisées. Car en matière d'innovation, lors de la phase amont, le spectre de recherche est large : où chercher ? Que chercher ? Comment chercher ? Des pistes s'ouvrent, se referment, se défrichent. Un appel à projet comme BECCSN se situe là, à cet endroit précis où nous essayons de comprendre les mécanismes subtils qui génèrent et entretiennent la biodiversité, tout en étant attentif à des utilisations possibles, mais, au bout du compte, en espérant contribuer à cette fameuse « vision synthétique » de la biodiversité.

Ouvrière de *Pachycondyla goeldii*, en train de récolter une graine d'*Anthurium gracile*, une des espèces de plantes qui composent les jardins de fourmis. Les protéines des venins de fourmis sont encore peu investiguées scientifiquement. Un projet de recherche partenariale entre l'UMR Ecofog et la jeune société VenomeTech basée à Sofia-Antipolis (France) propose de les étudier dans le cadre du volet « biodiversité, écologie chimique et chimie des substances naturelles » du programme Amazonie.

Photo : Jérôme Orivel

Solicaz, une start-up guyanaise issue des travaux de l'UMR Ecofog sur la biologie des sols

Un exemple d'innovation en ingénierie écologique

Solicaz est une jeune entreprise spécialisée en ingénierie écologique. Elle a été créée le 1er décembre 2009 à Cayenne, sur un modèle de start-up innovante issue de travaux de pointe réalisés au sein de l'Unité mixte de recherche Ecofog. Son créneau est centré sur l'évaluation de la qualité biologique des sols et de leur rôle sur le plan écosystémique, dans les systèmes naturels ou modifiés. L'objectif est de suggérer un usage optimal de ces sols dans le contexte amazonien, en Guyane et au Brésil notamment où la jeune entreprise a divers contacts. Les services proposés par Solicaz sont variés sur cette thématique, permettant par exemple de délimiter des zones d'activité minière, de faire du zonage agricole, de limiter les impacts environnementaux de la mise en culture agricole ou encore de réhabiliter des sols qui ont été dégradés. Solicaz offre aussi une possibilité de diagnostic sur les services pouvant être rendus par les sols en matière de flux de gaz à effet de serre, une fonction qui intéressera les gestionnaires d'espaces dans le contexte de la mise en place du marché du carbone. L'entreprise propose également divers services de restauration de sols dégradés, par le maintien de leur fertilité et le succès des procédés de revégétalisation. Solicaz fait partie de l'incubateur de Guyane Technopole, où elle a actuellement son siège social. Par le biais de conventions avec les organismes de recherche (AgroParisTech pour l'hébergement, CNRS pour l'utilisation de matériel technologique), elle développe son activité au sein du laboratoire de biologie des sols de l'UMR Ecofog, à Kourou. Cette création d'entreprise illustre, à côté des bioressources, un autre panel d'innovations possibles dérivées de la recherche sur les écosystèmes guyanais et amazoniens.

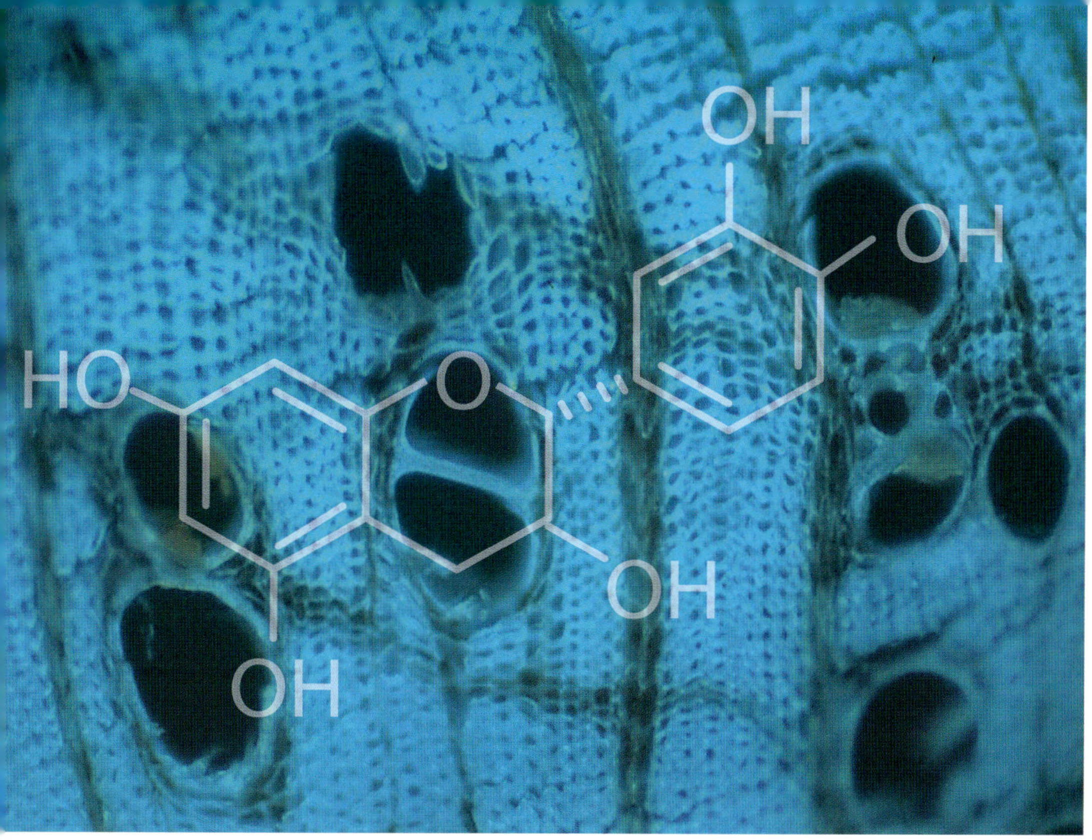

Photomontage représentant une coupe transversale d'*Eperua falcata*, ou wapa, en lumière UV (x100), une espèce emblématique de la forêt de Guyane et l'un des principaux bois commerciaux. En surimpression figure une molécule proche de la catéchine aux fortes propriétés anti-oxydantes, utilisée par le wapa dans sa stratégie de défense face à la biodégradation. Comme d'autres espèces tropicales, le wapa a, par certains composés chimiques secondaires, des bois spécialisés très durables pour résister à des environnements agressifs. Ces propriétés sont étudiées comme source de technologies bioinspirées pour la mécanique des matériaux ou la chimie durable.

Photo : Iris Bremaud, CNRS Photothèque

Mine d'orpaillage légale, en Guyane. La jeune start-up Solicaz valorise auprès des industriels miniers des solutions d'ingénierie écologique pour la revégétalisation des sites en fin d'exploitation.

Photo : Tim Paine

Ressources biologiques : les défis de l'innovation

Nos recherches sont parfois incomprises, notamment en Guyane, où il faut faire face à l'urgence d'enjeux démographiques et économiques primordiaux. Considérées sous l'angle fondamental et dans la durée, elles ne permettent pas de répondre aux attentes de très court terme des collectivités territoriales, soucieuses avant tout de développer des entreprises et de l'emploi sur leur territoire. Nos échelles de temps sont différentes : sauf exception, la recherche ne peut pas garantir un retour rapide sur investissement, une valorisation directe de la biodiversité qui serait réduite à une valeur « minière » facilement exploitable, avec quelques techniques adaptées. La recherche sur la biodiversité est une recherche de haut niveau, d'excellence, qui nécessite des compétences ultrapointues et un investissement en temps et en moyens financiers importants.

Même très finalisées, comme par exemple la recherche en chimie des substances naturelles, ces recherches ont un horizon de moyen et de long terme, celui de la valorisation d'une invention : recherche, dépôts de brevets, autorisations de mise sur le marché de nouveaux principes actifs, etc. Une quinzaine d'années sont souvent nécessaires pour produire une innovation significative à partir des ressources biologiques. Il est du devoir et de la responsabilité de la recherche de s'inscrire dans cette temporalité et de faire comprendre sa nécessité. Et qu'on ne se trompe pas : même si elle demande du temps, c'est la voie la plus sûre, la plus efficace et la plus économique pour créer un produit apportant non seulement un retour sur investissement, mais aussi un bénéfice appréciable et durable. Le financement du processus ne peut alors être supporté que par de larges soutiens publics, ou ceux de grosses entreprises armées pour gérer le risque des investissements à long terme.

En Guyane, nous avons l'opportunité de travailler, en matière d'innovation biotechnologique et de valorisation de la biodiversité, dans un territoire français lié à la législation nationale et européenne, donc attractif pour nos acteurs économiques. Et si un « droit spécifique » guyanais ne peut être envisagé dans le cadre de la constitution française, divers moyens sont néanmoins imaginés pour s'inspirer des avancées éthiques de la convention de Rio en termes d'accès à la biodiversité et de partage des avantages qui pourraient être issus d'un processus de recherche et d'innovation. Le dialogue entre les acteurs de la recherche et de la société est indispensable, impliquant notamment les représentants des collectivités territoriales. Négocier sur la base d'intérêts communs est incontournable, d'autant plus que la Guyane et, plus largement, l'outre-mer munissent la France et, plus largement, l'Europe d'un atout exceptionnel pour l'innovation fondée sur la biodiversité. Aussi, le scénario de la *success story* appelle deux visions parallèles à coexister : celle d'un court terme qui valorise l'image de l'Amazonie dans un ensemble de secteurs qui peuvent être source de développements potentiels (tourisme, bien-être, divers produits du vivant, par exemple pour la cosmétique ou l'agroalimentaire), et celle d'un long terme qui encourage la recherche plus fondamentale sur la biodiversité.

Enfin, la recherche c'est un ensemble de compétences qui peuvent être consultées et mobilisées pour aider à résoudre des problèmes urgents et surtout à former de nouvelles capacités, les ingénieurs, chercheurs et décideurs d'aujourd'hui et de demain.

Le programme Amazonie du CNRS se place résolument dans cette philosophie, en proposant une recherche sur les processus fondamentaux qui organisent la biodiversité, à tous les niveaux d'organisation du vivant, du gène à l'écosystème et sur les conséquences pratiques qu'on peut en tirer. Il entre aussi dans ses objectifs de transmettre les savoirs établis sous diverses formes, dont le présent ouvrage, et d'en faire profiter un large public. L'un de ses grands avantages est aussi de croiser interdisciplinarité et interorganisme, et à ce titre de pouvoir mobiliser un potentiel scientifique et technologique bien au-delà de la communauté scientifique de Guyane. En ce sens, il doit être compris, en Guyane, comme l'un des acteurs clés de l'innovation issue des sciences de la vie et au bénéfice de ce territoire.

bilan

4 Amazonie et le CNRS-Guyane Bilan global et perspectives

À l'issue de huit années de mise en œuvre, le bilan du programme Amazonie apparaît largement positif. Percées scientifiques, nombreuses publications, distinctions internationales, audience très large : dans presque tous les domaines, ses résultats dépassent ce que pouvait promettre sa taille modeste. Dans le domaine scientifique, l'interdisciplinarité se révèle un ingrédient principal d'une recette de succès…

Bilan global et perspectives

Rappelons brièvement que le programme Amazonie a été créé en 2004 pour accompagner l'installation d'un dispositif de recherche permanent du CNRS en Guyane française, décidée et commencée en 2002. Progressivement, le cadre de recherche s'établit. Il est la synthèse entre d'une part, des considérations scientifiques souvent théoriques, et d'autre part, la nécessité de répondre à des finalités, par exemple de développement durable. En pratique, il s'adapte à la capacité de réponse de la communauté scientifique, et se définit en tenant compte, au fur et à mesure, des résultats obtenus et de l'évolution des problématiques. Ce schéma est celui des programmes interdisciplinaires de recherche ayant une partie fondamentale importante et bâtis sur quatre principes essentiels :

- l'acquisition des connaissances doit être préservée comme moteur principal de l'activité scientifique, à condition qu'elle soit accompagnée d'un effort conceptuel ;
- on ne répondra bien à des finalités qu'en s'appuyant sur un socle fondamental. Par exemple, on gère d'autant mieux la biodiversité d'un territoire que l'on a compris les dynamiques naturelles et sociales en jeu. Inversement, les finalités peuvent orienter les aspects fondamentaux. Ainsi, la recherche de substances naturelles biologiquement actives sera d'autant plus ciblée que l'on aura compris leur fonction dans l'écosystème ;
- l'interdisciplinarité doit correspondre à un besoin dépendant de la question scientifique et de l'objet de recherche sur lequel cette question est abordée. Par exemple, et l'on s'en persuade rapidement, comprendre la dynamique de la biodiversité et ses conséquences, avec l'Amazonie comme objet d'étude, nécessite de croiser des regards multiples de chercheurs de divers secteurs scientifiques. En revanche, réunir des physiciens, des biologistes, des écologues et des sociologues, « autour d'une tasse de thé », sans une problématique scientifique déjà ébauchée, ne conduira probablement pas à grand-chose Elle doit aussi s'exprimer clairement, et à plusieurs niveaux. Dans le cadre d'Amazonie, un programme de petite dimension, elle s'exprime à deux niveaux : celui des projets eux-mêmes (tous impliquent des chercheurs de disciplines différentes) et celui du programme dans son ensemble, permettant d'établir un point de vue synthétique sur la biodiversité en Amazonie ;
- le travail en commun, sur le terrain, facilite l'interdisciplinarité en amenant à se côtoyer des expériences et des profils divers. De ce point de vue, la station des Nouragues se révèle un des moyens essentiels pour le dialogue et le travail interdisciplinaire en Guyane.

Une autre caractéristique du programme est de rayonner au-delà des limites du CNRS et de ses proches partenaires : il attire des chercheurs de diverses origines thématiques et institutionnelles (universités et autres organismes). Son projet scientifique et la nature de son objet de recherche sont attractifs internationalement : il réunit des chercheurs de diverses nationalités à la fois sur les dispositifs de terrain et dans ses actions de recherches elles-mêmes.

Toute cette diversité est source de richesse. Et cette richesse s'exporte ! Les publications dans des revues internationales de premier plan en sont les principaux vecteurs, relayés par une audience médiatique importante, et un intérêt, plus confidentiel mais non moins significatif, des académies et sociétés savantes de différents pays. Cet ouvrage, dans son ensemble, en fournit divers témoignages.

Œuf d'insectes de la famille des **chrysopidés,** ordre des névroptères. La larve est un prédateur de certains ravageurs de végétaux. Les œufs sont pondus sur des feuilles et au voisinage de colonies des futures proies. Ils sont posés sur de longs filaments, comme le montre cette photo prise à la station CNRS des Nouragues en Guyane.

Quelques chiffres clés

Ordre d'idée…

Le programme Amazonie, ce sont 24 actions de recherche soutenues en 8 ans, 70 chercheurs et leurs équipes mobilisés, une trentaine d'équipes sur la station des Nouragues, et 150 missions annuelles. Amazonie, c'est plus de 300 publications scientifiques directes ou associées, dont 6 dans la revue *Nature*, 2 dans la revue *Science* et 2 dans les *Proceedings of National Academy of Science* (PNAS). C'est une quinzaine de percées scientifiques, des connaissances totalement nouvelles ou bouleversant les idées dominantes. Amazonie, c'est un investissement en Guyane de 2,935 millions d'euros sur 8 ans, dédiés aux programmes scientifiques. C'est 40 % de l'investissement total du CNRS en Guyane sur la même période qui, hors salaires, s'élève à 6,332 millions d'euros, injectés dans le dispositif régional de recherche. Amazonie, c'est aussi une vingtaine de thèses, 4 écoles/colloques scientifiques organisés en Guyane, et la participation à une dizaine d'événements scientifiques régionaux. C'est une trentaine de communiqués de presse CNRS, dont 10 nationaux sur des résultats marquants, et de très nombreuses retombées médiatiques. Amazonie, c'est enfin un réseau multidisciplinaire d'environ 200 chercheurs français et étrangers, dans un ensemble de disciplines ayant trait à l'écologie, l'environnement et le développement durable en région tropicale.

Organisation du programme

Le programme Amazonie est un programme interdisciplinaire de recherche du CNRS, placé sous l'autorité de gestion de la cellule des programmes interdisciplinaires de recherche, au siège du CNRS. La responsabilité scientifique principale est assurée par l'institut Écologie et environnement du CNRS, mais le programme est aussi lié à l'institut de Chimie, l'institut des Sciences humaines et sociales, et l'institut des Sciences de l'univers. Le directeur du programme est Alain Pavé, professeur des universités. Il pilote le programme en tenant compte d'orientations validées par un conseil scientifique attaché au programme. Un ensemble de chercheurs sont associés aux réflexions et prospectives scientifiques liées au programme. Le programme s'appuie, pour sa mise en œuvre, sur une structure localisée en Guyane, l'unité propre de service CNRS-Guyane (UPS 2561) du CNRS. Cette unité assure la gestion et la communication du programme, en lien avec les services centraux du CNRS.

La rainette Kunawalu *(Phrynohyas resinifictrix)* est une rainette arboricole de grande taille qui vit dans la canopée en forêt tropicale humide. Ces anoures ont un mode de reproduction original puisque les adultes cherchent un dendrotelme, petite cavité dans la branche d'un arbre qui retient l'eau de pluie, pour déposer leurs œufs.

Photo : Loïc Brepson

Les projets scientifiques soutenus

Durant la phase 1 du programme Amazonie (2004-2007), treize projets ont été soutenus parmi les vingt-et-un reçus, dans les thèmes suivants :

- impact des activités industrielles et minières (exploitation aurifère, activité spatiale, production d'énergie), remédiation, recommandations technologiques et sociales : deux projets, dont la suite du programme Mercure en Guyane intitulée : Cycle biogéochimique du mercure en Guyane ;
- histoire, dynamique, gestion et valorisation de la biodiversité et des écosystèmes, six projets :
  - matériaux et technologies bioinspirées,
  - chimie des substances naturelles et du matériau bois,
  - biologie des interactions plantes - animaux,
  - dynamique de la biodiversité : observations, expérimentation, modélisation et développements théoriques,
  - écologie historique et archéologie précolombienne : les champs surélevés précolombiens du littoral guyanais,
  - soutien à des recherches menées à la station des Nouragues (appel à propositions de recherche annuel);
- histoire et dynamique du peuplement humain d'Amazonie et Écologie de la santé, deux projets :
  - phylogénie génétique des peuples amérindiens de l'Amazonie,
  - écologie de la santé : maladies émergentes et réémergentes ;
- développements techniques, méthodologiques et théoriques (renforcement des stations de terrain, instrumentation, moyens analytiques de la chimie, modélisation, simulation), trois projets :
  - équipement et développements technologiques pour la station des Nouragues/Copas,
  - dispositif d'accueil du laboratoire Hydreco (barrage de Petit-Saut),
  - contribution au développement des laboratoires de l'UMR Ecofog (chimie/L3MA, écologie microbienne).

La phase 2, toujours en cours, concerne onze projets, retenus parmi vingt-quatre propositions :

- modéliser la biodiversité : théorie, prédiction, valorisation et gestion :
  - rôle des variations climatiques passées et de la spécialisation écologique dans la distribution des espèces tropicales – apport des approches génétiques,
  - une approche bioinspirée de la découverte de nouveaux composés antifongiques pour le traitement d'affections dermatologiques humaines,
  - macroévolution des stratégies de défense des plantes : un test des théories en Guyane française,
  - approche stœchiométrique de la biodiversité et des cycles biogéochimiques,
  - interactions interspécifiques et diversité biologique ;
- les humains et la biodiversité :
  - écologie et archéologie des savanes côtières de la Guyane française (phase 2),
  - gestion territoriale de la biodiversité sur les frontières : une méthodologie intégrée de diagnostic et de suivi ;
  - impact des occupations amérindiennes anciennes sur les propriétés des sols et la diversité des forêts de la frange côtière guyanaise,
  - histoire des peuplements humains (phase 2) ;
- développements technologiques et méthodologiques pour la recherche en milieu amazonien :
  - dendrochronologie des arbres tropicaux,
  - développement du système Copas (Canopy Operating Permanent Access System) et instrumentation associée.

Une action spécifique annuelle Nouragues a été testée à la fin de la phase 1 du programme. Elle a connu un grand succès et a donc été incluse dans la phase 2. La forme retenue est celle d'un appel annuel à propositions de recherches sur des sujets libres permettant d'ouvrir la station à des chercheurs de toutes nationalités en finançant l'accès à la station et de petits moyens de fonctionnement. Les projets sont évalués par un comité scientifique *ad hoc*. Ce type de fonctionnement se rapproche de celui des Très Grands Équipements pour la recherche. Entre dix et quinze projets par an sont ainsi financés. Cette action a contribué à l'augmentation significative du nombre de missions scientifiques aux Nouragues passé d'une moyenne de quarante par an à cent cinquante pour l'année 2009, avec une participation essentiellement internationale.

La production scientifique

Nous avons sélectionné quelques faits marquants et des indicateurs de productivité. Une sélection de résultats scientifiques est présentée de façon plus détaillée en partie II de cet ouvrage. Certains résultats sont également présentés en partie I, à titre d'illustration.

Publications

- 300 publications associées au dispositif du CNRS en Guyane ont été comptabilisées de janvier 2004 à juillet 2010 dont 6 dans *Nature*, 2 dans *Science*, et 2 dans *PNAS*.

Formation

- Une vingtaine de thèses et quatre habilitations à diriger des recherches ont été soutenues dans le cadre des actions de recherche du programme, plusieurs postdoctorants y ont aussi travaillé.

Colloque/école/séminaires

- colloque Ecolab, sur les écosystèmes côtiers amazoniens, avec l'IRD, à Cayenne, 30 novembre 2004 ;
- atelier scientifique « Écologie de la santé en bassin amazonien », avec l'IRD, à Cayenne, 22 et 23 mars 2005 ;
- école d'été « modélisation des écosystèmes amazoniens » avec le réseau Realma (Réseau Europe-Amérique latine en mathématiques appliquées) à Kourou 11-15, mars 2008 ;
- colloque de l'Académie des technologies « Développer et préserver : technologies, cultures, environnement et développement durable » (Cayenne 29, 30 et 31 octobre 2007), dans le cadre des activités en Région de cette académie ;
- délégation guyanaise (Amazonie et Ecofog) au colloque ATBC Paramaribo, juin 2008 ;

- soutien au colloque « La Science au service de la gestion des forêts tropicales humides », organisé par l'UMR Ecofog, à Cayenne, 22-28 novembre 2009 ;
- prospective « Biodiversité, écologie chimique et chimie des substances naturelles », avec l'Inee, à Cayenne, 19-21 octobre 2009 ;
- école thématique de l'Inee et du programme Amazonie : « Méthodes et modèles pour l'étude de la biodiversité amazonienne », 04-08 octobre 2010.

Percées scientifiques

- le cycle du mercure en milieu amazonien, évaluation des impacts liés à l'orpaillage, recommandations techniques et sanitaires ;
- évolution climatique : l'Amazonie face au risque de sécheresse ;
- le rôle des variations de l'environnement dans l'émergence de maladies tropicales ;
- le rôle du hasard dans le maintien et l'agencement de la biodiversité, son origine biologique et écologique, dimensions évolutives ;
- nouvelles méthodes moléculaires d'identification et d'évaluation de la biodiversité : vers un système de codes-barres ?
- insectes sociaux : une grande diversité de symbioses avec les plantes ;
- test des théories de la biodiversité : vers une théorie synthétique ?
- climats du passé : l'enquête progresse en Amazonie grâce à des approches génétiques ;
- peuplements humains en Amazonie : leur diversité génétique permet de reconsidérer cette histoire ;
- nouvelle perception des sociétés précolombiennes et de leur influence à long terme sur la biodiversité à l'échelle locale ;
- de véritables « ingénieurs écologiques » à l'œuvre : des paysages conservés par de subtils processus naturels amènent à revisiter l'histoire agricole précolombienne ;
- substances naturelles du vivant : de nouvelles molécules d'intérêt pratique ;
- des innovations de la nature : vers des technologies bioinspirées ;
- de nouveaux moyens d'étude des écosystèmes amazoniens : la canopée, un monde à explorer et à comprendre.

Les résultats obtenus ont tous été de grande qualité, certains d'entre eux bouleversant des idées dominantes sur la biodiversité. On en trouvera des présentations détaillées dans la deuxième partie de cet ouvrage.

Mobilisation de la communauté scientifique

- la phase 1 (2004-2008) rassemble 25 chercheurs et leurs équipes ;
- dans la phase 2, le programme mobilise 45 chercheurs et leurs équipes sur les projets retenus (hors Nouragues) ;
- une trentaine de chercheurs sont engagés sur les actions spécifiques de l'axe Nouragues.

Effets d'amorce

- un effet d'« incubateur à projets », avec six projets ANR amorcés dans le cadre du programme ;
- influence dans l'organisation du paysage régional de recherche, d'enseignement supérieur et d'innovation, action sur les politiques de site ;
- création d'une communauté interdisciplinaire d'intérêt scientifique autour des questions liées à l'Amazonie et à l'écologie tropicale.

Prix et distinctions

- des chercheurs associés au programme médaillés ou distingués par des prix : médaille de bronze du CNRS pour Jérôme Chave en 2004, médaille de bronze du CNRS pour Stephan Hättenshwiler en 2007, médaille d'argent du CNRS pour Laurent Charlet en 2007, médaille de bronze de l'Académie d'agriculture pour Émeline Houël en 2007, deux lauréates du prix Alwin Gentry de l'ATBC, Maïlyn-Adriana Gonzalez et Élodie Courtois en 2008, prix Terra Ficaria de la Fondation Yves Rocher/Institut de France pour Doyle McKey en 2006, deux classements en catégories *Must read* et *Exceptional* de la *Faculty of 1000 Biology*, pour deux articles

liés aux travaux de Doyle McKey en Guyane, en 2010;
- participation à des académies et à des sociétés savantes: Académie des technologies, Académie d'agriculture, Sigma Xi (The Society for Scientific Research, USA), etc.

Valorisation pour le grand public
- animation scientifique mensuelle en Guyane, conçue par le programme Amazonie et mise en œuvre dans le cadre des groupements scientifiques Silvolab, puis Irista, et conférences occasionnelles;
- plus d'une trentaine de communiqués envers la presse, ayant donné lieu à de nombreuses retombées médiatiques en Guyane, en France et au niveau international;
- accueil régulier de journalistes de presque tous les grands médias nationaux et médias régionaux, écrits et audiovisuels, sur la station des Nouragues;
- en partenariat avec le CNES, une semaine d'émission « La tête au carré », émission scientifique de France Inter présentée par Mathieu Vidard en direct de Guyane (décembre 2006);
- expositions: Paris (La Villette, 2005, CNRS, 2007, Trocadéro, 2010), Cayenne (fête de la Science, tous les ans, et participation à diverses expositions temporaires);
- projets pédagogiques: « Voyageurs des sciences » dont « Voyageurs des fleuves » constituait la version en Guyane, après « Voyageurs des glaces », au Canada, et « Voyageurs des sables », au Maroc (Stéphane Levin, 2008), Cafotrop (Éric Guilbert, 2008), Mission Nouragues (CNRS - CNES-Rectorat de la Guyane, 2009);
- films et documentaires de sociétés de production et du CNRS-Images (4 films en 2010, dans le cadre de l'Année internationale de la biodiversité);
- création de ressources de médiation scientifique autour des thèmes de l'écologie et de la biodiversité en Amazonie, accessibles en ligne sur le site www.guyane.cnrs.fr;
- participation à l'édition d'ouvrages de vulgarisation scientifique (*Guyane Océan* et réédition de *Guyane. Le voyage écologique*, des éditions Panacoco, Roger Le Guen);
- édition du rapport Amazonie, sous la forme du présent ouvrage.

ÉVOLUTION ANNUELLE DE L'INVESTISSEMENT DU CNRS EN GUYANE, DEPUIS 2002, COMPRENANT LES INVESTISSEMENTS EXCEPTIONNELS* (HORS SALAIRES)

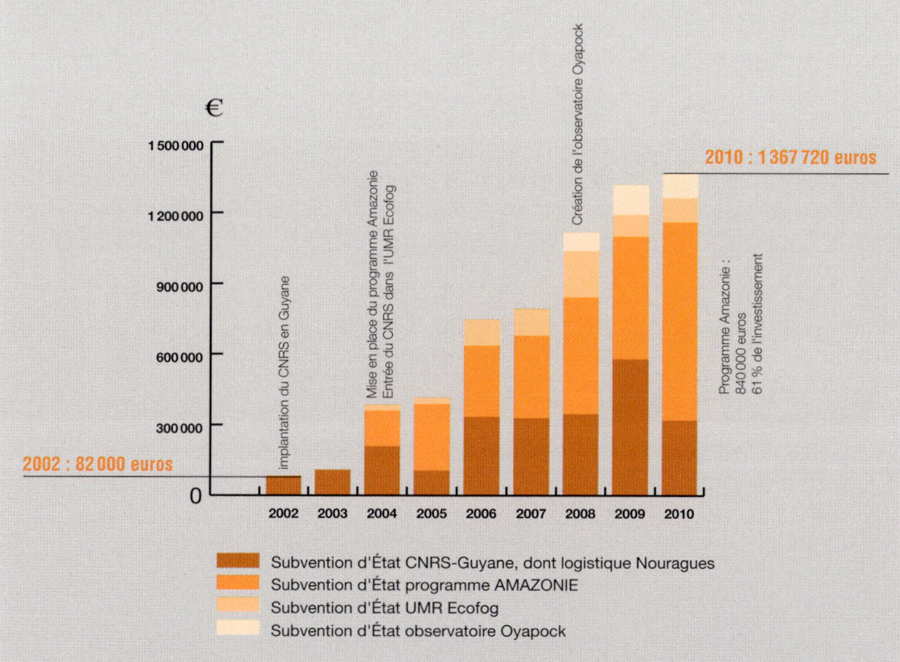

*100 k€, RMN, 2008 (UMR Ecofog), 325,34 k€, Copas, 2009 (UPS CNRS-Guyane), 28 k€, Oyapock, 2009 (UPS Oyapock)

Le CNRS-Guyane, support efficace du dispositif régional de recherche CNRS

Le programme Amazonie, c'est avant tout un projet scientifique. Mais c'est aussi une organisation, portée par une structure, l'unité propre de service du CNRS en Guyane, l'UPS 2561. Cette unité a également en charge la représentation du CNRS en Guyane et la gestion de la station des Nouragues. Elle assume une fonction d'accueil du personnel en mission pour le CNRS en Guyane, affilié ou non au programme Amazonie. Elle conduit une prospective scientifique régionale et met en œuvre la politique scientifique du CNRS en Guyane, assure les liens avec les partenaires et le suivi des actualités scientifiques.

Cette unité est une structure légère, comportant un nombre restreint d'agents répartis entre les fonctions de direction, de communication, d'administration et de support logistique pour les stations de terrain. À la création du bureau, en 2002, le CNRS-Guyane a débuté avec trois agents permanents. Il y en a dix actuellement. Au total, le personnel CNRS résidant en Guyane compose une communauté d'environ vingt-cinq agents, scientifiques ou administratifs, répartis entre l'unité CNRS-Guyane, comprenant la station des Nouragues, l'unité mixte de recherche Ecofog, et l'unité de service Oyapock, l'observatoire hommes - milieux du CNRS implanté en Guyane. Rappelons que l'investissement du CNRS en Guyane, incluant les salaires, le fonctionnement des UPS et les soutiens aux actions du programme Amazonie, et cumulé depuis 2002, s'élève à environ 20 millions d'euros. Hors salaires, cet investissement est de 6,332 millions d'euros, sur huit ans.

Sous-bois, réserve naturelle des Nouragues, Guyane.

Photo : Roger Le Guen

amazonie

Partie II : *Actions de recherche et résultats*

JESUS

Introduction

Nous avons demandé aux responsables d'actions scientifiques de présenter sous forme d'articles de synthèse les recherches qu'ils conduisent et les résultats qu'ils ont obtenus, eux et leurs collaborateurs, dans le cadre du programme Amazonie.

Il faut absolument insister sur l'excellent esprit de collaboration qui a présidé à la rédaction de cette partie, ainsi que, d'ailleurs, de l'ensemble de l'ouvrage. Nous y percevons l'émergence d'une véritable communauté scientifique, rassemblée autour d'un intérêt commun et d'un point de vue partagé sur la biodiversité. C'est là une réussite avérée de ce programme, qui doit beaucoup à l'implantation du CNRS en Guyane et à la « préparation historique » de ces opérations. La première partie de cet ouvrage explique la mécanique en œuvre. Dans cette seconde partie, nous nous concentrons sur les résultats des actions de recherche et les avancées obtenues.

Les articles présentés ici ont chacun un parti pris particulier, mais les discours s'articulent sur une ou plusieurs facettes de la biodiversité, thème de recherche nécessitant une approche hautement interdisciplinaire, et font, de ce fait, émerger un point de vue commun. Une biodiversité non réduite à ses aspects biologiques et écologiques, mais leur donnant toute leur importance. Une biodiversité soumise aux effets directs ou indirects des actions humaines et des grandes évolutions planétaires. Une biodiversité qui inclut les usages qu'en font ou que peuvent en faire les sociétés humaines. Une biodiversité qui peut être aussi source de préoccupations à travers des agents pathogènes ou nuisibles. Une biodiversité, non statufiée, qui change et qui évolue. Une biodiversité source d'innovation, d'inspiration pour de nouveaux produits et de nouvelles technologies. Une biodiversité qui pose la question des relations de l'homme avec les autres êtres vivants de la planète. Une biodiversité porteuse d'histoire et d'avenir.

Loin de tout discours idéologique, il s'agit d'examiner scientifiquement toutes ces facettes et leurs multiples relations. C'est l'une des réussites de ce programme que d'en avoir abordé beaucoup et de pouvoir envisager, sur le modèle amazonien, l'élaboration d'un point de vue commun, d'une vision globale et synthétique. L'action de l'homme se développe sous des contraintes, celles des lois de la nature. Pour cette raison, loin encore de toute position idéologique — mais peut-être pas de la sensibilité des chercheurs — cela reste une priorité d'identifier et de décrypter les processus et mécanismes naturels qui font varier la biodiversité. Il s'agit aussi de voir comment l'action de l'homme joue, volontairement ou involontairement, sur ces mécanismes et processus, et tout cela à diverses échelles d'espaces et de temps, et à divers niveaux d'organisation biologique. Avec l'espoir de parvenir à définir, dans ce contexte, les « meilleures actions » pour préserver, utiliser et valoriser cette biodiversité.
Il n'y a pas « d'enfin » car nous sommes loin de cet horizon.
Voilà ce qu'illustrent les contributions de chercheurs à ce programme, qui a pu, ou su, mobiliser parmi les meilleurs dans leurs disciplines et, sur ses objectifs, constituer une réelle communauté scientifique.

Pylône C émergeant de la canopée.

Programme Amazonie, phase 1 et 2, 2004-2011

Dispositif d'accès permanent à la canopée

Projet Copas

AUTEUR: Pierre Charles-Dominique[a], directeur de recherche émérite au CNRS, fondateur de la station des Nouragues
a. Centre d'Écologie fonctionnelle et évolutive, UMR Cefe, université Montpellier-2, CNRS n°5175, Montpellier

Presque tout ce que nous savons de la structure et de la composition des canopées tropicales, mais aussi des processus qui s'y déroulent, provient d'études utilisant des moyens d'investigation indirects. À titre d'exemples, les productions forestières et leur saisonnalité sont principalement étudiées à partir des débris végétaux recueillis dans des collecteurs, la croissance des arbres et le stockage du carbone sont calculés par extrapolations des mesures d'accroissement diamétrique de la base des troncs, les densités de population de nombreux vertébrés sont évaluées en se basant sur l'écoute de leurs vocalisations, les faunes de petits vertébrés et de la plupart des invertébrés ne sont connues qu'à partir de diverses techniques de piégeage, ce qui laisse de côté les espèces dont les comportements font qu'elles ignorent ou évitent ces pièges. Quant aux observations directes, elles privilégient les zones basses au détriment des parties hautes de la canopée où elles deviennent quasiment impossibles à réaliser pour de nombreux phénomènes. Malgré ces difficultés, nos connaissances générales sur les forêts tropicales ont largement progressé durant les dernières décennies mais la nécessité d'atteindre la canopée s'est progressivement imposée à la communauté scientifique.

Tout d'abord les extrapolations réalisées à l'aide des moyens classiques de la recherche souffrent d'un manque de validations qui pourraient être faites *in situ*. On sait également, à partir d'informations fragmentaires, que la vie des canopées est organisée de façon beaucoup plus complexe qu'elle ne le paraît au premier abord. Un accès facile peut permettre, non seulement, l'observation directe des organismes, mais aussi de réaliser un certain nombre d'expérimentations. Enfin, tous les paramètres physicochimiques peuvent y être mesurés plus facilement qu'ils ne le sont actuellement, et selon une maille qui tient compte de la structure et du relief de cette canopée.

Toutes sortes de moyens possibles et imaginables ont été utilisés jusqu'à présent. Certains ne demandent pas de gros investissements, comme l'exploration d'arbres tombés lors de chablis récents, ou bien sur des chantiers forestiers, les collectes d'animaux et de végétaux lors de la mise en eau de certains barrages, l'empoisonnement de couronnes d'arbres par *fogging*, la propulsion de filins à l'aide de lance-pierres, d'arcs, ou d'arbalètes, permettant, entre autres, l'installation de pièges et de filets hissés par des cordes, l'utilisation de diverses techniques de grimper (griffes, plates-formes d'escalade, cordes et bloqueurs type Jumar…), ou bien encore la construction de passerelles réunissant des arbres émergents. Les moyens qui demandent des investissements plus lourds concernent d'une part les tours, et surtout l'installation de grues de chantier en pleine forêt, et d'autre part le radeau des cimes de Francis Hallé et son équipe, ainsi que ses dérivés comme la bulle des cimes et « l'arbroglisseur ».

Les grues offrent l'avantage de pouvoir suivre les processus à moyen et long termes, mais leur installation est assez destructrice du milieu naturel car elle exige la construction d'une route permettant l'accès de gros camions. L'équipe austro-vénézuélienne de Wilfrid Morawetz en installa une à Surunomi, en Amazonie vénézuélienne, en utilisant un hélicoptère gros porteur. Malheureusement une grande partie des arbres fut étêtée par le souffle de l'appareil lors des travaux d'installation. Cette grue n'a d'ailleurs fonctionné que pendant quelques années. Actuellement, quatre grues sont en activité dans des forêts tropicales, deux au Panama, une en Australie à Cap Tribulation, dans le Queensland, et une à Lambur Hills en Malaisie. Le radeau des cimes, conçu pour l'exploration des canopées et la collecte d'échantillons, se prête beaucoup moins aux suivis à long terme et à l'étude des processus, car il n'est mis en fonction qu'environ une fois tous les deux ans, pour une durée de deux à trois mois, et toujours sur un site différent.

La mise en place du projet franco-allemand Copas (Canopy Operating Permanent Access System), sous l'impulsion de Gerhard Gotsberger, de l'université d'Ulm, est basée, au départ, sur un compromis entre ces deux modes d'accès. Son principe repose sur la mise en place de trois pylônes reliés entre eux par des câbles soutenant une nacelle mobile. Dans sa version originale, le poids de la nacelle et de ses passagers devait être soulagé par un ballon captif de 700 m^3 et 11 m de diamètre, gonflé à l'hélium. Mais les premiers essais nous ont vite convaincus que cet assemblage hybride n'était pas fonctionnel, ce qui nous a conduits à en modifier la conception.

Première version du Copas et installation des pylônes

Le transport du matériel (75 tonnes) s'est fait en partie par pirogue, pour les pièces facilement manipulables, et par hélicoptère pour le restant, l'ensemble étant déposé et stocké sur le camp de base, au bord de la rivière Arataye. Une petite pelleteuse à chenille, préalablement démontée, a été également transportée par hélicoptère puis remontée sur place. Ainsi, au fur et à mesure des besoins de la construction des pylônes, les pièces pouvaient être acheminées par voie terrestre depuis le camp, en les remorquant à l'aide de la pelleteuse. Le transport de plusieurs centaines de tonnes de béton n'étant pas envisageable en pleine forêt, l'ancrage des haubans a été réalisé suivant une technique particulière : autour de chaque pylône, quatre fosses, de 2 m de profondeur et de 3 m sur 5 m de côté, ont été creusées. Dans chacune d'elles un caisson métallique a été construit, puis rempli de terre, de sorte que seules les extrémités des barres métalliques auxquelles sont arrimés les haubans émergent du sol. La végétation qui a maintenant recolonisé la place, rend le dispositif très discret. Chaque pylône, haut de 45 m, dispose à son sommet d'une plateforme de 3,5 m de diamètre.

Si la construction des pylônes a rendu entière satisfaction, il n'en a pas été de même pour le système de guidage de la nacelle, et encore moins pour l'utilisation du ballon d'hélium destiné à la soutenir. Nous nous sommes rapidement rendu compte que, même par temps calme, le moindre souffle de vent imprimait des forces assez importantes sur le ballon captif, ce qui se traduisait, au niveau de la nacelle, par des oscillations verticales de plusieurs mètres d'amplitude. En outre, le système de guidage de la nacelle, trop sophistiqué, se déréglait rapidement.

Nous nous sommes alors orientés vers une formule plus légère et plus simple, excluant le ballon porteur, mais conservant les trois pylônes, puisque leur construction représentait l'essentiel de l'investissement (voir encadré).

Transport d'éléments de pylônes depuis la piste de Bélizon, vers les Nouragues.

Éléments des pylônes Copas déposés à Saut-Pararé avant l'assemblage.

Installation du dispositif et perturbations de l'environnement

Jusqu'à présent, de tous les moyens existants pour atteindre et étudier la canopée, ce sont les grues qui ont rendu le maximum de services. Pourtant, lors des travaux d'installation, le centre de la zone d'étude est sévèrement perturbé puisque la flèche est apportée en une seule pièce, acheminée au pied de la tourelle par un camion semi-remorque. Malgré tout, une partie de l'espace accessible à la nacelle reste épargnée pendant les travaux et l'ouverture créée pour l'acheminement de la grue a tendance à se refermer progressivement.

Pour Copas, la préservation de l'environnement représentait une contrainte essentielle, et les travaux d'installation ont pu être réalisés sans la moindre perturbation de la zone comprise entre les trois pylônes. Quant au transport du matériel entre le camp et le triangle Copas, il n'a nécessité que l'élargissement d'un layon forestier qui contournait les gros arbres. Il faut dire qu'à l'exception des trois socles de pylônes, pesant chacun 1 200 kg, les éléments à transporter n'excédaient pas 320 kg. En revanche le travail de construction a été long. Une fois le matériel acheminé, il a fallu compter environ deux mois de travail par pylône, dont la moitié pour le montage des caissons d'ancrage des haubans. Les travaux préparatoires avaient démarré en novembre 2003, le premier pylône a été achevé en février 2005, le second en avril 2005 et le troisième en juin 2005. Il faut dire que les conditions climatiques et le fait de travailler en site isolé nous ont contraints plusieurs fois à interrompre les travaux. À ces difficultés s'est ajouté le pillage du camp par des *garimperos* alors que nous avions fait une pause pendant les fortes pluies d'avril 2004, ce qui a occasionné un retard supplémentaire de près de six mois.

L'isolement du site, indispensable pour pouvoir bénéficier d'un environnement indemne de toute perturbation, a rendu l'opération plus difficile et beaucoup plus longue que si nous avions choisi un secteur accessible par piste. En outre, les frais de transport par hélicoptère et par pirogue ont représenté près d'un tiers du budget de construction.

Utilisation d'un ballon porteur

Parallèlement aux travaux d'installation du Copas, nous avions installé à la station des Nouragues une « bulle des cimes », dispositif dérivé du radeau des cimes et mis au point par Dany Cleyet-Marrel. Cet outil séduisant, composé d'un ballon captif de 7 m de diamètre et contenant 200 m^3 d'hélium, permet à un passager d'évoluer à la surface de la canopée le long de cordes déposées préalablement par hélicoptère. Dans la pratique, ce dispositif ne peut pas être utilisé tous les jours, et quand les conditions le permettaient, uniquement entre 6 et 9 heures du matin, avant que le soleil ne provoque de petits vents thermiques qui secouent le ballon et le rendent impropre à tout travail scientifique. La bulle des cimes reste néanmoins un outil excellent pour certaines collectes et certaines observations. Elle permet en outre à l'observateur de se trouver directement sur la canopée et de lui offrir une vision de cet environnement beaucoup plus réaliste que ce que l'on peut imaginer depuis le sol. Elle ne demande qu'une journée pour être installée.

Cette expérience, puis celle acquise lors des premiers essais du Copas, nous ont convaincus que les ballons captifs ne pouvaient être utilisés en forêt que pour des utilisations très restreintes. Les chercheurs ont besoin d'un outil permettant l'accès à la canopée, de jour comme de nuit, et par n'importe quel temps, excepté en cas d'orage. Il faut également que le passager puisse guider lui-même la nacelle et, en fonction des besoins, passer par de petits interstices de la canopée de façon à se trouver au plus près de ses objets d'étude. Cela n'exclut pas qu'une partie importante des recherches soient appuyées par l'utilisation de capteurs, d'enregistreurs, de caméras, voire de petits robots téléguidés, mais l'accès à la canopée reste primordial.

Conclusions

Toute innovation passe forcément par des échecs et il faut voir Copas comme un dispositif innovant qui, une fois mis au point, pourra se substituer avantageusement à l'utilisation des grues. La version « Copas light », qui est en cours de construction, tient compte des expériences passées, autant négatives que positives, et devrait offrir un moyen d'accès à la canopée, simple d'utilisation et efficace.

La recherche scientifique est tributaire des outils d'investigation, et l'histoire récente montre clairement que chaque innovation technique est rapidement suivie de découvertes importantes. On peut donc légitimement s'attendre à ce que de nouveaux champs d'investigation soient ouverts grâce au dispositif Copas.

Transport du matériel vers le triangle Copas.

Avant l'ajout d'un nouvel élément de pylône, la plateforme est remontée d'une hauteur équivalente (3m) à l'aide de trois tire-forts à chaînes.

Photos : Pierre Charles-Dominique

CANOPY OPERATING PERMANENT ACCESS SYSTEM

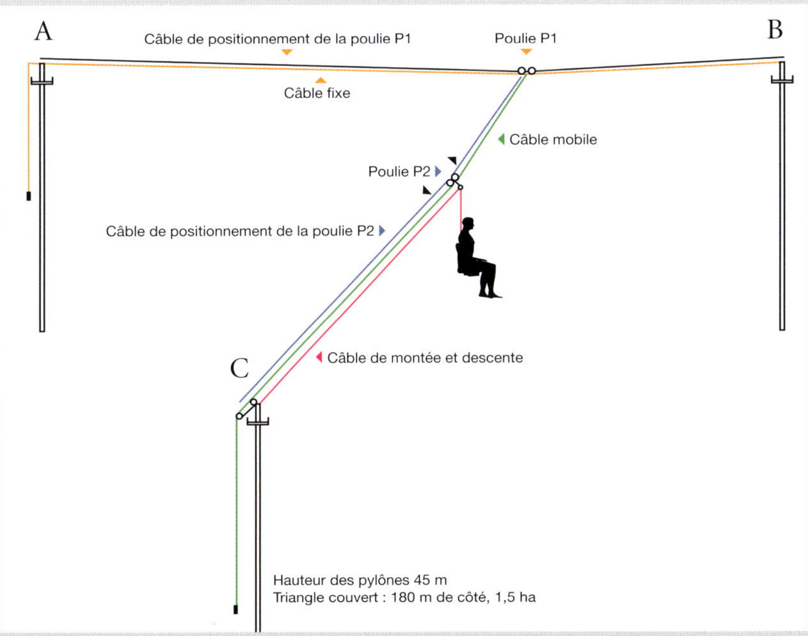

Dans le projet initial, la nacelle, sans ses deux passagers, pesait 140 kg. En fait, elle supportait également un treuil électrique permettant de monter et descendre dans la canopée à partir d'un point fixe, plus deux batteries de 30 kg chacune. Son poids et son encombrement excluaient tout passage dans les interstices un peu étroits de la canopée. Elle est remplacée, dans la nouvelle conception, par un siège léger, du même type que ceux utilisés sur les aéronefs ultralégers motorisés ULM, et n'aura à supporter que le poids du passager. Une version biplace pourra éventuellement être installée plus tard. Le passager actionnera directement, à l'aide d'un boitier, les divers treuils installés au sommet des pylônes. Dans sa version originale, trois câbles, provenant de chacun des trois pylônes, convergeaient en un seul point, au dessus de la canopée et à l'intérieur du triangle. C'est en enroulant ou en déroulant indépendamment ces trois câbles que leur point de jonction était déplacé dans le plan horizontal ; mais le dispositif, assorti de capteurs de tension et d'un système informatisé mal conçu, n'a jamais pu fonctionner normalement.

La nouvelle version est basée sur le mode de fonctionnement suivant :

- Deux pylônes A et B sont reliés par un câble fixe en Kevlar®, d'une résistance de 30 tonnes, dont l'une des extrémités est attachée au sommet de B. La seconde extrémité du câble fixe, après passage dans une poulie, sur le sommet de A, est fixée à un contrepoids de 4,5 tonnes, qui assure sa rigidité.
- Un second câble mobile, d'une résistance de 6,5 tonnes, est fixé à une poulie P1 coulissant le long du câble fixe, entre A et B. L'autre extrémité du câble mobile passe sur le sommet du troisième pylône C. Il se trouve maintenu en tension par un contrepoids de 1,4 tonne fixé à mi-hauteur du pylône C. De cette façon, lorsque la poulie P1 est déplacée le long du câble fixe, entre A et B, le câble mobile reste toujours tendu par le jeu de son contrepoids qui monte et descend le long du pylône C. Ce câble mobile est donc équivalent à la flèche d'une grue dont la base serait située en C et dont l'extrémité se déplacerait entre les points A et B.
- Le câble de positionnement de la poulie P1, d'une résistance de 6,5 tonnes et actionné par un treuil situé sur le sommet de A, fait évoluer la poulie P1 le long du câble fixe.
- Le câble de positionnement de la poulie P2, d'une résistance de 2 tonnes et actionné par un treuil situé sur le sommet de C, fait évoluer la poulie P2 le long du câble mobile.
- Le câble de montée et descente, d'une résistance de 2 tonnes et actionné par le troisième treuil situé sur le sommet de C, passe par la poulie P2 et permet la descente et la montée d'un siège sur lequel est installé le passager.

Par le jeu des trois treuils électriques, la poulie P1 est déplacée entre A et B, de façon à positionner le câble mobile au dessus du point visé. Le câble de positionnement est ensuite activé de façon à positionner la poulie P2 au dessus du point visé. Enfin, le câble de montée et descente est activé de façon à faire évoluer le passager de haut en bas puis de bas en haut.

Pour des questions de sécurité, lorsque l'un des treuils fonctionne, les deux autres sont automatiquement arrêtés. Le passager actionne directement les commandes à partir de son siège, et un second jeu de commandes existe au sommet du pylône C.

Chaque poulie est fixée à 2 câbles indépendants, ce qui assure la sécurité du système. Une possibilité d'évacuation par corde est prévue.

Renforcement des pylônes :

Les calculs montrent que les pylônes, dans leur version d'origine, sont suffisamment solides pour supporter les tensions exercées par le nouveau dispositif. Cependant, nous avons préféré renforcer leur stabilité et surtout leur rigidité par la mise en place de flèches et de câbles supplémentaires.

Dendrochronologie des arbres tropicaux

Projet Dendrotropic

AUTEUR : Stéphane Ponton[a], chargé de recherche, Inra
a. UMR Écologie et Écophysiologie forestières, UMR EEF, université Henri-Poincaré/Nancy université, Inra n° 1137, Nancy

Participants : J. Beauchêne[b], L. Blanc[b], J-L. Dupouey[a] C. Heinz[c], P. Heuret[c], J-M. Leban[d], H. Morel[b], F. Mothe[d], E. Nicolini[c], C. Rathgeber[d], C. Rose[a]
a. UMR EEF, Nancy; b. UMR Ecofog, Kourou; c. UMR Amap, Montpellier; d. UMR Lerfob, Nancy

Les méthodes dendrochronologiques (*i. e.* qui se basent sur l'étude des cernes de croissance des arbres) permettent de connaître l'âge des arbres et d'étudier leur croissance. Elles sont très largement employées pour l'étude des forêts tempérées et boréales mais n'ont été que très rarement appliquées aux régions tropicales jusqu'à présent, l'absence de conditions hivernales étant considérée comme une condition défavorable à la production de cerne de croissance. Bien que des travaux relativement isolés aient pourtant permis de mettre en évidence des bandes de croissance annuelle, notamment en Guyane française (Détienne, 1989), les connaissances concernant le rythme de croissance saisonnier des arbres tropicaux (et leur phénologie d'une façon générale) sont restées extrêmement réduites. De récentes investigations ont montré que les variations saisonnières, caractéristiques de la plupart des climats tropicaux (alternances annuelles saison sèche – saison des pluies), en affectant la physiologie des arbres ou les conditions édaphiques, pouvaient induire des variations des compositions chimique et/ou isotopique du bois. Ainsi, plusieurs auteurs ont utilisé les variations des compositions isotopiques du carbone et de l'oxygène dans le bois pour reconstruire la croissance annuelle des arbres (Poussart et Schrag, 2005; Verheyden *et al.*, 2004). Selon une approche similaire, deux études ont également présenté des résultats très prometteurs quant à l'utilisation des variations du contenu microélémentaire (*i. e.* composition chimique minérale) du bois pour la datation des arbres tropicaux (Poussart *et al.*, 2006; Weitner *et al.*, soumis).

Malgré des constats encourageants et la publication de travaux récents montrant le regain d'intérêt pour la question de la dendrochronologie tropicale, les connaissances sur ce thème sont aujourd'hui extrêmement fragmentaires. Par ailleurs, qu'il s'agisse d'études anatomiques (Verheyden *et al.*, 2005), ou *a fortiori* d'analyses isotopiques ou chimiques, les observations ont toujours porté sur un très petit nombre d'individus permettant difficilement de généraliser les conclusions, si bien que l'âge des arbres des forêts tropicales, par exemple, est encore aujourd'hui très largement méconnu (Martinez-Ramos et Alvarez-Buylla, 1998).

L'ensemble de ces éléments nous a conduits à reconsidérer la possibilité trop rapidement écartée d'utiliser des approches de type dendrochronologique pour progresser dans la compréhension de la dynamique de croissance des arbres des forêts tropicales. L'objectif de ce projet était de mettre en évidence dans le bois, en s'appuyant sur plusieurs approches complémentaires, l'existence de marqueurs permettant de retracer rétrospectivement la croissance des arbres de la forêt guyanaise.

Résultats

En préambule de la recherche de marqueurs de la croissance annuelle des arbres de la forêt guyanaise, nous avons réalisé une analyse de la croissance radiale effectuée à partir de la base de données du dispositif de placettes permanentes de la station forestière de Paracou, en Guyane française. Il est en effet capital de savoir si les individus d'une même espèce croissant dans un même milieu répondent de façon similaire aux variations climatiques interannuelles ou si chaque individu a un patron de variations interannuelles de croissance en rien comparable à ses congénères. L'analyse a porté sur un ensemble de plus de 36 000 arbres dont la croissance radiale a été suivie annuellement depuis 1984 puis bisannuellement à partir de 1994. Elle a montré, pour un petit nombre d'espèces, l'existence d'années caractéristiques, c'est-à-dire d'années où une majorité (>65 %) d'individus d'une même espèce montre une même tendance de croissance, vraisemblablement sous l'effet de contraintes climatiques particulières. Cependant, il semble que le faible nombre d'années caractéristiques mises en évidence, en comparaison de ce qui est habituellement observé en milieu tempéré, soit essentiellement le fait de problèmes méthodologiques (*i. e.* 1. l'incertitude liée à la mesure de circonférence est grande par rapport à la croissance, 2. il n'y a qu'un faible nombre d'individus pour la majorité des espèces). Ce résultat est encourageant pour la recherche de marqueurs annuels dans la mesure où le nombre d'années caractéristiques pourrait être bien plus important que celui déjà observé, traduisant ainsi une réelle influence des variations interannuelles du climat sur la croissance des arbres de la forêt guyanaise. D'autre part, il souligne également le besoin de méthodes alternatives pour étudier l'effet des variations climatiques sur la croissance des arbres.

La recherche de marqueurs de la croissance des arbres a impliqué l'étude des croissances primaire (*i. e.* en hauteur) et secondaire (*i. e.* en diamètre). En effet, l'étude de l'architecture du houppier offre potentiellement la possibilité de reconstruire plusieurs années, voire décennies de croissance (cf. figure 1). Les méthodes dendrochronologiques, quant à elles, peuvent donner accès, rétrospectivement, à la croissance annuelle des arbres sur des pas de temps considérables (plusieurs décennies à plusieurs siècles).

L'étude, portant sur un nombre nécessairement restreint d'espèces, a mis en relief la difficulté attendue d'utiliser des analyses anatomiques pour la croissance secondaire des arbres tropicaux: deux espèces « seulement » sur neuf *(Parkia nitida, P. velutina)* révèlent clairement des cernes annuels. L'apport d'informations densitométriques ne semble pas permettre une mise en évidence de meilleurs marqueurs de croissance radiale. Les analyses dendrochimiques montrent clairement des variations cycliques de la composition élémentaire du bois le long de la séquence de croissance radiale des arbres (*i. e.* Mg, Al, Si, S, Cl, K, Ca, Cu). Cependant, l'analyse de ces profils ne permet pas pour l'instant une datation fiable des arbres. Des contraintes liées à la méthodologie employée (*i. e.* emploi de spectromètres à dispersion d'énergie (EDS) et à sélection de longueur d'onde (WDS) couplés à un microscope électronique à balayage) apparaissent et nécessiteront encore des développements pour être levées. Enfin, de premiers résultats montrent que l'analyse isotopique ($\partial^{13}C$ et $\partial^{18}O$), malheureusement plus coûteuse en temps et en argent que l'analyse dendrochimique, permet également de révéler des variations cycliques dans le bois, propices à sa datation.

Concernant la croissance primaire, les quatre espèces étudiées montrent des marqueurs fiables (*Cecropia scyadophylla*, *Cecropia obtusa*, *Jacaranda copaia*, et *Parkia velutina*), souvent synchrones avec la croissance secondaire, permettant de reconstituer la croissance passée des arbres (intégralement chez *Cecropia*, partiellement seulement chez *Jacaranda*) (cf. figure 2).

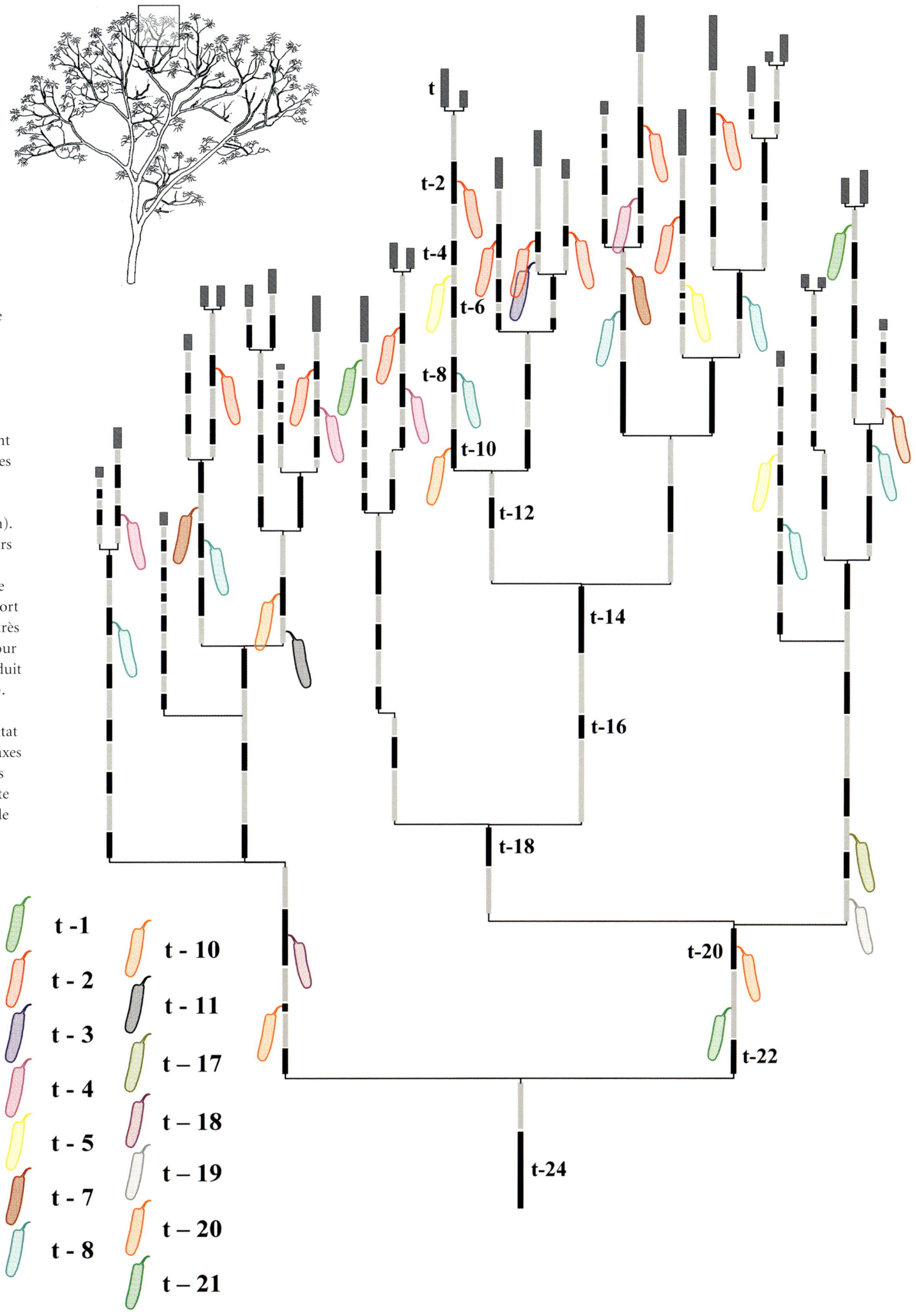

Figure 1
Structure ramifiée d'une cimette prélevée dans la couronne d'un grand arbre adulte chez *Parkia velutina (mimosaceae)*. Chaque rectangle noir ou gris représente une pousse « annuelle ». Les rectangles rayés noir et blanc sont les pousses qui portent encore des feuilles. Les lignes reliant les pousses annuelles restituent la filiation des axes (la ramification). Les dessins de différentes couleurs sont des fruits (ici des gousses). Enfin, chaque couleur représente une année de production. Il ressort ici que certaines années ont été très fructifères (« t-1 ») tandis que pour d'autres, aucun fruit n'a été produit par l'arbre (« t-12 », « t-13 », etc.). La restitution de l'histoire de la croissance d'un arbre est le résultat d'une analyse rétrospective des axes qui gardent dans leurs structures les traces de leur croissance. Cette approche rétrospective permet de s'affranchir d'un suivi de croissance.

Illustration : Éric Nicolini

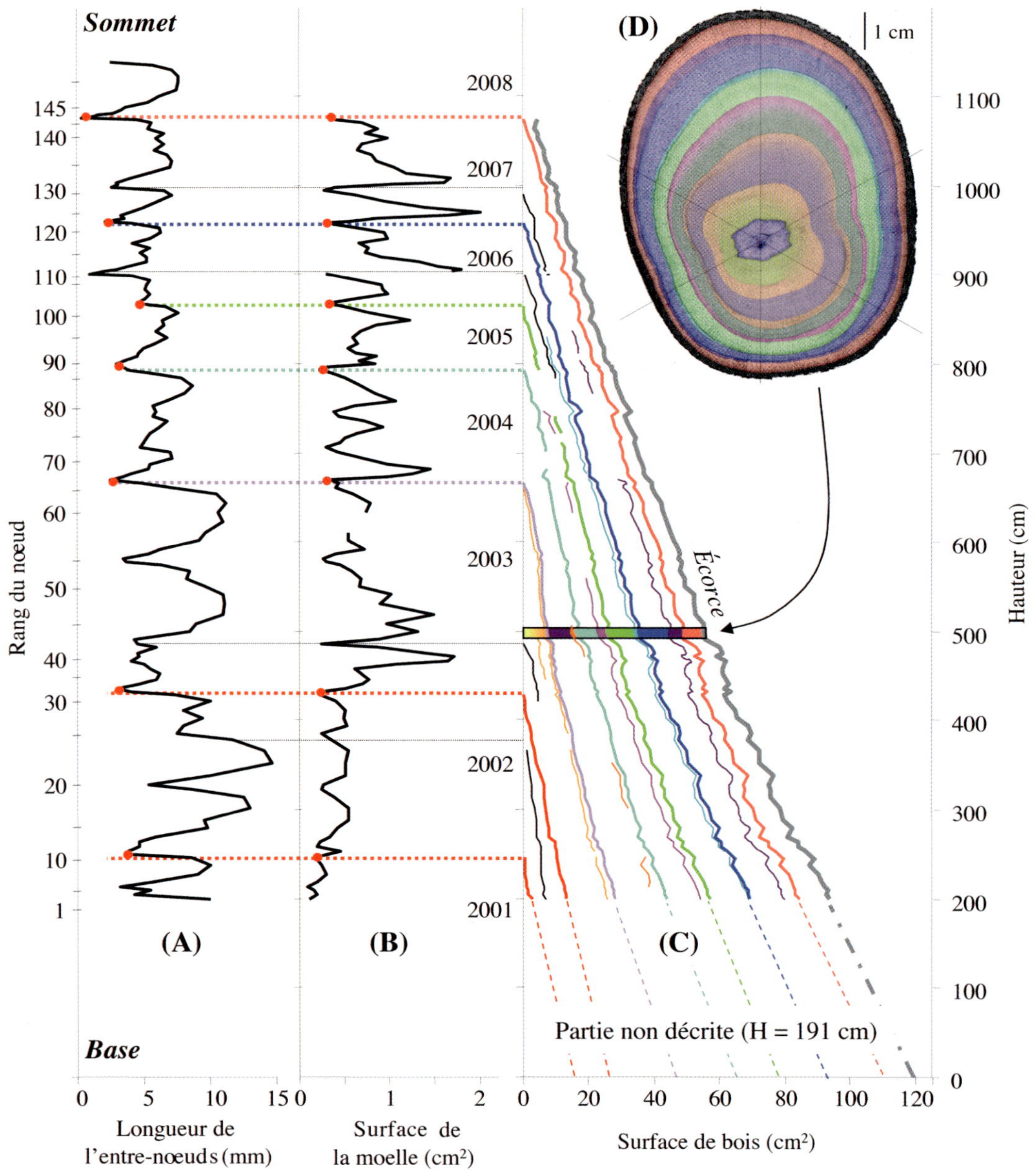

Figure 2
Croissance longitudinale et transversale chez un individu juvénile de *Jacaranda Copaia*. La tige non ramifiée est décrite nœud à nœud au travers de la longueur des entre-nœuds (A), de la taille de la moelle (B) et du plan ligneux (D). La longueur des entre-nœuds et la taille de la moelle sont représentatives des variations de vitesse d'allongement en longueur au cours du temps. Les zones à entre-nœuds courts coïncident avec les zones à moelle plus fine (points rouges). Ces zones coïncident également avec les limites de cernes (C). Elles soulignent un arrêt synchrone des méristèmes terminaux et du cambium à l'échelle de l'individu. Ces trois variables permettent de définir des cycles de croissance. Une interprétation annuelle de ces cycles peut être réalisée : les limites de cernes visibles tout au long de la tige correspondraient aux arrêts annuels, tandis que les limites discontinues et locales refléteraient des arrêts intra-annuels ou « faux cernes » (C). Les différentes couleurs permettent de visualiser les différentes années le long du profil de la tige et sur le plan ligneux la rondelle du nœud n° 43 (C et D).

Illustration : M. Bernal, P. Heuret, J. Beauchêne, S. Madrinan, E. Nicolini

Conclusions et perspectives

Avec l'appui du programme Amazonie 2, il s'agissait d'initier un projet ambitieux permettant de faire le point des connaissances déjà acquises sur les marqueurs anatomiques, de développer de nouvelles méthodes permettant de détecter des signaux cycliques dans le bois même en l'absence de bandes de croissance identifiables par les analyses anatomiques et de confronter et de valider les différentes techniques pour le plus grand nombre d'espèces possible. Le projet Dendrotropic a donné lieu à un stage de master 2 et à un stage de licence professionnelle.

Il s'agit désormais de continuer les développements méthodologiques, notamment pour les analyses dendrochimiques, de confirmer ou infirmer le caractère annuel des marqueurs identifiés et de comprendre les déterminants des rythmes de croissance. Les travaux initiés se poursuivent avec le démarrage de deux thèses en 2009 : celles d'Hélène Morel (« Étude de la croissance annuelle et de la datation des arbres de la forêt tropicale humide guyanaise », université Antilles-Guyane) et de Thomas Mangenet (« Rythmes de développement et élaboration de la couronne des grands arbres de la forêt tropicale humide Guyanaise », université de Montpellier). Par ailleurs, des expérimentations seront menées au Synchrotron Soleil au second semestre 2010 dans le but d'accéder à des techniques permettant une diminution du rapport signal - bruit nécessaire à l'amélioration de l'analyse dendrochimique. Ce travail reste pionnier sur la scène internationale (*e. g.* un seul laboratoire concurrent en ce qui concerne l'application des méthodes dites dendrochimiques à la datation des bois tropicaux) alors que la demande devient extrêmement pressante pour pallier les lacunes concernant la dynamique à long terme des écosystèmes forestiers.

PUBLICATIONS

Zalamea P.C., Stevenson P.R., Madrinan S., Aubert P.-M., Heuret P., « Growth Pattern and Age Determination for *Cecropia Sciadophylla (Utricaceae)* », *American Journal of Botany*, n° 95, 2008, p. 263-271.

RÉFÉRENCES

- Détienne P., « Appearance and Periodicity of Growth Rings in Some Tropical Woods », *IAWA Bulletin*, n° 10, 1989, p. 123-132.
- Martinez-Ramos M., Alvarez-Buylla E.R., « How Old Are Tropical Rain Forest Trees? », *Trends in Plant Science*, n° 3, 1998, p. 400-405.
- Poussart P., Myneni S., Lanzirotti A., « Tropical Dendrochemistry: A Novel Approach to Estimate Age and Growth from Ringless Trees », *Geophysical Research Letters*, n° 33, L17711, 2006.
- Poussart P.F., Schrag D.P., « Seasonally Resolved Stable Isotope Chronologies from Northern Thailand Deciduous Trees », *Earth and Planetary Science Letters*, n° 235, 2005, p. 752-765.
- Verheyden A., De Ridder F., Schmitz N., Beeckman H., Koedam N., « High-Resolution Time Series of Vessel Density in Kenyan Mangrove Trees Reveal a Link with Climate », *New Phytologist*, n° 167, 2005, p. 425-435.
- Verheyden A., Helle G., Schleser G.H., Dehairs F., Beeckman H., Koedam N., « Annual Cyclicity in High-resolution Stable Carbon and Oxygen Isotope Ratios in the Wood of the Mangrove Tree Rhizophora Mucronata », *Plant Cell and Environment*, n° 27, 2004, p. 525-1536.

Femelle de *Gonatodes humeralis*.
Ces petits lézards sont assez communs mais discrets. En forêt, on les observe généralement sur les contreforts d'arbres ou sur les troncs et souches couchés au sol.

Dynamique des écosystèmes et de la biodiversité en Amazonie

Projet Rainfor-Guyane

AUTEUR: Jérôme Chave[a], directeur de recherche CNRS, directeur scientifique de la station des Nouragues
a. UMR Évolution et Diversité biologique, UMR EDB, université Toulouse-2, CNRS n°5174, Toulouse

Questions scientifiques

Le projet financé en juin 2006 par le programme Amazonie offrait d'étudier trois questions:

1. La forêt guyanaise est-elle à l'équilibre en termes de composition floristique et de structure et de productivité?
2. La structure forestière est-elle reliée aux propriétés pédologiques et climatiques à l'échelle des Guyanes et de l'Amazonie?
3. En utilisant ces informations, peut-on comprendre comment des changements climatiques peuvent altérer le fonctionnement des forêts guyanaises et évaluer leur contribution aux flux de carbone entre l'atmosphère et la forêt amazonienne?

Ce travail proposait de s'appuyer sur l'acquisition de données sur le terrain, sur la coordination d'un réseau de collaborations internationales et sur le développement d'outils d'analyse et d'intégration. Il s'agissait donc aussi de structurer la recherche nationale et internationale sur le thème du fonctionnement des écosystèmes forestiers tropicaux en s'appuyant sur la station de recherche des Nouragues. Le plan de recherche proposé est détaillé ci-dessous et mis en regard des résultats obtenus.

Tâche 1: botanique et biodiversité

La détermination botanique des plantes est l'un des problèmes majeurs des études écologiques sous les tropiques. Dans le dispositif de la station des Nouragues, plus de 11 000 arbres étaient positionnés et mesurés, mais leur identification n'était qu'imparfaite (environ 25 % des arbres identifiés à l'espèce), en dehors d'un nombre d'espèces ayant fait l'objet d'études spécifiques. Aussi, nous avons proposé d'améliorer la qualité de la base de données en mettant en œuvre un programme d'identification des arbres sur les parcelles permanentes, ainsi que des plantules. Ce travail prévoyait l'invitation de botanistes et d'experts forestiers à travailler sur le dispositif des Nouragues. Il proposait également de produire une base pour l'étude de la diversité des plantes à la station des Nouragues, utilisable dans des projets futurs de chimie des substances naturelles ou de biologie moléculaire.

Grâce à la structuration d'un réseau de recherche facilité par le programme Amazonie, nous avons pu défendre avec succès un projet de recherche auprès de l'ANR et financer une visite de la station des Nouragues en septembre 2007. Durant cette visite, nous avons échantillonné tous les individus de plus de 10 cm de diamètre de tronc dans deux parcelles de 1 hectare. Nous avons déterminé 1 111 individus et réussi à distinguer 267 espèces ou morpho-espèces, dont certaines sont nouvelles pour la liste des Nouragues (*Cordia exaltata, Couepia bracteosa, Cyrillopsis paraensis, Guatteria anthracina, Guatteria wachenheimii, Sloanea guianensis, Stryphnodendron moricolor*). Seuls 53 individus restent complètement non identifiés. Nous avons mis en place une *check-list* révisée de la diversité des plantes. À ce jour, elle compte 1 708 espèces de plantes à fleur. Cette liste est disponible sur le site web de la station des Nouragues, où elle est liée de manière dynamique à l'herbier de Guyane, à Cayenne. Durant l'échantillonnage des deux parcelles, nous avons également collecté des échantillons de feuilles et d'écorce pour la mise en place d'une base de données sur la chimie des composés organiques volatils. Cette base de données contient aujourd'hui plus de 500 spectres GC/MS, gérés par l'équipe L3MA de l'UMR Ecofog, à Cayenne. Nous avons mis en place une méthode d'identification des plantes sur la base de deux marqueurs moléculaires. Cette méthode a été mise au point sur 192 arbres de la station des Nouragues. Elle a fait l'objet d'un article de recherche publié en octobre 2009 dans la revue *PLoS ONE*. Les objectifs de cette tâche ont donc été réalisés, en partie grâce à des financements autres que le programme Amazonie (ANR). Nous soulignons cependant qu'une partie de la mission aux Nouragues en septembre 2007 a été rendue possible par le présent projet (environ 3 000 euros sur les 15 000 euros investis).

Tâche 2: fonctionnement de l'écosystème

Dans l'étude des écosystèmes naturels, le recyclage de la matière via la chute des feuilles, petits branchages et autres organes végétaux (collectivement appelés « litière ») joue un rôle prépondérant. L'objectif premier de ce projet était de poursuivre le protocole de collecte de la chute de litière commencé en 2001. Nous avons proposé de financer l'exercice menant de 2006 à 2008, soit deux ans de données en plus. Les implications de telles données vont plus loin que la quantification de la production primaire nette de l'écosystème. En effet, puisque nous avons aussi accès à la quantité de fruits produits, il devient possible, par exemple, d'évaluer les risques de famine pour des populations frugivores dans des années exceptionnellement sèches. Nous avons obtenu un suivi sur sept années complètes de la production totale de biomasse mais aussi de la production de fruits et de fleurs, tous les quinze jours. La production en biomasse de fruits variait entre 0,67 et 0,62 tonnes par hectare et par an. La biomasse totale de litière a aussi été suivie durant toute la période et montre des résultats assez erratiques. Elle était en moyenne comprise entre 8 et 10 tonnes par hectare et par an. Récemment, nous avons inclus le dispositif des Nouragues dans une comparaison plus large des chutes de litière à l'échelle du bassin amazonien (Chave *et al.*, *Biogeosciences*, 2010).

Le second objectif était de mener à bien un réinventaire des parcelles de suivi des arbres (deux parcelles d'un total de 22 hectares, soit plus de 11 000 arbres). Deux inventaires complets ont été réalisés en 1992-1994 et en 2000-2002 (Chave *et al.*, *Journal of Tropical Ecology*, 2008). Depuis la proposition de ce projet, le Cirad et l'ONF ont mis en commun leurs données dans le cadre du projet Guyafor, ce qui représente un succès exceptionnel pour la recherche en foresterie en Guyane. Nous avons proposé à ce nouveau consortium de prendre en charge la gestion du dispositif de parcelles permanentes aux Nouragues, via la signature d'un partenariat entre CNRS et ONF-Cirad. Cette proposition s'est concrétisée en été 2007 par le réinventaire des 6 parcelles de 1 hectare installées à la fin des années

Dispositif de collecte de la matière végétale aérienne, aux Nouragues.
Photo : Stefano Unterthiner

La forêt de Guyane, dense et diversifiée.

1970 à Saut-Pararé, par le groupe Guyafor, sous la direction de Lilian Blanc. L'inventaire des 22 hectares du site Inselberg a été effectué en novembre et en décembre 2008 avec l'aide du groupe Rainfor, et permet à la station des Nouragues de disposer d'un outil de recherche fiable et performant.

Le troisième objectif était d'effectuer des collectes de traits fonctionnels de plantes. Combiné à la tâche 1, ce travail devait permettre d'améliorer les connaissances sur l'utilisation des ressources de l'environnement par les plantes aux Nouragues, et de réaliser un travail comparatif avec les autres sites disposant de dispositifs d'accès à la canopée. Lors de notre mission de septembre 2007, nous avons mesuré un grand nombre de traits écophysiologiques sur l'ensemble des arbres échantillonnés (voir une première publication : Baraloto *et al.*, *Functional Ecology*, 2010).

Tâche 3 : quantification de l'environnement

Nous avons cherché à caractériser l'environnement chimique des plantes. Cette tâche avait pour objet de poursuivre, dans la suite des collectes de sol déjà réalisées au site Inselberg, des collectes sur le site de Saut-Pararé. Nous avons effectué des analyses poussées sur la composition chimique du sol sur le grand plateau et sur le petit plateau du site Inselberg (plus de 30 éléments majeurs et traces, voir Norden *et al.*, 2007).

Nous avons également installé un dispositif de suivi météorologique de haut standard, une condition nécessaire à l'acquisition fiable de données sur le long terme. En novembre 2006, une station météorologique automatique a été mise en place. Après 14 mois d'opération, des données de précipitation, de température et d'humidité de l'air ont été enregistrées à fréquence semi-horaire, et le vent toutes les dix minutes Les événements de pluie importants peuvent facilement être étudiés. Naturellement, ces données font référence pour l'ensemble de la station des Nouragues.

Dans le cadre de cette tâche, nous souhaitions aussi préciser la topographie de la forêt des Nouragues. La disponibilité en eau pour les plantes est fonction de la microtopographie du sol (à des échelles de l'ordre de < 10 m). Nous avons proposé une campagne de mesures altimétriques laser, qui devait également permettre de mesurer la hauteur de la canopée. La faisabilité de cette tâche était contingente des propositions de la société Altoa, pressentie pour prendre en charge ce projet. Il a pu être réalisé grâce à un financement du département EDD du CNRS, et les survols ont eu lieu fin 2007. Les données Lidar sont à disposition du CNRS-Guyane, et elles doivent encore être analysées. Une collaboration avec la maison de la Télédétection, à Montpellier, est en cours sur ce sujet.

Tâche 4 : intégration et synthèse

Grâce à l'acquisition de données nouvelles, nous sommes en mesure de mieux comprendre la dynamique à long terme de la forêt tropicale. Des outils en libre accès permettent de considérablement simplifier les approches statistiques et de faciliter les discussions entre groupes de recherche. L'ensemble du projet Guyafor travaille sur le logiciel R, et des outils d'analyse des données (estimation de la biomasse sur pied) développés par notre groupe ont été mis à disposition de ce collectif. Une initiative importante pour la suite serait de s'équiper d'un serveur de données pour la station des Nouragues.

Finalement, nous avons intégré ces résultats à des modèles en écologie des communautés et en biologie évolutive. Des avancées significatives ont été effectuées sur ce front. D'une part, la théorie neutraliste de la biodiversité a été étendue à plus d'un échantillon (Jabot, Étienne et Chave, *Oikos*, 2008). D'autre part, les méthodes d'inférence existantes ont été enrichies par des données autres que les abondances d'espèces, par exemple les relations évolutives entre espèces (Jabot et Chave, *Ecology Letters*, 2009). Finalement, la prise en compte de différences interspécifiques fait actuellement l'objet de développements théoriques.

Conclusions et ouverture

Le projet baptisé Rainfor-Guyane avait pour but d'intégrer des données d'inventaire provenant de Guyane dans le réseau plus large et international Rainfor, réseau pour l'inventaire et la surveillance des forêts amazoniennes. Les études et travaux réalisés dans le cadre du programme Amazonie, présentés ici, visaient à effectuer cette démarche avec les travaux d'inventaire de la station des Nouragues. Parallèlement en Guyane, les données d'autres stations de terrain, en particulier la station forestière de Paracou gérée par l'UMR Ecofog et de diverses placettes gérées par l'ONF, ont également été intégrées dans le réseau Rainfor. Une publication parue dans la revue *Science* en mars 2009 offre une vue générale des résultats obtenus et interprétés sur l'ensemble du bassin amazonien. Au niveau de la Guyane, l'importance de poursuivre cet effort d'inventaire et d'intégration de données d'écologie quantitative dans des réseaux plus vastes a conduit à produire un projet régional baptisé Guyafor, géré au sein de l'UMR Ecofog en lien avec divers partenaires, dont l'ONF et avec le soutien financier des fonds européens d'orientation régionaux pour la période 2007-2011. Actuellement, cet effort de consolidation et de développement de l'écologie quantitative en Guyane se poursuit, avec l'ambition de systématiser l'acquisition de données à grande échelle, par l'utilisation d'outils aéroportés, voire satellitaires. La construction de projets est en cours depuis 2009 sur ces points, avec le concours et l'intégration de nouveaux partenaires autorisant cette ambition.

PUBLICATIONS ASSOCIÉES AU PROJET

- Baraloto C., Paine C.E.T., Patiño S., Bonal D., Hérault B., Chave J., « Functional Trait Variation and Sampling Strategies in Species-Rich Plant Communities », *Functional Ecology*, n° 24, 2010, p. 208-216.
- Chave J., Olivier J., Bongers F., Châtelet P., Forget P.-M., van der Meer P., Norden N., Riéra B., Charles-Dominique P., « Aboveground Biomass and Productivity in a Rain Forest of Eastern South America », *Journal of Tropical Ecology*, n° 24, 2008, p. 355-356.
- Chave J., Navarrete D., Almeida A., Álvarez E., Aragão L.E.O.C., Bonal D., Châtelet P., Espejo J.E., Goret J.-Y., von Hildebrand P., Jiménez E., Patiño S., Peñuela M.C., Phillips O., Stevenson P., Malhi Y., « Regional and Seasonal Patterns of Litterfall in Tropical South America », *Biogeosciences*, n° 7, 2010, p. 43-55.
- Gonzalez M.A., Baraloto C., Mori S.A., Pétronelli P., Riéra B., Roger A., Thébaud C., Chave J., « Identification of Amazonian Trees with DNA Barcodes », *PLoS ONE*, 2009, *4(10):e7483.*
- Jabot F., Étienne R.S., Chave J., « Reconciling Neutral Community Models and Environmental Filtering: Theory and an Empirical Test », *Oikos*, n° 117, 2008, p. 1308-1320.
- Jabot F., Chave J., « Inferring the Parameters of the Neutral Theory of Biodiversity Using Phylogenetic Information and Implications for Tropical Forests », *Ecology Letters*, n° 12, 2009, p. 239-248.
- Norden N., Chave J., Belbenoît P., Caubère A., Châtelet P., Forget P.-M., Thébaud C., « Mast Fruiting is a Frequent Strategy in Woody Species of Eastern South America », *PLoS ONE*, n° 2, 2007, e1079.
- Norden N., Chave J., Caubère A., Châtelet P., Ferroni N., Forget P.-M., Thébaud C., « Is Seedling Dynamics Determined by Environment or by Seed Arrival? A Test in a Neotropical Forest », *Journal of Ecology*, n° 95, 2007, p. 507-516.
- Norden N., Chave J., Belbenoit P., Caubère A., Châtelet P., Forget P.-M., Riéra B., Viers J. & Thébaud C., « Interspecific Variation in Seedling Responses to Seed Limitation and Habitat Conditions for 14 Neotropical Woody Species », *Journal of Ecology*, n° 97, 2009, p. 186-197.
- Phillips O.L. *et al.*, « Drought Sensitivity of the Amazon Rainforest », *Science*, n° 323, 2009, p. 1344-1347.

La tour Guyaflux, sur la station scientifique de Paracou, en forêt littorale. Ce dispositif de recherche Inra et Cirad est géré par l'UMR Ecofog. Les données issues des stations de terrain et diverses placettes d'études en Guyane sont intégrées, à l'instar de celles des Nouragues, dans le réseau international Rainfor.

Rôle des variations climatiques passées et de la spécialisation écologique dans la distribution des espèces tropicales ; apport des approches génétiques

Projet Clips

AUTEURS: Hélène Fréville[af], maître de conférence, MNHN, et Caroline Scotti-Saintagne[b], ingénieur de recherche, Inra
a. UMR Mécanismes adaptatifs : des organismes aux communautés, UMR MNHN-CNRS n°7179, Brunoy ; b. UMR Écologie des Forêts de Guyane, UMR Ecofog, université Antilles-Guyane, CNRS n°8172, Kourou ; f. Centre d'écologie fonctionnelle et évolutive, UMR Cefe, université Montpellier-2, CNRS n°5175, Montpellier

Autres participants : L. Allard[b], H. Caron[g], M. Casalis[b], C. Girod[a], R. Leblois[c], B. Riera[a], I. Scotti[b], R. Vitalis[d]
a. UMR Mécanismes adaptatifs : des organismes aux communautés, Brunoy ; b. UMR Ecofog, Kourou ; c. UMR Oseb, Paris ; d. UMR CBGP, campus international de Baillarguet, Montferrier-sur-Lez ; g. UMR Biogeco, Arcachon

Dans le contexte actuel d'une érosion sans précédent de la biodiversité liée à une modification par l'homme des conditions environnementales dans lesquelles les espèces évoluent, il est crucial de mieux identifier les facteurs responsables des dynamiques passées et actuelles de la biodiversité afin de pouvoir prédire l'évolution de la biodiversité sous différents scénarios et de proposer des stratégies de gestion raisonnée. Les changements climatiques observés aussi bien à l'échelle des temps géologiques qu'à l'heure actuelle font partie de ces perturbations aléatoires qui peuvent profondément affecter la distribution des espèces et la richesse spécifique des écosystèmes. Un tel effet du climat a par exemple été démontré en milieu tempéré et boréal, avec l'établissement de « zones refuges » dans des zones de basse latitude lors de la dernière grande glaciation du Pléistocène. La distribution actuelle de la plupart des espèces en Amérique du Nord et en Europe résulterait ainsi d'événements de recolonisation progressive des habitats depuis ces zones-refuges vers les latitudes plus élevées (Hewitt, 2000). S'il est clairement établi que les variations climatiques du Quaternaire ont affecté la composition spécifique des écosystèmes tropicaux, l'application de la théorie des refuges aux néotropiques est fortement débattue (Colinvaux *et al.*, 2000). Le développement récent d'outils de biologie moléculaire offre aujourd'hui l'opportunité, à travers des approches génétiques, de porter un regard nouveau sur cette question dans le contexte des néotropiques.

Tester la théorie des refuges dans les néotropiques est le premier objectif du projet Clips. Pour cela, nous reconstituerons à partir de méthodes génétiques l'histoire démographique de trois espèces communes des forêts humides du bouclier guyanais (*Astrocaryum sciophilum*, *Carapa procera* et *Carapa guianensis*) et testerons leur compatibilité avec l'hypothèse d'une fragmentation du couvert forestier au Quaternaire. Nous évaluerons au préalable au moyen de simulations, la performance de la méthode génétique la plus couramment utilisée aujourd'hui pour détecter et dater des événements démographiques passés (Storz et Beaumont, 2002), afin notamment d'évaluer la fiabilité des résultats obtenus sur les trois espèces étudiées.

Si l'histoire, à travers la démographie des populations, a certainement joué un rôle dans la structuration actuelle de la diversité, l'environnement, à travers la réponse des populations à l'effet de la sélection naturelle, a certainement aussi contribué à la distribution actuelle de la diversité génétique. Cerner le rôle relatif des processus sélectifs et des processus stochastiques sur la dynamique de la biodiversité représente la clef de voûte de l'élaboration d'une véritable théorie synthétique de la biodiversité. Le deuxième objectif du projet Clips est donc d'inférer les rôles respectifs de la démographie et de la sélection naturelle dans les processus de divergence et de spéciation en combinant des approches de génétique quantitative et de génétique moléculaire à travers l'étude du complexe d'espèces des *Carapa sp*, le *C. procera* et le *C. guianensis*. Ces deux espèces sœurs constituent un modèle intéressant à plusieurs niveaux. D'une part, elles présentent, au niveau continental, des aires de répartition qui sont très distinctes laissant présager des histoires évolutives différentes. Le *C. procera* est endémique du plateau des Guyanes. Son aire de répartition est donc très restreinte comparée au *C. guianensis* dont l'aire de distribution s'étend du bassin amazonien jusqu'à l'Amérique centrale. La Guyane représente néanmoins une zone de sympatrie pour ces espèces avec à l'ouest une dominante de *C. procera* et à l'est une dominante de *C. guianensis*. La zone de contact n'est pas encore bien connue et sa délimitation constitue une des tâches du projet Clips. Du point de vue écologique, les deux espèces semblent se différencier par leur capacité à coloniser des sols plus ou moins bien drainés. Cette dernière observation pourrait suggérer une spéciation écologique sous l'influence de la sélection naturelle mais sans isolement reproductif complet. En effet, un récent article basé sur des relevés morphologiques et génétiques indique que le phénomène d'hybridation entre *C. procera* et *C. guianensis* n'est pas rare dans la zone de sympatrie (Duminil *et al.*, 2006). Le deuxième objectif du projet Clips sera de comprendre comment des espèces qui peuvent s'hybrider, et par conséquent échanger des gènes, peuvent se maintenir dans l'environnement. Pour cela, nous estimerons la part relative des événements stochastiques (démographie) et déterministes (sélection) à l'origine de la différenciation génétique entre les deux espèces de Carapa.

Un vaste échantillonnage

L'échantillonnage des populations d'*Astrocaryum sciophilum* et des deux espèces de *Carapa* a été réalisé entre 2008 et 2009 à l'échelle de la Guyane. Les UMR Ecofog et Amap ont contribué à cette collecte, ainsi que des collègues travaillant en Guyane (Olivier Bruneau, César Delnatte, Jean-Jacques de Granville, Sophie Gonzalez, Maël Dewynter, Marguerite Delaval, Julissa Roncal, Olivier Tostain). Au total, 42 populations ont été échantillonnées pour *Astrocaryum sciophilum* (figure 1) et 43 pour le genre *Carapa*. Toutes ces populations ont été

Dessous de la feuille du palmier *Astrocaryum sciophilum*, station des Nouragues, Guyane. La présence de ce palmier de sous-bois à croissance très lente est un bon indice de l'ancienneté de la forêt qui l'entoure.

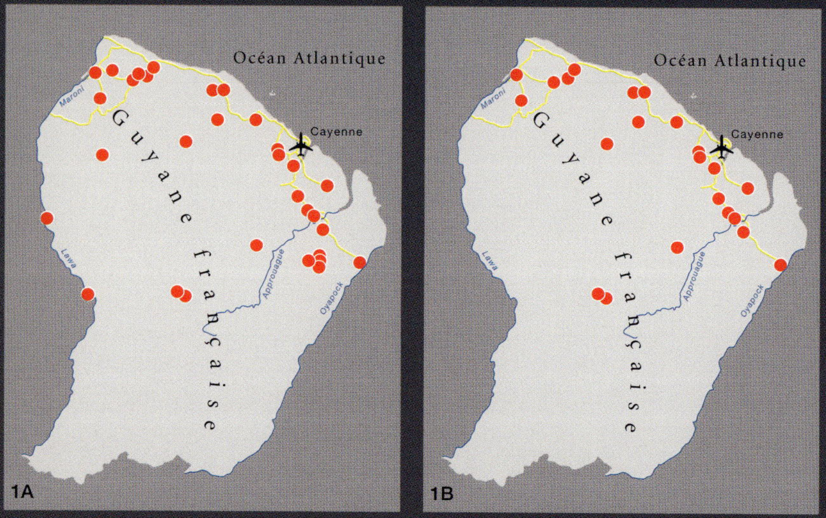

Localisation des populations d'*Astrocaryum sciophilum* échantillonnées en Guyane française pour la phylogéographie (carte 1A) et les analyses de génétique des populations (carte 1B).
Illustrations 1A et 1B d'après Hélène Fréville

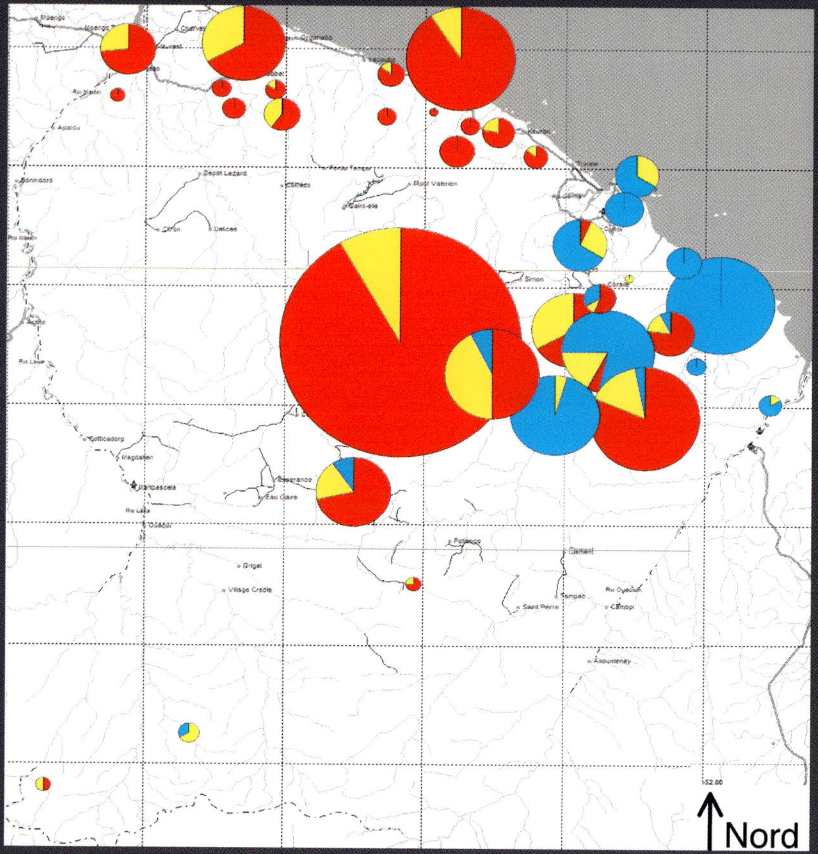

Distribution géographique des deux espèces de Carapa pour les 464 individus échantillonnés sur les différents sites. Les surfaces rouges correspondent aux individus *C. procera*, les surfaces bleues aux *C. guianensis* et les jaunes aux hybrides. Le diamètre des cercles est proportionnel au nombre d'individus.
Illustration : L. Allard *et al.*

échantillonnées à raison de 5 individus par population pour réaliser une phylogéographie. De plus, vingt-et-une des populations d'*Astrocaryum sciophilum* et dix-sept des populations de *Carapa sp.* ont aussi été échantillonnées pour des études de génétique des populations, à raison d'un minimum de trente individus par population.

Mise au point des outils moléculaires

Le projet Clips a permis la mise au point de marqueurs génétiques (15 microsatellites nucléaires et 5 régions chloroplastiques) chez *A. sciophilum*. Les 5 régions chloroplastiques représentent un total de 4 400 paires de bases. Chez *Carapa* ssp., nous disposons de sept locus microsatellites nucléaires polymorphes précédemment mis au point (Duminil *et al.*, 2006) et de deux régions du génome chloroplastique totalisant environ 1 100 paires de bases. Les marqueurs microsatellites nucléaires et les régions chloroplastiques différant par leur taux de mutation et leur mode de transmission, leur utilisation conjointe permet ainsi de reconstruire l'histoire des populations sur différentes échelles de temps en distinguant le rôle relatif de la dispersion des graines et du pollen dans les patrons de structuration génétique observés aujourd'hui.

Mise en place d'un dispositif en forêt pour l'étude de la sélection naturelle

Afin d'estimer la contribution des facteurs génétiques et environnementaux à l'origine des différences morphologiques et écologiques entre les deux espèces de *Carapa*, un dispositif de transplantations réciproques a été mis en place en 2009 (travail réalisé par Maxime Casalis, thèse en cours). La composante régionale, qui se caractérise par un gradient de pluviométrie croissant de l'est vers l'ouest, a été prise en compte en échantillonnant dix familles à l'est de la Guyane et dix familles à l'ouest à raison de 36 graines par arbre mère (soit 10x36x2=720 graines au total). La composante édaphique a aussi été prise en compte dans le dispositif en prenant garde de collecter la moitié des familles (cinq à l'est et cinq à l'ouest) dans des bas fonds et l'autre moitié en *terra firme*. Le dispositif de plantation est composé de douze jardins constitués chacun de soixante individus : trois représentants de chacune des vingt familles. Les douze jardins se répartissent pour moitié à l'est sur le site de Petite montagne tortue et à l'ouest sur le site de Laussat. Par ailleurs, dans chaque site, les six jardins se répartissent pour moitié dans les bas fonds et pour moitié en terre ferme. Des traits de croissance et d'écophysiologie seront mesurés en 2010 et 2011 puis analysés statistiquement pour estimer les composantes génétique et environnementale (région et topographie) à l'origine de la diversité de ces traits phénotypiques.

Principaux résultats

Limites des méthodes d'analyses génétiques existantes

Dans la perspective de retracer l'histoire démographique d'*Astrocaryum sciophilum*, *Carapa guianensis* et *Carapa procera*, nous avons testé les limites de la méthode MsVar (Storz et Beaumont, 2002), qui est la méthode d'analyse de données génétiques de type microsatellites la plus couramment utilisée pour détecter et dater des événements démographiques passés de contraction ou d'expansion de populations (travail réalisé par Christophe Girod, thèse en cours). Nous avons à ce titre simulé plusieurs jeux de données génétiques sous différents scénarios démographiques (contractions et expansions de faible, moyenne ou forte sévérité) et avons ensuite analysé ces jeux de données simulés avec MsVar. Notre analyse a ainsi permis de déterminer la capacité de MsVar (i) à détecter des événements démographiques en fonction de leur sévérité et de leur ancienneté, (ii) à bien estimer les quatre paramètres démographiques du modèle sous-jacent, à savoir la taille de population actuelle N0, la taille de population N1 avant le début du déclin ou de l'expansion de la population, le moment Ta du début du déclin ou de l'expansion, et le taux de mutation μ des locus microsatellites utilisés. Concernant la puissance de détection de MsVar, nos résultats montrent que cette méthode présente une bonne capacité de détection à la fois des contractions et des expansions. En effet, respectivement 70 % des contractions et 75 % des expansions simulées ont été bien détectées. D'autre part, nos analyses montrent que les événements récents sont mal détectés, aussi bien en contraction qu'en expansion. Enfin, les événements sont d'autant mieux détectés qu'ils sont sévères. Concernant l'estimation des paramètres démographiques, nos résultats indiquent que les paramètres du modèle, N0, N1, Ta et μ sont de manière générale très mal estimés à la fois pour des populations en contraction et pour des populations en expansion.

Forte structure génétique à l'échelle régionale chez *A. sciophilum*

Les résultats préliminaires obtenus à partir du séquençage de 166 individus sur cinq régions chloroplastiques révèlent la présence de 18 lignées génétiques (haplotypes) différentes. La répartition de ces lignées génétiques ne semble pas aléatoire mais plutôt structurée géographiquement. On peut en effet distinguer trois groupes d'haplotypes proches génétiquement qui sont également regroupées géographiquement : 1. un groupe d'haplotypes côtiers, 2. un groupe d'haplotypes répartis dans la moitié sud de la Guyane, 3. un groupe d'haplotypes restreint à quelques localités du centre de la Guyane et intermédiaire en terme de distance génétique entre les deux premiers groupes d'haplotypes. Nos données génétiques semblent également montrer que la distribution géographique d'*A. sciophilum* s'est fragmentée puis étendue par le biais d'événements de colonisation. Ces analyses préliminaires descriptives seront ensuite accompagnées d'analyses permettant de tester dans quelles mesures nos données génétiques aussi bien chloroplastiques que nucléaires sont compatibles avec différents scénarios démographiques de populations d'*Astrocaryum sciophilum* sous l'hypothèse de différentes évolutions du couvert forestier.

Délimitation de la zone d'hybridation entre *C. procera* et *C. guianensis*

En réponse à la difficulté d'identifier l'appartenance botanique des espèces de *Carapa* sur la seule base de critères morphologiques, nous avons adopté la stratégie proposée par Duminil *et al.* (2006) qui permet d'associer statistiquement chaque individu à l'une des deux espèces sur la seule base de leur génotype (combinaison d'allèles) à six loci microsatellites. Parmi les individus échantillonnés, 127 individus (27 %) sont assignés à *C. guianensis* avec un seuil de confiance supérieur à 85 % et 255 individus (55 %) à l'espèce *C. procera*. Les 82 individus restants (18 %) dont le génome est composé d'un mélange d'allèles des deux espèces ne peuvent pas être assignés à l'une des deux espèces.

Les échantillonnages réalisés dans le cadre du projet Clips permettent d'affiner la délimitation de l'aire de répartition des deux espèces en Guyane et de leur zone de contact qui se situe dans un triangle Cacao-Approuague-Saül (figure 2). Les individus hybrides sont présents sur 25 sites répartis sur toute la zone d'échantillonnage. Ces résultats semblent indiquer une véritable capacité de ces hybrides à se maintenir et à coloniser l'environnement. Les analyses en cours des individus provenant de l'ouest de la Guyane (le long du Maroni) et du sud est de la Guyane (le long de l'Oyapock) permettront en 2010 de fournir une cartographie complète de la distribution de la diversité génétique dans le genre Carapa en Guyane.

Des histoires démographiques différentes pour les deux espèces de Carapa

Afin de comparer l'histoire démographique des deux espèces de *Carapa*, nous avons réalisé des tests qui comparent la diversité génétique observée avec celle attendue sous l'hypothèse de populations à l'équilibre mutation-dérive (Cornuet & Luikart, 1996). Ces tests révèlent un fort écart à l'équilibre démographique qui traduit plutôt un signal d'expansion démographique des populations. Si ce résultat est validé par le biais d'analyses complémentaires spécifiquement développées pour ce scénario démographique (voir volet 1 du projet Clips), il démontrerait que, par le passé, le *C. procera* a subi une augmentation de la taille de sa population alors qu'une telle expansion n'a pas été démontrée chez *C. guianensis*. Ces nouvelles informations seront de grande importance pour comprendre comment les deux espèces de *Carapa* se maintiennent dans l'environnement. De plus, en conjuguant ces résultats avec ceux à venir sur *A. sciophilum* à partir des données nucléaires et chloroplastiques, nous pourrons mieux cerner en quoi les événements climatiques passés expliquent la distribution actuelle des espèces inféodées à la forêt humide.

Applications

Au-delà des avancées scientifiques réalisées dans le cadre de ce projet, on peut attendre du projet Clips des retombées pratiques importantes. Les outils moléculaires mis au point voient une application pratique dans la traçabilité du vivant. Concernant *A. sciophilum*, la structuration régionale de la diversité génétique permet d'associer des lignées génétiques à des régions de Guyane. De plus, des zones de forte diversité ont pu être identifiées. Ces résultats pourront donc guider des prises de décisions pour des programmes de conservation du vivant. Chez les *Carapa*, les outils moléculaires mis au point pour différencier les deux espèces constituent une aide sans précédent pour l'inventaire de la biodiversité.

Publications et communications associées au projet

PUBLICATIONS

Girod C., Tollon-Cordet C., Pfunder M., Sarrazin E., Samadi S., Boisselier-Dubayle M.C., Lambourdière J., Riéra B., Leblois R., Sarthou C., Charles-Dominique P. et Fréville H., « Characterization of 11 Microsatellites in the Palm *Astrocaryum Sciophilum (Arecaceae)* », *Molecular Ecology Resources*, à paraître.

COMMUNICATIONS

- Girod C., Riéra B. et Fréville H., « *Astrocaryum Sciophilum*, a Model for Studying the Existence of Quaternary Refuges from a Molecular Perspective », Colloque de l'Association for Tropical Biology and Conservation, Paramaribo, Suriname, 9-13 Juin, 2008.
- Scotti-Saintagne C., Scotti I., Caron H. et Petit R., « Evolutionary History and Developing Regional Markers for *Carapa*, *Jacaranda* and *Simarouba Genera* », 4th SEEDSOURCE Meeting, Oxford, Royaume-Uni, 8-11 Juillet, 2008.
- Girod C., Riéra B. et Fréville H., « *Astrocaryum sciophilum*, a Model for Studying the Existence of Quaternary Refuges from a Molecular Perspective? », 9th Conference of the European Network of Palm Scientists, Kew, Royaume-Uni, 25-26 Avril, 2009.
- Casalis M., Caron H., Guichoux E., Allard L., Tempestini A., Audigeos D., Scotti I. et Scotti-Saintagne C., « Impact of Demography and Selection on the Genetic Differentiation of Closely Related Tropical Tree Species », International Conference on Knowledge-Based Management of Tropical Rainforests, Cayenne, Guyane française, 22-27 Novembre, 2009.
- Allard L., Caron H., Guichoux E., Duret C., Casalis M., Scotti I., Scotti-Saintagne C, « Effect of History on the Genetic Diversity Organisation in the Carapa Species Complex in French Guiana », International Conference on Knowledge-Based Management of Tropical Rainforests, Cayenne, Guyane française, 22-27 Novembre, 2009.

RÉFÉRENCES

- Colinvaux P.A., Oliveira P.E. de, et Bush M.B., « Amazonian and Neotropical Plant Communities on Glacial Time-Scales: the Failure of the Aridity and Refuge Hypotheses », *Quaternary Science Reviews*, n° 19, 2000, p. 141-169.
- Cornuet J.M. et Luikart G., « Description and Power Analysis of Two Tests for Detecting Recent Population Bottlenecks from Allele Frequency Data », *Genetics*, n° 144,1996, p. 2001-2014.
- Duminil J., Caron H., Scotti I. *et al.*, « Blind Population Genetics Survey of Tropical Rainforest Trees », *Molecular Ecology*, n° 15, 2006, p. 3505-3513.
- Hewitt G.M., « The Genetic Legacy of the Quaternary Ice Ages », *Nature*, n° 405, 2000, p. 907-913.
- Storz J.F. et Beaumont M.A., « Testing for Genetic Evidence of Population Expansion and Contraction: an Empirical Analysis of Microsatellite DNA Variation Using a Hierarchical Bayesian Model », *Evolution*, n° 56, 2002, p. 154-166.

Approche stœchiométrique de la biodiversité et des cycles biogéochimiques en forêt amazonienne

AUTEUR : Stephan Hättenschwiler[a], directeur de recherche, CNRS
a. Centre d'Écologie fonctionnelle et évolutive, UMR Cefe, université Montpellier-2, CNRS n°5175, Montpellier

Les interactions trophiques et les cycles biogéochimiques sont, dans une large mesure, contrôlés par les quantités relatives de carbone (C), azote (N) et phosphore (P), qui constituent les éléments de base des molécules biologiques (Sterner et Elser, 2002). Alors que la stœchiométrie (1) C:N:P semble très contrainte chez le plancton marin (Sterner et Elser, 2002), des études récentes en forêt amazonienne ont révélé des ratios C:N étonnamment variables dans les feuilles des arbres (Townsend *et al.*, 2007, Hättenschwiler *et al.*, 2008), et des variations plus larges encore des ratios C : N : P des litières (Fig. 1, Hättenschwiler *et al.*, 2008) pour des essences qui cohabitent. De telles variations de la stoechiométrie C:N:P des litières végétales ont des conséquences importantes pour les niveaux supérieurs du réseau trophique basé sur les détritus du sol. Par ailleurs, les microorganismes du sol, qui sont les décomposeurs majeurs responsables du recyclage du carbone et des nutriments au cours de la décomposition de la matière organique (Cadish et Giller, 1997) exercent des effets retour *(feed-back)* sur la croissance des plantes et la structure des communautés végétales (Wardle 2002 ; Bargett 2005). De telles interactions complexes entre plantes et décomposeurs pourraient être particulièrement importantes en forêt tropicale sur des sols très lessivés et appauvris en nutriments, où la litière végétale représente la principale source de nutriments (Vitousek, 1984).

Il est couramment admis que le phosphore est le principal nutriment limitant pour la croissance des plantes en forêt tropicale, du fait de sa très faible présence dans les sols correspondants (Vitousek 1984). Les communautés de décomposeurs dans ces milieux sont probablement aussi limitées par le phosphore (Hobbie et Vitousek, 2000), mais l'importance de cette limitation nutritionnelle, l'importance relative des différentes ressources, ainsi que le fait que les limitations diffèrent selon les plantes et les organismes du sol, ont été des questions peu étudiées en forêt tropicale. En particulier, le rôle de la disponibilité en carbone (source d'énergie pour la plupart des organismes hétérotrophes du sol) a été largement négligé, bien que les communautés microbiennes répondent fortement, en termes d'activité, à l'identité des substrats carbonés (Orwin *et al.*, 2006). Mais l'analyse de l'activité et de la structure des communautés microbiennes suggère que la minéralisation des nutriments et leur disponibilité est co-déterminée par la composition spécifique en carbone des litières végétales.

Dans le cadre du projet financé par le programme Amazonie du CNRS, nous manipulons la disponibilité des ressources clés carbone (C), azote (N) et phosphore (P) en forêt tropicale (Guyane française). Notre objectif est de comprendre le rôle de la diversité chimique des litières végétales dans les contraintes stœchiométriques pour les organismes du sol, et comment cette diversité influence les cycles biogéochimiques et la disponibilité en nutriments pour les plantes.

Description du projet

Une hypothèse clef de notre projet est que la diversité stœchiométrique des litières végétales (voir figure 1) favorise la diversité des décomposeurs adaptés à diverses contraintes stœchiométriques, qui résulte en une décomposition plus rapide des mélanges de litières (comparé aux litières mono spécifiques) et, par conséquent, améliore la disponibilité en nutriments pour les plantes. L'approche centrale du test de cette hypothèse repose sur une expérience *in situ* de fertilisation factorielle complète. Afin de manipuler la stoechiométrie C:N:P, l'expérience de fertilisation inclut des traitements d'ajout de C, N, P, ainsi que de toutes les combinaisons possibles.

Nous évaluons les effets de ces traitements au niveau des communautés microbiennes et animales du sol, et au niveau des plantes en utilisant des semis de quelques essences ciblées présentant une large gamme de stœchiométrie foliaire. Un tel effort concerté à travers différents niveaux trophiques est assez unique et n'est possible que grâce à une approche interdisciplinaire et collaborative, à laquelle prennent part un ensemble de participants : Heidy Schimann (UMR Ecofog, Kourou), Marc Buée (UMR IAM, Centre Inra, Nancy) : activités microbiennes (activités enzymatiques) et structure des communautés (techniques moléculaires) ; Nathalie Fromin (Cefe, Montpellier) : activités microbiennes (respiration potentielle) et structure des communautés (PLFA) ; Johanne Nahmani (UMR Liebe, Metz) : abondance et diversité de la macrofaune du sol ; Claire Fortunel (UMR Ecofog, Kourou) et Christopher Baraloto (UMR Ecofog, Kourou) : croissance des plantes ; Daniel Epron (université Henri-Poincaré, Nancy): respiration du sol ; Stephan Hättenschwiler (Cefe, Montpellier) : décomposition et dynamique des nutriments ; Tanguy Daufresne (CEFS, Centre Inra Toulouse) : modélisation stœchiométrique. L'expérimentation *in situ* est complétée par une série d'expérimentations en laboratoire qui visent à tester certaines hypothèses spécifiques d'écologie microbienne.

Résultats préliminaires

Le projet a débuté au printemps 2008 pour une durée initiale de quatre ans. Nous avons établi les parcelles expérimentales (un total de 45 placettes groupées en 5 blocs et 9 traitements de fertilisation pour chacun), et, lors d'une grande campagne de terrain, toutes les parcelles expérimentales ont été échantillonnées afin de caractériser le sol, les paramètres microbiens : (i) les activités enzymatiques ; (ii) la respiration potentielle des microorganismes comme indicateur de l'activité microbienne et (iii) la structure des communautés microbiennes du sol et de la litière, l'abondance et l'activité de la macrofaune du sol et de la litière, ainsi que la qualité de la litière. Ces mesures permettent de caractériser les placettes et la variabilité spatiale de certains paramètres clefs avant l'amendement des fertilisants. En partie, ces données sont analysées par Nicolas Fanin dans le cadre de son Master 2 réalisé à l'université de Montpellier-2. En parallèle de l'expérience sur le terrain, Sandra Barantal, étudiante en thèse à l'université de Montpellier-2 (thèse réalisée au sein de l'UMR Ecofog, Kourou et du Cefe, Montpellier), a mis en place une expérience d'ajout de ressources carbone, azote et phosphore à des litières d'un rapport C:N:P très varié en conditions contrôlées. Des mesures de respiration microbienne montrent des effets de traitement très clairs avec par exemple une simulation relative de l'activité microbienne croissante avec une augmentation du rapport N sur P de la litière, si on ajoute ces deux éléments. Cet effet indique que les microorganismes décomposeurs sont effectivement limités par le rapport N sur P de la litière, et donc la décomposition se poursuit plus rapidement quand cette limitation est levée.

Perspectives

Dans le cadre théorique de la stœchiométrie écologique (Sterner and Elser, 2002), nous nous intéressons particulièrement aux effets retour entre les plantes et les communautés microbiennes et de la faune du sol, et à quel niveau ces effets déterminent le fonctionnement d'un écosystème forestier tropical très diversifié. L'identification des mécanismes sous-jacents des effets retour entre les plantes et les communautés du sol est très prometteuse et les recherches sur cette thématique se développent rapidement (*e. g.* Wardle *et al.*, 2004). Des approches expérimentales comme la manipulation de disponibilité des ressources clefs, sont des outils puissants pour mieux identifier ces mécanismes et pour mieux comprendre le fonctionnement de l'écosystème et le rôle de la biodiversité. Il est particulièrement important de disposer d'expérimentations sur le long terme, et à des échelles spatiales larges, mais elles sont encore quasiment inexistantes en forêt tropicale. Nous sommes convaincus, qu'au-delà de ce que l'on peut faire dans le cadre du programme Amazonie, le lancement d'initiatives de ce type, sur des échelles spatiales et de temps beaucoup plus longues peuvent permettre de mieux comprendre de nombreuses caractéristiques, très différentes, sur le fonctionnement des forêts tropicales. Tout particulièrement, on devrait pouvoir répondre à une question fondamentale : celle de savoir si le phosphore limite la production primaire des forêts amazoniennes, et quelles en sont les conséquences sur la biodiversité et son rôle à travers différents niveaux trophiques. Un effort international sur la mise en place de sites d'étude répliqués, couvrant les principaux types de sols en Amazonie, serait dans ce contexte fortement souhaitable et s'inscrirait pour nous dans une prolongation de ce que nous faisons dans le cadre de ce projet du programme Amazonie-2.

SÉLECTION DE PUBLICATIONS ET COMMUNICATIONS ASSOCIÉES AU PROJET

- Hättenschwiler S., Bracht Jorgensen H, « Carbon Quality Rather Than Stoichiometry Controls Litter Decomposition in a Tropical Rain Forest », *Journal of Ecology*, n° 98, 2010, p. 754-763.
- Hättenschwiler S., Coq S., Barantal S., Handa I.T., « Leaf Traits and Decomposition in an Amazonian Rainforest: Challenging Some Commonly Held Views », *New Phytologist*, à paraître.
- Fanin N., Barantal S., Hättenschwiler S., Schimann H., Fromin N., « Linking Spatial Variability in Soil Microbial Respiration to Leaf Litter Quality in a Tropical Rainforest », *Soil Biology and Biochemistry*, à paraître.
- Hättenschwiler S., « Litter Decomposition in an Amazonian Rainforest », 23rd New Phytologist Symposium, « Carbon Cycling in Tropical Ecosystems », Guangzhou, Chine, 2009.
- Communication: Barantal S., Fromin N., Schimann H., Hättenschwiler S., 2010, Does Substrate Stoichiometry Control Decomposition of Tropical Tree Leaf Litter? 95th Annual Conference of the Ecological Society of America (Esa), Pittsburgh, USA.

SÉLECTION DES 5 RÉFÉRENCES LES PLUS SIGNIFICATIVES

- Hättenschwiler S., Aeschlimann B., Coûteaux M.M., Roy J., Bonal D., « High Variation in Foliage and Leaf Litter Chemistry Among 45 Tree Species of a Neotropical Rainforest Community », *New Phytologist*, n° 179, 2008, p. 165-175.
- Hobbie S.E., Vitousek P.M. (2000) « Nutrient Limitation of Decomposition in Hawaiian Forests », *Ecology*, n° 81, 2000, p. 1867-1877.
- Sterner R.W., Elser J.J., *Ecological stoichiometry: the biology of elements from molecules to the biosphere*, Princeton, Princeton University Press, 2002.
- Townsend A.R., Cleveland C.C., Asner G.P., Bustamante M.C., « Controls Over Foliar N:P Ratios in Tropical Rain Forests », *Ecology*, n° 88, 2007, p. 107-118.
- Vitousek P.M., « Litterfall, Nutrient Cycling, and Nutrient Limitation in Tropical Forests », *Ecology*, n° 65, 1984, p. 285-298.
- Wardle D.A., *Linking the Aboveground and Belowground Components*, Princeton, Princeton University Press, 2002.

1. Stœchiométrie vient du grec et signifie « élément » *(stoicheion)* et « mesure » *(metrein)*. C'est un terme avant tout utilisé en chimie pour le calcul des relations quantitatives entre réactifs et produits au cours d'une réaction chimique. En écologie, le terme est récemment adopté pour décrire la conservation des éléments chimiques dans les interactions écologiques, souvent trophiques.

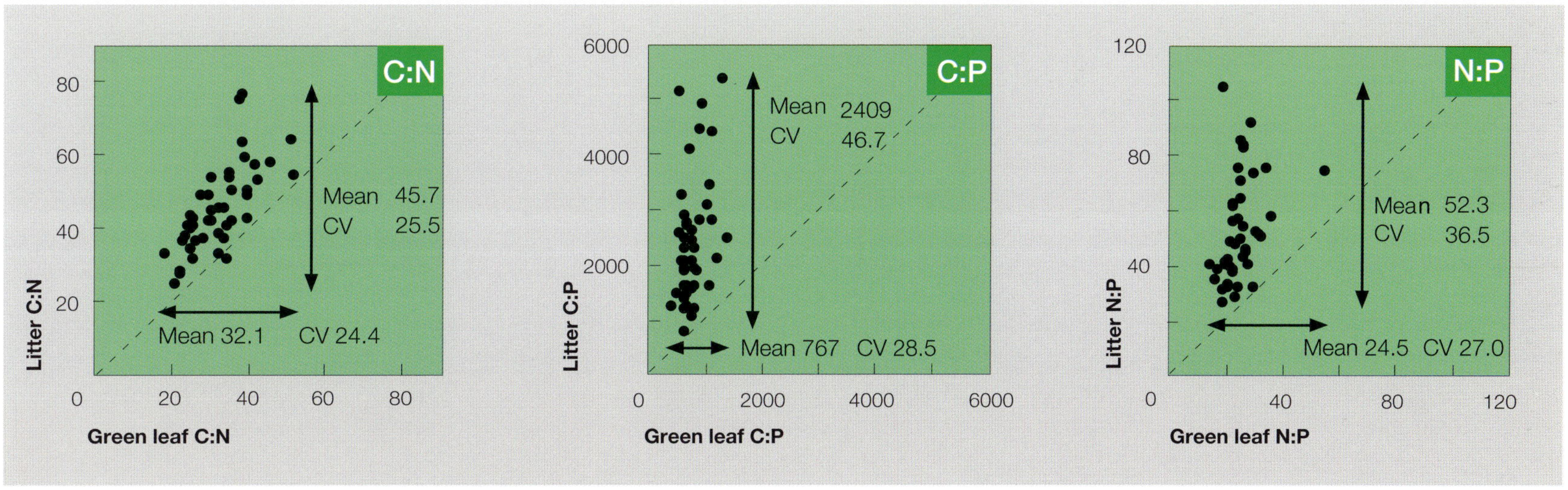

Stœchiométrie foliaire des litières de 45 essences de forêt pluviale en Guyane française en fonction de la stœchiométrie des feuilles vertes des mêmes arbres. La ligne en pointillés indique le rapport 1:1 pour lequel le ratio des éléments est identique entre litière et feuilles vertes. La double flèche indique la gamme de ratios d'éléments avec la valeur moyenne et le coefficient de variation (CV). Le rapport entre les éléments clés est très variable, tant pour les feuilles vertes que pour les litières, au sein d'une quarantaine d'espèces d'arbres de la même communauté. Cette variabilité, déjà forte au sein des feuilles vertes, augmente considérablement pour les litières, surtout pour le ratio C/P et N/P.

Illustration d'après Hättenschwiler *et al.* (2008), reproduite avec l'aimable autorisation de *New Phytologist*

Biodiversité des insectes de Guyane – projet BIG

Protection de la plante hôte chez cinq espèces de fourmis du genre Azteca : prédation, agressivité et défense induite

AUTEUR : Alain Dejean[a], professeur, université de Toulouse-3
a. UMR Écologie des forêts de Guyane, UMR Ecofog, université Antilles-Guyane, CNRS n°8172, Kourou

Autres participants : J. Grangier[c], C. Leroy[b], J. Orivel[b], M. Giberneau[b], B. Corbara[d], M. Leponce[e]
b. UMR Ecofog, Kourou ; c. UMR EDB, Toulouse ; d. université Blaise-Pascal, Clermont-Ferrand ; e. IRSNB, Bruxelles

Beaucoup de plantes bénéficient d'une défense biotique grâce à l'action des fourmis. Il s'agit d'une défense constitutive indirecte, consistant à attirer des fourmis grâce à des récompenses alimentaires : nectar extrafloral (NEF) et corps nourriciers (CNs), ou en hébergeant les colonies de certaines espèces de fourmis arboricoles. Exception faite des espèces généralistes dont les colonies sont réduites, deux groupes de fourmis arboricoles très efficaces dans la défense des plantes doivent être distingués. Les espèces dominantes territoriales (fourmis tisserandes et fourmis cartonnières) ont des colonies très populeuses avec de grands nids souvent multiples (polycalie). Elles défendent leurs territoires contre les colonies des autres dominantes territoriales. Leurs ouvrières sont de bonnes prédatrices chassant en groupe. Les fourmis des myrmécophytes *(plant-ants)* sont associées obligatoirement avec certains myrmécophytes qui leur fournissent le gîte sous forme de tiges ou d'épines creuses, ou de poches foliaires, parfois aussi le couvert (NEF, CNs). En retour, ces fourmis protègent leur plante hôte contre un large spectre d'herbivores, des plantes compétitrices, des pathogènes et/ou les approvisionnent en nutriments.

Il y a un *continuum* dans la manière de protéger la plante hôte contre les défoliateurs allant de la prédation qui peut être extrêmement efficace à une agressivité exacerbée associée à l'absence de comportement prédateur quand le myrmécophyte approvisionne les fourmis avec des corps nourriciers riches en protéines (cas de certains Acacia). Une étape intermédiaire se rencontre quand les fourmis ne ramènent pour s'en nourrir qu'une partie des insectes défoliateurs tués.

Une défense est induite quand une partie de la plante attaquée par un herbivore déclenche un mécanisme de résistance. La défense induite est indirecte quand les dommages infligés à la plante déclenchent l'émission de produits qui attirent les ennemis naturels des herbivores (insectes et acariens). Ces produits peuvent être émis immédiatement (isomères de l'hexénol, l'hexénal, l'hexényl acétate) ou dans les 24 heures (jasmonates, monoterpènes, sesquiterpènes). Les défenses induites à effet immédiat où des fourmis sont impliquées sont connues uniquement chez les myrmécophytes. Elles sont montrées en infligeant une blessure aux plantes à tester, les fourmis hôtes reconnaissent l'odeur émise et recrutent des congénères sur la blessure.

Nous avons comparé cinq espèces de Dolichoderinae du genre neotropical *Azteca* dont tous les représentants sont arboricoles, une espèce étant dominante territoriale, les quatre autres inféodées à des myrmécophytes. Nous désirions déterminer la part respective de la prédation et de l'agressivité dans la protection de la plante hôte contre les insectes défoliateurs. Parallèlement, nous voulions vérifier si une défense induite se retrouve pour les fourmis de myrmécophytes non encore testées et même chez une espèce arboricole dominante territoriale.

Ces travaux ont eu lieu en Guyane dans la zone située autour du barrage de Petit-Saut. Pour les tests sur la prédation nous avons utilisé des ouvriers de termite. Pour les tests de défense induite nous infligeons une entaille triangulaire aux feuilles à tester. Pour vérifier l'existence d'un recrutement, après découverte de la blessure par une ouvrière nous comparons le nombre d'ouvrières présentes sur cette feuille avec celui d'ouvrières présentes sur une feuille témoin. Chaque expérience élémentaire dure 15 minutes avec un enregistrement toutes les 30 secondes (30 cas et 15 colonies pour chaque espèce).

Concernant l'espèce dominante territoriale, *Azteca chartifex*, nous avons répertorié les essences sur lesquelles elle pouvait installer ses nids principaux et comparé le résultat à la distribution des plantes situées 20 m avant et après, cela servant de référence. Le *Goupia glabra* héberge les nids de cette fourmi significativement plus souvent que s'il s'agissait d'un choix aléatoire. Il existe donc une forme de préférence vers certaines essences, comme montré chez les espèces dominantes territoriales africaines.

Attaque en groupe

Les ouvrières d'*A. bequaerti* réagissent aux vibrations transmises par le limbe de leur plante hôte, *Tococa guianensis (Melastomataceae)*, lorsque la proie tombe sur la feuille. Elles vont directement attaquer en groupe, écartelant la proie. Par contre, les ouvrières d'*Azteca chartifex* ainsi que celles d'*A. alfari* et *A. ovaticeps*, deux espèces associées à *Cecropia obtusa (Cecropiaceae)* qui les loge dans des tiges creuses chassent en se déplaçant sur leur plante hôte. La détection des proies se fait par contact; elle est suivie par la saisie d'un appendice. Ces ouvrières découvreuses attirent leurs congénères à distance en émettant une phéromone d'alarme. Ces dernières, dès leur arrivée, saisissent à leur tour un appendice et tirent en arrière de sorte que la proie se trouve écartelée. Dans tous les cas la proie est tuée sans que les ouvrières utilisent leur sécrétion vulnérante (ce n'est pas un venin, car c'est sécrété par la glande pygidiale chez les *Dolichoderinae* et non pas par la glande à venin comme chez les autres sous-familles). Exceptionnellement un recrutement à longue distance est observé quand une ouvrière retourne au nid en déposant une piste chimique que des congénères vont suivre pour arriver à la proie. Alors que tous les termites tués ont été ramenés au nid pour y être mangés par les larves chez *Azteca chartifex* et *A. bequaerti*, un tiers est rejeté et passé « par-dessus bord » chez *A. alfari* et *A. ovaticeps*. Dans cette situation, un même comportement de départ conduit à une différence dans la destination des insectes tués, montrant ici une protection de la plante hôte à la fois par un comportement prédateur et par une forme d'agressivité.

Des proies de 13 000 fois le poids d'une ouvrière

Placées côte à côte en marge des feuilles, les ouvrières d'*Azteca andreae* chassent à l'affût (photo 2). Quand un insecte se pose sur une feuille, les individus les plus proches se précipitent dessus et l'écartèlent. En arrivant sur une feuille, une grosse proie déclenche une forte vibration suivie de l'attaque simultanée de centaines d'ouvrières émettant leur phéromone d'alarme. Ainsi un flux d'ouvrières accourt de toutes parts, de sorte que la plus grosse proie notée, un criquet de 8,5 cm de longueur, pesait 12,96 gr, soit plus de 13 000 fois le poids d'une ouvrière.

LÉGENDES DES PHOTOS **01** : fourmis *Azteca alfari* sur *Cecropia obtusa*, le « bois canon ». La plante fournit « le gîte et le couvert » aux fourmis : le gîte dans ses tiges creuses, et le couvert dans les corps nourriciers (corps de Müller) que l'on distingue sur la photo sous forme de petites sphères blanches riches en glycogène, une ressource énergétique. En échange, les fourmis débarrassent la plante de ses hôtes indésirables – en premier lieu les insectes herbivores – par une forme d'agressivité liée à la territorialité et exercée lors de « patrouilles » constantes sur la surface de la plante. La chasse, qui permet d'acquérir une ration protéique, remplit chez cette espèce ce rôle de manière accessoire. Ce mutualisme de territorialité est assez classique. Toutefois, les chercheurs ont découvert, à partir de recherches réalisées en Guyane, que les mutualismes plantes - insectes pouvaient être beaucoup plus complexes, fondés cette fois sur la quête de nourriture, où les fourmis déploient des stratégies de chasse très élaborées permettant la protection de la plante. **02** : ouvrières à l'affût. **03** : ouvrières en chasse sous une jeune feuille. Une guêpe noire a été capturée et est écartelée au centre du lobe de la feuille. En Guyane, la symbiose entre les fourmis du genre *Azteca* et l'arbre Cecropia (ou bois canon) est fréquente. Elle a été récemment le support d'une étonnante découverte : une espèce de fourmi *(Azteca andreae)* utilise le principe du « Velcro® » pour s'agripper fermement aux feuilles du Cecropia et pouvoir ainsi capturer de très grosses proies.

Photos : Alain Dejean

La défense induite a bien été montrée chez *Azteca bequaerti*, *A. alfari* et *A. ovaticeps*, ajoutant de nouveaux cas à ceux déjà répertoriés de fourmis associées à des myrmécophytes. Il est intéressant de noter que ce fut également le cas pour *Azteca chartifex*, donc une espèce arboricole à dominante territoriale, en particulier vis-à-vis du *Goupia glabra*, l'espèce la plus fréquemment choisie pour nidifier. Par contre, chez *Azteca andreae* une défense induite n'est pas notée, mais le comportement prédateur très élaboré pallie cette lacune.

En conclusion, la protection des plantes hôtes par les ouvrières des différentes espèces d'*Azteca* comparées dépend beaucoup du comportement prédateur. On notera qu'*Azteca bequaerti* est extrêmement bien adaptée à sa plante hôte, les ouvrières utilisant les vibrations des feuilles pour détecter la présence des proies. Toutefois chez *A. alfari* et *A. ovaticeps* nous avons fait apparaître la présence d'une forme d'agressivité où les insectes tués sont rejetés. Chez *Azteca andreae,* chez qui le comportement prédateur est très élaboré, la défense induite est quasiment inexistante, mais inutile. Cela peut aussi être à rapporter au fait que cette espèce est souvent considérée comme étant un parasite du mutualisme entre *Cecropia obtusa* et *A. alfari* ou *A. ovaticeps.* Enfin, nous avons montré l'existence d'une défense induite chez une espèce arboricole non-inféodée à un myrmécophyte.

SÉLECTION DE PUBLICATIONS ASSOCIÉES AU PROGRAMME

- Dejean A., Corbara B., Orivel J., Leponce M., « Rainforest Canopy Ants: the Implications of Territoriality and Predatory Behavior », *Functional Ecosystems and Communities*, n° 1, 2007, p. 105-120.
- Dejean A., Grangier J., Leroy C. et Orivel J., « Host Plant Protection by Arboreal Ants: Looking for a Pattern in Locally Induced Responses », *Evolutionary Ecology Research*, n° 10, 2008, p. 1225-1240.
- Dejean A., Grangier J., Leroy C. et Orivel J., « Predation and Aggressiveness in Host Plant Protection: a Generalization Using Ants of the Genus Azteca », *Naturwissenschaften*, n° 96, 2009, p.57-63.
- Dejean A., Grangier J., Leroy C., Orivel J. et Gibernau M. « Nest Site Selection and Induced Response in a Dominant Arboreal Ant Species », *Naturwissenschaften*, n° 95, 2008, p.885-889.
- Dejean A., Leroy C., Corbara B., Roux O., Céréghino R., Orivel J. et Boulay R. « Arboreal Ants Use the "Velcro® Principle" to Capture Very Large Prey », *PloS ONE*, 5:6, 2010, e11331.

Chimie des substances naturelles en Amazonie guyanaise

AUTEURS: Didier Stien[a], chargé de recherche, CNRS, et Émeline Houël[a], ingénieur de recherche, CNRS
a. UMR Écologie des Forêts de Guyane, UMR Ecofog, université Antilles-Guyane, CNRS n°8172, Kourou

Depuis les temps les plus anciens, l'homme a toujours fait appel aux plantes, que ce soit pour se nourrir ou pour se soigner. Aujourd'hui, plus de 60 % des médicaments sont d'origine naturelle, et de plus en plus de directives telles que la directive européenne Reach impliquent l'évaluation et l'autorisation des substances chimiques, ce qui obligera sans doute à trouver d'autres alternatives, plus écologiques, à certaines molécules. La recherche de nouveaux principes actifs s'appuie sur différentes approches, telles que la chimiotaxonomie, le criblage systématique ou l'ethnopharmacologie, mais de nouvelles pistes peuvent également être développées. Avec plus de 250 000 espèces végétales recensées à travers le monde, et moins de 20 % de cette biodiversité étudiés d'un point de vue phytochimique, les possibilités de découvrir dans le monde végétal de nouvelles substances naturelles bioactives restent importantes.

La forêt occupe plus de 90 % du territoire de la Guyane française, soit près de 75 000 km^2. Elle s'avère assez clairement être écologiquement amazonienne et patrimonialement mondiale, mais devrait également être socioéconomiquement guyanaise, de par le cadre de vie, de développement qu'elle offre, ainsi que par sa potentialité en tant que fournisseur de ressources renouvelables. L'importance d'une gestion durable prenant en compte ces trois critères est donc capitale, et la mise en place en Guyane française d'une recherche de qualité internationale dans le domaine des molécules d'origine naturelle s'inscrit pleinement dans cette optique. L'Amazonie guyanaise représente un fabuleux réservoir de biomolécules potentiellement valorisables. Avec une diversité botanique importante (plus de 5 800 espèces végétales recensées) conduisant à une large chimiodiversité, de nombreux écosystèmes différents (forêt tropicale humide, mangroves, savanes, inselbergs…) accroissant encore les chances de découvrir de nouvelles structures chimiques, mais aussi des stations de terrain déjà bien installées (Nouragues, Paracou, Saint-Elie…), la Guyane possède tous les atouts pour devenir une région d'excellence dans le domaine de la valorisation des biomolécules. Cependant, il n'est pas opportun de comparer l'exploitation de la biodiversité à une exploitation de type minière, simplement parce que toute action de valorisation doit inéluctablement passer par l'augmentation de la connaissance dans le domaine correspondant. Cela implique nécessairement un investissement matériel important, ainsi que des études en recherche appliquée.

Mise en œuvre:

Création d'un laboratoire de chimie des substances naturelles à Cayenne

Un appel à projet du CNRS en 2002 s'est traduit par la venue en Guyane de scientifiques, en particulier dans le domaine de la chimie des substances naturelles, dans le but de créer une équipe pérenne dans cette thématique. L'équipe de chimie été intégrée au sein de l'UMR Ecofog en 2006 dans le cadre du Laboratoire matériaux et molécules en milieu amazonien (L3MA), tout juste créé par l'association des chercheurs du CNRS dans les domaines de la chimie et de la mécanique du bois et d'enseignants-chercheurs de l'université des Antilles et de la Guyane et de l'IUFM de la Guyane, physiciens au sens large (mécaniciens et physico-chimistes). L'équipe chimie travaille activement à l'élaboration de stratégies scientifiques pour la valorisation des ressources naturelles amazoniennes. Ce travail s'articule depuis ses débuts autour de trois grands axes fédérateurs:

- stabilité des matériaux;
- substances naturelles bioactives;
- bioinspiration.

Dès 2005, un appareil de chromatographie liquide haute performance (CLHP) équipé d'un détecteur à barrette de diodes a permis de débuter un projet sur l'étude d'un remède traditionnel guyanais contre le paludisme: la tisane de feuilles de *Quassia amara L.* Ce projet, mené en collaboration avec des chercheurs de l'IRD (UMR 152 IRD/université Paul-Sabatier, Toulouse-3) et du Muséum national d'histoire naturelle, et avec l'aide de l'institut Pasteur de la Guyane, a conduit à de nombreuses publications de 2006 à ce jour, grâce à l'isolement de deux molécules présentant un potentiel dans le cadre de la lutte contre cette parasitose: la Simalikalactone D et la Simalactone E. Ces travaux pourraient aboutir non seulement à la mise au point de nouveaux traitements conventionnels, mais aussi à la formulation de remèdes traditionnels standardisés accessibles aux plus défavorisés en zone d'endémie.
Par la suite, le laboratoire s'est équipé peu à peu grâce à différents financements afin d'atteindre un niveau équivalent à celui d'un laboratoire de métropole. Nous disposons actuellement en particulier d'une seconde chaîne CLHP dédiée à la chromatographie semi-préparative et équipée d'un détecteur UV à double longueur d'onde, d'un détecteur à diffusion de lumière pour l'analyse, d'un spectromètre à résonance magnétique nucléaire (RMN 400 MHz), d'une chromatographie en phase gazeuse couplée à un spectromètre de masse (GC/MSn). Ces équipements nous permettent de travailler sur une grande diversité de projets liés à la valorisation, aussi bien thérapeutique que technologique, des molécules issues de la biodiversité amazonienne.

Résultats et perspectives

AMAZONIE PHASE 1: CHIMIE DES SUBSTANCES NATURELLES ET DU MATÉRIAU BOIS – INFLUENCE DES EXTRACTIBLES SUR LA STABILITÉ DE DEUX BOIS D'AMAZONIE GUYANAISE: LA BAGASSE *(BAGASSA GUIANENSIS)* ET LE WAPA *(EPERUA FALCATA)*

Les trois constituants majoritaires des bois sont la cellulose, les hémicelluloses et la lignine qui ensemble assurent le maintien de l'arbre. D'autres composés sont produits, appelés substances naturelles, extractibles, ou métabolites secondaires. Lors de la duraminisation, le bois intérieur (bois de cœur) des tiges se retrouve imprégné par de nombreuses molécules pouvant être assez facilement extraites, d'où leur nom d'extractibles. Ils sont présents dans presque toutes les espèces d'arbres, parfois en quantités très importantes pour certaines essences. La nature, le rôle, la localisation de ces molécules restent mal connus. Il a néanmoins été montré au travers de quelques exemples de la littérature que les extrac-

Sous-bois. La chimie des substances naturelles s'intéresse à la grande biodiversité guyanaise.

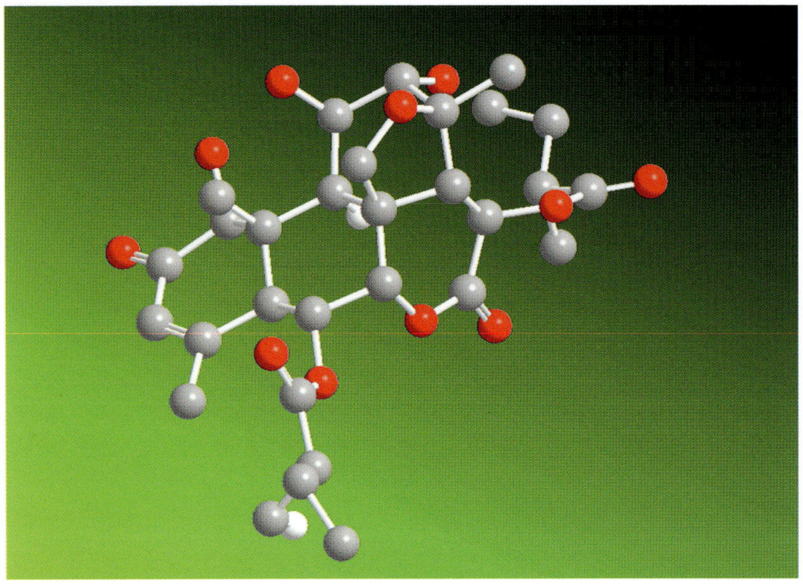

Structure 3D de la *Simalikalactone D*, une molécule active de la tisane de quassia.
Illustration : Émeline Houël, Didier Stien, Éric Deharo

Jeunes feuilles de *Quassia amara L. (Simaroubaceae)*, une plante utilisée en tisane comme remède traditionnel contre le paludisme.
Photo : Guillaume Bouchon

tibles peuvent être responsables de la résistance du bois aux attaques des organismes qui le dégradent : champignons, insectes, mollusques, bactéries, et qu'ils peuvent jouer un rôle sur sa stabilité dimensionnelle (retraits et gonflements en cas de variations d'humidité relative de l'air ambiant) ainsi que sur ses propriétés acoustiques (viscoélasticité). Le travail présenté ici, réalisé dans le cadre de la phase 1 du programme Amazonie, avait pour objectif de déterminer l'influence des extractibles sur trois propriétés du bois : la durabilité naturelle, la stabilité dimensionnelle et l'amortissement. Nous avons choisi d'étudier spécifiquement deux espèces emblématiques de la forêt guyanaise sélectionnées pour leurs propriétés de stabilité exceptionnelles : le wapa (*Eperua falcata* Aubl., Césalpiniacées) et la bagasse (*Bagassa guianensis* Aubl., Moracées).
Ce travail a fait l'objet d'une thèse de Mariana Royer (UMR Ecofog), soutenue le 08 décembre 2008 à Cayenne, et à laquelle ont participé Didier Stien (UMR Ecofog), Jacques Beauchêne (UMR Ecofog), Anne Thibaut (UMR Ecofog), Gaëtan Herbette (Spectropole, université d' Aix-Marseille, faculté de Saint-Jérôme), Bernard Thibaut (UMR Ecofog).

Influence des extractibles sur la durabilité naturelle
Dans le cas du wapa et de la bagasse, nous avons pu démontrer par des tests d'extractions successives que ce sont les extractibles solubles dans l'acétate d'éthyle qui exercent une influence importante sur la durabilité naturelle du bois, et que cette influence est la plus remarquable dans le duramen externe. Nous avons donc isolé et caractérisé les constituants principaux des extraits à l'acétate d'éthyle des duramens externes de la bagasse et du wapa. Nous avons pu dé-

montrer que les deux espèces, toutes deux capables de spécialiser un bois très durable, adoptent deux stratégies de défense différentes. Dans le cas du wapa, aucune molécule à activité antifongique marquée n'a été identifiée, mais les extractibles, présents en grand de quantité dans le bois (8 % de la masse du bois), sont des dérivés de la catéchine et présentent de fortes capacités antioxydantes. Ils pourraient donc avoir une action indirecte en perturbant le processus de dégradation du bois, sans pour autant être fongicides. La bagasse quant à elle semble se protéger par l'unique présence d'un composé fongicide, l'oxyresvératrol. Cependant, il est raisonnable de postuler que le caractère antioxydant de l'oxyresvératrol et des autres constituants de l'extrait à l'acétate d'éthyle de bagasse peut également renforcer cette protection naturelle.

Molécules d'intérêt physico-mécanique : influence des extractibles sur la stabilité dimensionnelle

La stabilité dimensionnelle se définit comme la capacité d'un bois à résister aux déformations dues à l'humidité. Ainsi la stabilité de cette propriété peut être évaluée par la pente de la droite de variation du retrait ou gonflement volumique du bois en fonction de son humidité. Cette pente est appelée coefficient de retrait, ou de gonflement. Les deux espèces étudiées spécialisent un bois possédant un retrait exceptionnellement bas. Nous avons isolé et caractérisé les composés présents dans les extraits méthanoliques – ceux influençant cette propriété – de wapa et de bagasse. Dans les deux cas une forte proportion relative de polyphénols glycosylés (engélétine et analogues pour le wapa, mulbéroside C et même un sucre, le glucitol, pour la bagasse) a été démontrée. À l'occasion de ce travail, nous avons même isolé et caractérisé trois composés nouveaux dans l'extrait de bagasse.

AMAZONIE PHASE 2 : UNE APPROCHE BIOINSPIRÉE DE LA DÉCOUVERTE DE NOUVEAUX COMPOSÉS ANTIFONGIQUES POUR LE TRAITEMENT D'AFFECTIONS DERMATOLOGIQUES HUMAINES

Les affections dermatologiques humaines constituent un grave problème de santé publique en zone intertropicale. La découverte de nouveaux composés fongicides pour le traitement de ces pathologies reste d'actualité avec l'apparition constante de champignons chimiorésistants et la difficulté de soigner certaines mycoses. Or, l'équipe est en train de construire une banque « bioinspirée » d'extraits potentiellement antifongiques dans le cadre du programme ANR Xylotech. Considérant qu'il existe des mécanismes métaboliques communs de développement des champignons xylophages et des mycoses, les molécules qui protègent les végétaux contre la biodégradation peuvent devenir de bons candidats pour le traitement des affections fongiques chez l'homme.

De plus, à l'inverse des filières bois des pays tempérés, l'exploitation en Amazonie doit faire face à une biodiversité exceptionnelle en espèces ligneuses, mais les espèces exploitées sont toutes des espèces exceptionnellement durables, qui contiennent donc les molécules capables de conférer cette résistance naturelle contre les agents de dégradation (champignons xylophages, insectes). A ce titre, la filière bois dans ce département peut porter une action modèle de valorisation moléculaire des déchets qu'elle produit. Enfin, les déchets de bois représentent de grandes quantités de matière et sont donc une importante source potentielle de métabolites secondaires, en particulier à activité antifongique. Ainsi, ces travaux ont également pour objectif de découvrir de nouvelles voies de valorisation des produits connexes de l'exploitation forestière.

Les vingt extraits les plus actifs contre les champignons xylophages découverts dans le cadre du programme ANR Xylotech ont été également testés sur un ensemble de champignons dermatophytes (tests qualitatifs en cavité et mesure de la concentration inhibitrice minimale). Près de 70 % des extraits actifs sur les champignons xylophages ont montré une activité intéressante sur les dermatophytes, validant l'hypothèse selon laquelle les connaissances technologiques liées à la durabilité des bois peuvent orienter le criblage à la recherche de composés fongicides. Certains extraits *(Vouacapoua americana, Sextonia rubra, Andira surinamensis)* ont présenté des activités fongicides très intéressantes sur un champignon chimiorésistant au fluconazole et à l'itraconazole *(T. mentragrophytes)*. Nous avons entrepris également de récolter et d'analyser des espèces moins connues et dont nous savons qu'elles spécialisent des bois imputrescibles (bois rond pour la fabrication des carbets traditionnels, bois de clôture, etc.). Par la suite, nous allons mesurer la toxicité de nos extraits sur des cellules humaines, puis nous isolerons les substances antifongiques par fractionnement bioguidé.

Ce travail fait l'objet d'une thèse en cours de Alice Rodrigues (UMR Ecofog), à laquelle participent Charlie Basset (UMR Ecofog), Phellipe N. E. T. Theodoro (Laboratório de Farmacognosia, Universidade de Brasília), Laila Espíndola (Laboratório de Farmacognosia, Universidade de Brasília), Didier Stien (UMR Ecofog).

Conclusion et perspectives : les sciences du bois et la chimie des substances naturelles à l'UMR Ecofog

Par ces travaux, nous avons montré que les molécules extractibles jouent un rôle de premier plan et sont d'une part utilisées par les végétaux comme traitements naturels d'imprégnations, permettant également la mise en place par l'arbre de solutions biologiques de stabilisation, et sont d'autre part une source importante de molécules d'intérêt thérapeutique ou technologique. De plus, ces résultats confirment notre hypothèse de départ et démontrent qu'une stratégie « bioinspirée » peut permettre d'orienter la recherche de principes actifs. Aujourd'hui, une bonne connaissance de la forêt au sens de sa chimiodiversité et l'installation de filières de valorisations des produits connexes de l'industrie du bois peuvent permettre une exploitation raisonnée et efficace des métabolites secondaires des bois amazoniens. Ces nouvelles pistes modifient la façon de valoriser les richesses de la forêt, loin de l'impact déprédateur des anciennes techniques d'extractivisme, et participent à une meilleure gestion durable des ressources de l'Amazonie guyanaise.

PUBLICATIONS DE L'ÉQUIPE LIÉES AU PROGRAMME AMAZONIE

- Bertani S., Houël E., Bourdy G., Stien D., Landau I., Deharo E., « *Quassia Amara L. (Simaroubaceae)* Leaf Tea: Impact of the Growing Stage and Desiccation Status on the Antimalarial Activity of a Traditional Preparation », *Journal of Ethnopharmacology*, n° 111, 2007, p. 40-42.
- Bertani S., Houël E., Stien D., Chevolot L., Jullian V., Garavito G., Bourdy G., Deharo E., « *Simalikalactone D* Is Responsible for the Antimalarial Properties of an Amazonian Traditional Remedy Made with *Quassia Amara* L. *(Simaroubaceae)* », *Journal of Ethnopharmacology*, n° 108, 2007, p. 155-157.
- Cachet N., Hoakwie F., Bertani S., Bourdy G., Deharo E., Stien D., Houel E., Gornitzka H., Fillaux J., Chevalley S., Valentin A., Jullian V., « Antimalarial Activity of Simalikalactone E, a New Quassinoid from *Quassia Amara* L. *(Simaroubaceae)* », *Antimicrob. A. Chemother*, n° *53*, 2009, p. 4393-4398.
- Odonne G., Bourdy G., Beauchêne J., Houël E., Stien D., Chevolot L., Deharo E., « From Tonic-Cups to Bitter-Cups : Kwasi Bita Beker from Suriname. Determination, Past and Present Use of an Ancient Galenic Artefact Solutions », *Journal of Ethnopharmacology*, 2007.
- Li M.C., Royer M., Stien D., Lecante A., Roos C., « Inhibitive Effect of Sodium Eperuate on Zinc Corrosion in Alkaline Solutions », *Corrosion Science*, n° 50, 2008, p. 1975-1981.
- Houël E., Bertani S., Bourdy G., Deharo E., Jullian V., Valentin A., Chevalley S., Stien D., « Quassinoid Constituents of Quassia Amara L. Leaf Herbal Tea. Impact on its Antimalarial Activity and Cytotoxicity », *J. Ethnopharmacol*, n° 126, 2009, p. 114-118.
- Rodrigues A., Royer M., Amusant N., Beauchêne J., Herbette G., Eparvier V., Thibaut A., Salmen Espíndola L., Thibaut B., Stien D., « Antinomic natural self-protection mechanism in long-lasting woods: a case study with three tropical species from French Guiana », *IRG/WP*, n° 09-10 696, 2009.
- Royer M., Stien D., Beauchêne J., Herbette G., McLean J.P., Thibaut A., Thibaut B., « Extractives of the tropical wood wallaba (*Eperua falcata* Aubl.) as natural anti-swelling agents », *Holzforschung*, n° 64, 2010, p. 211-215.

Mercure en Guyane

AUTEUR : Régine Maury-Brachet[a], ingénieur de recherche, université de Bordeaux-1
a. UMR Environnements et Paléoenvironnements occéaniques, UMR Epoc, université Bordeaux-1, CNRS n°5805, Arcachon

En Amazonie, on estime que depuis la fin des années 1980, 200 tonnes de mercure élémentaire auraient été rejetées annuellement dans l'environnement, via les activités d'orpaillage. Ces rejets ont amené la communauté scientifique à se pencher sur la problématique de la contamination de la Guyane par ce mercure et ont conduit à la mise en place du programme Mercure en Guyane par le CNRS/PEVS en 1996. La première phase de ce programme (1997-2001) a permis (i) de mieux comprendre le cycle biogéochimique du mercure et (ii) de caractériser les liens entre ce cycle et la contamination des populations humaines. La deuxième phase de ce programme (2002-2008) a été structurée autour de 4 axes dont les principaux résultats sont présentés ici (1). Le programme Mercure en Guyane, affilié au programme Amazonie, a été financé par le programme Environnement, vie et sociétés du CNRS, EDF, les fonds européens Feder, le ministère chargé de l'Environnement et la Diren Guyane, et l'Agence nationale de la recherche.

Axe 1 : cartographie des niveaux de contamination des cours d'eau guyanais à partir de la collecte de poissons piscivores et de sédiments

Responsable partie sédiment : Martine Lanson (UMR LGIT, université Grenoble-1, CNRS n°5559) responsable partie poisson : Régine Maury-Brachet (UMR Epoc, université Bordeaux-1, CNRS n°5805)

L'objectif de cette étude était de réaliser un état des lieux des niveaux de contamination par le mercure des six principaux fleuves de Guyane, et d'établir les liens avec les sites anciens et actuels d'orpaillage et les niveaux d'imprégnation des populations humaines. Cet inventaire a reposé sur la collecte d'échantillons de sédiments des rivières (indicateurs du mercure (Hg) particulaire) et de poissons piscivores (*Hoplias aimara* ou aymaras, indicateurs de la bioamplification du méthylmercure (MMHg) et des risques pour l'homme via la consommation des produits de la pêche). Seuls les résultats concernant les poissons sont présentés ici.
L'échantillonnage des poissons collectés provient de deux programmes complémentaires du CNRS et du BRGM (721 piscivores collectés au total dont 67 % par le CNRS et 33 % par le BRGM).
Le premier niveau d'analyse a permis de montrer que quel que soit le fleuve considéré, les concentrations moyennes en Hg des aymaras sont supérieures à la recommandation de consommation établie par l'Organisation mondiale de la santé (recommandation OMS : 0,5 mg de mercure par kilogramme de poids frais). Cette étude nous a permis de classer les fleuves et rivières de Guyane en fonction de leur niveau de contamination : l'Oyapock s'avère être le plus contaminé, devant la Comté, le Maroni, l'Approuague, la Mana et le Sinnamary (impact du barrage hydroélectrique de Petit-Saut).
La représentation cartographique du SIG (Système informatique géographique) permet de généraliser les grandes tendances observées au cours des différentes analyses effectuées fleuve par fleuve (figure 1) : les zones à l'aval des différents bassins versants ne présentent pas ou peu de risque au regard des niveaux d'imprégnation du bioindicateur « aymara ».

1. La direction de la phase 2 du programme a été assurée par Alain Boudou (UMR Epoc, université Bordeaux-1, CNRS n°5805), Laurent Charlet (UMR LGIT, « Laboratoire de Géophysique Interne et Tectonophysique », université Grenoble-1, CNRS n°5559), Daniel Cossa (Ifremer, Nantes) et Michel Grimaldi (IRD, Bondy).

Le site de Trois-Sauts a été identifié comme site de référence par rapport à la contamination par le mercure des poissons piscivores en Guyane.
Il ressort de cette analyse que la très grande majorité des sites à risque vis-à-vis d'une exposition au mercure (Hg) des populations correspond généralement à des zones soumises à une influence anthropique (orpaillage, pisciculture ou construction d'un réservoir hydroélectrique). La contamination du milieu par le mercure est donc bien associée à l'orpaillage et à l'activité humaine, qui contribue à un apport de mercure (Laperche, Maury-Brachet *et al.*, 2007, rapport CNRS 2008).

Axe 2 : études biogéochimiques et écotoxicologiques du mercure le long du *continuum* « Sinnamary/barrage de Petit-Saut/Sinnamary aval »

Les recherches au sein de cet axe 2 ont été menées dans le cadre de deux thèses de doctorat, celles de B. Muresan, sous la direction scientifique de D. Cossa (Ifremer, Nantes) et celle de Y. Dominique, sous la direction scientifique de A. Boudou (UMR Epoc, université Bordeaux-1, CNRS n° 5805)

L'objectif de cet axe était d'analyser les conditions de formation et le devenir des différentes formes chimiques du mercure dans les compartiments « air/eau/biofilms/sédiments » et les liens entre leur distribution et les processus de contamination des organismes aquatiques, via une approche intégrée des réseaux trophiques.

PREMIÈRE PARTIE : GÉOCHIMIE DU MERCURE (THÈSE B. MURESAN 2006)

Le bilan des travaux réalisés montre que la retenue de Petit-Saut et l'aval du fleuve Sinnamary sont deux sites de profonde altération du cycle naturel du mercure dans le bassin du Sinnamary. Les apports, exports et les processus de transformation du mercure sont très affectés. Les sources de mercure vers la retenue sont variées : il s'agit des affluents (partiellement orpaillés), de l'atmosphère, des sols et de la végétation ennoyée. Dans la colonne d'eau, les formes divalentes du mercure subissent de nombreuses transformations et les résultats de l'étude illustrent ces processus et démontrent que la retenue constitue un site privilégié de recyclage du mercure vers l'atmosphère et un site d'intense méthylation, processus de transformation du mercure Hg en méthylmercure MMHg, la forme la plus bioaccumulable du mercure. Les exports en mercure à l'interface air-eau de la retenue excèdent de 50 % le dépôt atmosphérique. La production endogène de MMHg se réalise dans des sites particuliers de la colonne d'eau : l'oxycline – la limite entre les zones d'eaux oxygénées et celles non-oxygénées – et l'interface benthique, à proximité du sédiment.
Les facteurs propices à la méthylation sont nombreux et interactifs : colonne d'eau, interfaces rédox (oxique/anoxique, eau/sédiment), concernant à la fois les conditions environnementales et les caractéristiques de la contamination mercurielle.
La production de MMHg par la retenue est très importante (8,1 moles par an). À ce chiffre s'ajoutent les importations via les affluents et la pluie (5,4 moles par an) (figure 2), ce qui fait que la retenue exporte vers l'estuaire du Sinnamary 2,5 fois plus de MMHg qu'elle n'en importe.
Le résultat très important et inattendu, mis en évidence par cette étude, est que l'estuaire du Sinnamary constitue aussi un véritable réacteur chimique. Ces processus résultent de l'oxygénation incomplète et durable des masses d'eau anoxiques

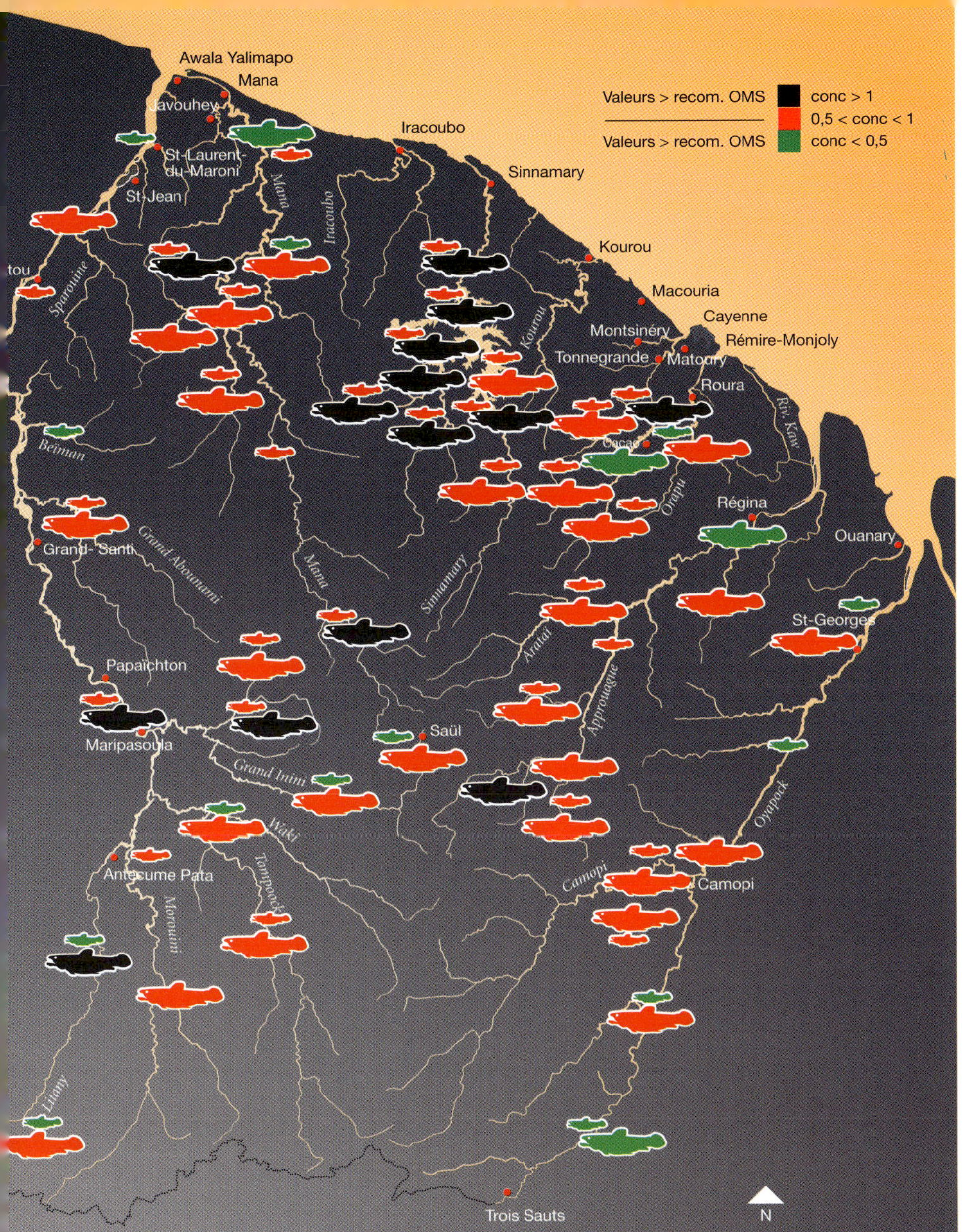

Figure 1 Vue globale du SIG à l'échelle de la Guyane.
Illustration d'après Régine Maury-Brachet

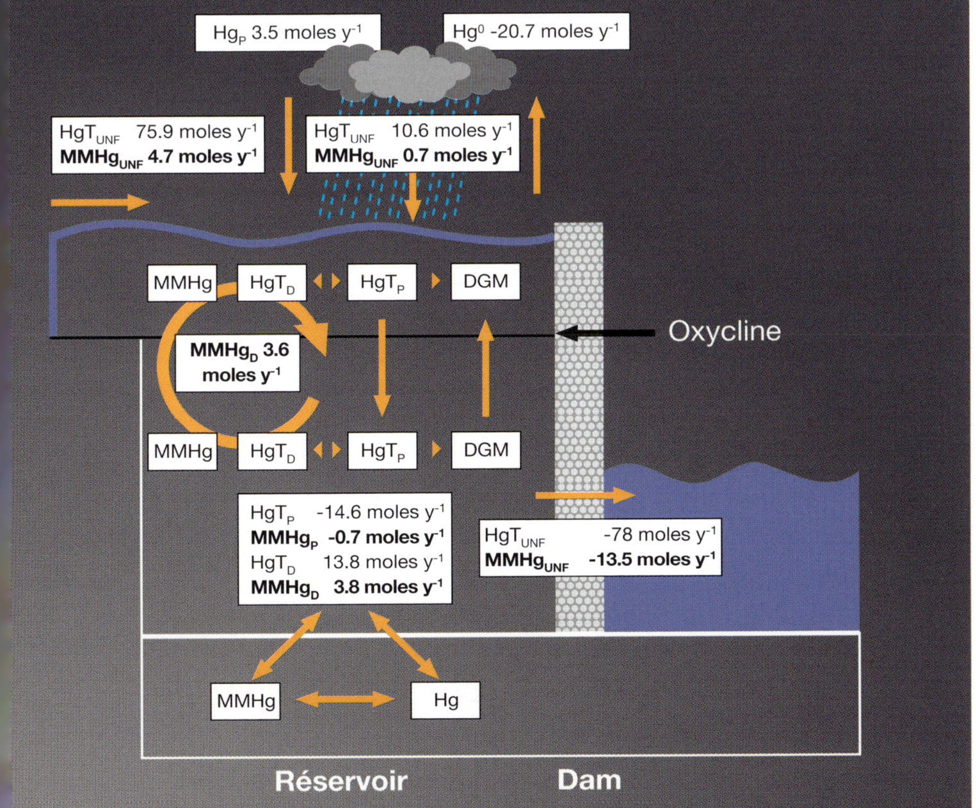

Figure 2 Bilan quantitatif des principales voies de transfert et de transformations chimiques du mercure au niveau du barrage de Petit-Saut (1 mole Hg : 200,6 g).
Illustration d'après Bogdane Muresan

exportées par la retenue de Petit-Saut. Ainsi, le haut estuaire du Sinnamary exporte 60 % plus de MMHg qu'il n'en importe : 23,5 contre 13,5 moles par an. Plus en aval, dans l'estuaire salin, on observe : (i) un comportement non conservatif du mercure dissous ; (ii) un appauvrissement du mercure par la fixation sur des particules suite au mélange avec l'abondant matériel en suspension en provenance du panache de l'Amazone ; (iii) une dilution des concentrations en mercure inorganique et méthylé par les masses d'eau océaniques (Muresan B. 2006, Muresan B. *et al.*, 2008).

DEUXIÈME PARTIE : ÉTUDES ÉCOTOXICOLOGIQUES (THÈSE Y. DOMINIQUE 2006)

Afin de caractériser les processus engendrés par la mise en eau du réservoir de Petit-Saut, des travaux ont été axés sur une analyse approfondie des différentes voies de bioamplification du mercure. Ils ont été menés le long du *continuum* « Sinnamary - barrage de Petit-Saut - Sinnamary aval ». Cette étude a permis de mettre en évidence que la zone amont n'est pas perturbée et sert de référence.

Dans la retenue et dans le Sinnamary aval, des modifications très importantes apparaissent au niveau des biotopes et des communautés biologiques. Les niveaux d'accumulation en mercure total (HgT) et méthylmercure (MMHg) mesurés dans l'ensemble de la composante biologique de la retenue montrent que les organismes benthiques ou pélagiques évoluant dans la zone située à proximité de l'oxycline, présentent les concentrations les plus importantes. Au niveau des chaînes alimentaires benthiques, ces nouvelles conditions ont fondamentalement modifié la composition des biofilms. Ces modifications ont entraîné une quasi-disparition de la faune benthique ; seules des larves de Chironomidae, un insecte diptère, ont été retrouvées. Les niveaux d'accumulation en HgT et MMHg mesurés dans l'ensemble de ces composantes biologiques montrent que les concentrations en MMHg des biofilms et des invertébrés benthiques sont en moyenne deux à trois fois plus élevées que celles mesurées dans la retenue.

Ces fortes modifications survenues à la base des réseaux trophiques dans la retenue et dans le fleuve en aval du barrage, ont eu des répercussions sur les communautés piscicoles, avec un accroissement de la présence des espèces détritivores et piscivores dans la retenue, alors que les espèces herbivores se sont raréfiées. Une tendance similaire a été observée dans le fleuve en aval du barrage.

Ces modifications générées sur les structures trophiques ont eu pour conséquences de modifier les processus de bioaccumulation et de bioamplification du MMHg. Dans la retenue et en aval la composante planctonique évoluant autour de l'oxycline est apparue comme la source majoritaire de MMHg. D'autre part, en aval du barrage, le plancton n'est pas apparu comme la seule source de contamination engendrée par la construction du barrage. En effet, l'analyse de la composition isotopique en carbone du tissu musculaire des poissons a permis de montrer que les espèces benthophages, se nourrissant des biofilms fixés sur tous les supports de la colonne d'eau (rocher, arbre, sédiment…) et des larves de chironomes qu'ils renferment, présentaient comparativement à la zone amont et au réservoir des niveaux d'accumulation nettement plus élevés. Une nouvelle fois, les biofilms jouent un rôle prépondérant en tant que site de production de MMHg.

À l'aval du barrage, le cycle géochimique du mercure est fortement influencé par les processus mis en place dans le réservoir, mais également par les réactions d'oxydo-réduction et de méthylation se déroulant dans cette zone. Au niveau des poissons une chute très importante de la biodiversité est observée : ainsi, 2 espèces seulement représentent 50 % des poissons collectés, alors que 81 espèces ont été répertoriées dans le Sinnamary avant l'installation du barrage en 1994, de ce fait il devient à l'heure actuelle de plus en plus difficile de capturer des poissons sur le Sinnamary aval. (Dominique Y. 2006, Dominique Y. *et al.* 2007).

Axe 3 : impact de l'exploitation minière en Guyane sur les flux de mercure vers les écosystèmes aquatiques.

Ces recherches ont été menées dans le cadre de la thèse de doctorat de Stéphane Guédron, sous la responsabilité de Michel Grimaldi (IRD), les codirecteurs étant Michel Grimaldi, Laurent Charlet (UMR LGIT, université Grenoble-1, CNRS n°5559) et Daniel Cossa (Ifremer).

Vue arienne du barrage de Petit-Saut.

Vente de poisson à Saint-Georges-de-l'Oyapock.

Le troisième axe du programme « Mercure en Guyane, phase 2 » visait à quantifier l'impact de l'implantation d'un site d'orpaillage sur les émissions de mercure Hg vers les cours d'eau récepteurs, par érosion des sols contaminés en Hg, quelle que soit son origine (naturelle ou anthropique). Ces travaux ont révélé que l'orpaillage artisanal ou industriel, ancien ou actuel, utilisant ou non le mercure, a un impact important sur le cycle naturel du mercure en Guyane.
Le mercure élémentaire Hg0 apporté par l'orpaillage, directement ou par les dépôts atmosphériques secs et humides est stocké dans le sol, sous forme de microbilles ou d'amalgames, et plus souvent associé aux constituants organiques et minéraux du sol sous sa forme divalente HgII. La capacité de stockage du mercure des sols tropicaux est donc très élevée. Même les sols hydromorphes peuvent stocker des quantités importantes de mercure d'origine anthropique, alors que, sous couvert forestier et éloignés des chantiers d'orpaillage, leurs teneurs en mercure sont dix à cent fois plus faibles.
La mobilité dans les eaux du mercure hérité d'un orpaillage ancien est réduite lorsqu'une forêt s'est reconstituée. En effet, les flux de mercure total, particulaire et dissous, à l'aval d'un bas-fond anciennement orpaillé, augmentent faiblement par rapport aux flux à l'amont du bas-fond, en considérant les surfaces drainées respectives. De plus, les concentrations de mercure total sont semblables à celles de plus grands fleuves amazoniens. Cette relative stabilité des flux et des concentrations est remise en cause par une reprise de l'exploitation aurifère. La phase initiale de l'activité minière est la plus émettrice : tant qu'un premier bassin de décantation n'est pas fonctionnel, les flux de mercure en aval du chantier sont augmentés de un à deux ordres de grandeur. Plus tard, les averses de forte intensité provoquent une érosion des sols en l'absence de couverture végétale, source de contamination des écosystèmes aquatiques.
Bien que les sols jouent un rôle de « puits » de mercure inorganique, par leur remaniement, l'orpaillage perturbe les conditions hydrologiques et géochimiques locales qui deviennent favorables à la méthylation du mercure. Des lieux jusqu'alors non suspectés de forte production de MMHg ont été identifiés dans un bas-fond orpaillé et dans des bassins de décantation. Les sols hydromorphes des bas-fonds remaniés par l'orpaillage et les bassins de décantation, sont des réacteurs géochimiques qui favorisent la biométhylation du mercure. En conséquence, les émissions de MMHg dissous et particulaire en aval d'un bas-fond orpaillé sont multipliés par 4 et 6, respectivement, par rapport à l'amont. Les fortes teneurs en mercure, sulfates, carbone organique et fer (FeII) dissous, la stagnation des eaux, ainsi que des conditions suboxiques et anoxiques favorisent l'activité bactérienne sulfato et ferri-réductrice, et par conséquent la biométhylation du mercure. En apportant de grandes quantités de mercure, l'orpaillage amplifie certainement un phénomène qui existe naturellement mais qui est limité par les faibles teneurs en mercure disponible à la méthylation dans les environnements hydromorphes naturels.
La modification des pratiques d'orpaillage et la réhabilitation des sites miniers sont indispensables pour limiter les émissions de mercure dans les systèmes aquatiques qui ne font qu'amplifier le processus d'accumulation du méthylmercure dans la chaîne alimentaire. L'utilisation de floculants pour accélérer la décantation des particules, couplée à une reforestation rapide des sites exploités, permettra de limiter les sites favorisant la méthylation du mercure et de réduire les flux occasionnés par l'érosion des sols déboisés (Guedron S. *et al.* 2006, Guedron S. 2008).

Axe 4 : étude des interfaces : « Environnement/Santé » à partir de l'analyse des transferts du mercure des aliments consommés vers les populations amérindiennes.
Responsable : R. Maury-Brachet (UMR Epoc, université Bordeaux-1, CNRS n°5805)
Les résultats issus du programme CNRS phase 1 ont permis de mettre en évidence que la bioaccumulation du mercure Hg par les organismes aquatiques, le long des réseaux trophiques jusqu'aux poissons piscivores, pouvait être considérée comme responsable des contaminations observées dans les populations amérindiennes consommant du poisson en Guyane Française. La DSDS, organisme responsable de la santé publique, nous a demandé de compléter ces études afin de leur procurer de nouveaux outils pour réaliser un plan de prévention de santé humaine.
Dans l'ensemble des résultats obtenus pour cet axe on retiendra que : (i), sur le Haut Oyapock, les poissons pêchés à Trois-Sauts (site non orpaillé) sont significativement moins contaminés – environ deux fois moins – que ceux du site Camopi/Sikini (site très orpaillé). Cette différence de contamination entre un site vierge d'orpaillage (site de référence) et un site orpaillé est liée au mercure provenant de l'extraction aurifère (source d'apport depuis environ 150 ans) et du relargage du mercure emprisonné dans le sol amazonien ; (ii), sur le Haut Maroni une augmentation de 10 à 20 % de la concentration en mercure dans le muscle des poissons est constatée pour la période de 1997 à 2005 (Maury-Brachet et al 2006). Cette augmentation est à rapprocher de l'augmentation d'environ 10 % de la concentration en mercure mesurée dans les cheveux des Amérindiens du Haut Maroni en 8 ans et bien sûr, de l'augmentation des activités d'orpaillage depuis 1980.
À partir de ces nombreux résultats, les instances guyanaises en charge de la santé publique (InVS, DSDS, Cire Antilles Guyane et Conseil Général) ont mis en œuvre un programme de prévention auprès des populations à risque, confié à la Croix-Rouge française.

Un aymara péché sur le barrage de Petit-Saut.
Photo : Régine Maury-Brachet

SÉLECTION DE PUBLICATIONS

- Dominique Y., thèse de doctorat, université Bordeaux-1, 2006, 355 p.
- Dominique Y., Maury-Brachet R., Muresan B., Vigouroux R., Richard S., Cossa D., Mariotti A. and Boudou A., « Biofilm and mercury availability as key factors for mercury accumulation in fish *(Curimata cyprinoides)* from a disturbed Amazonian freshwater system », *Environmental Toxicology and Chemistry*, n° 26, 2007, p. 45-52.
- Guedron S., Grimaldi C., Chauvel C., Spadini L., Grimaldi M., « Weathering versus atmospheric contributions to mercury concentrations in French Guiana soils », *Applied Geochemistry*, n° 21, 2006, p. 2010–2022.
- Guedron S., thèse de doctorat, université Joseph-Fournier de Grenoble, 2008, 327 p.
- Laperche V., Maury-Brachet R., Blanchard F., Dominique Y., Durrieu G., Massabuau J.C., Bouillard H., Joseph B., Laporte P., Mesmer-Dudons N., Duflo V. et Callier L., « Répartition régionale du Hg dans les sédiments et les poissons de six fleuves de Guyane », Rap. BRGM/RP-55965-FR, 2007, 203 p.
- Maury-Brachet R., Durrieu G., Dominique Y. et Boudou A., « Mercury distribution in fish organs and food regimes: Significant relationships from twelve species collected in French Guiana (Amazonian basin) », *Sci. of the T. Env,* n° 368, 2006, p. 262-270.
- Muresan B, thèse de doctorat, université de Bordeaux-1, 2006, 267 p.
- Muresan B., Cossa D., Richard S. et Dominique Y., « Monomethylmercury Sources in a Tropical Artificial Reservoir », *Applied Geochemistry*, n° 23, 2008, p. 1101-1126.
- Rapport CNRS 2008 : « Synthèse des principaux résultats du programme de recherche "mercure en Guyane" », 70 p.

Écologie de la santé en bassin amazonien

Projet Eremiba

AUTEUR : Christine Chevillon[a], chargée de recherche CNRS
a. UMR Génétique et évolution des maladies infectieuses, UMR Gemi, IRD-CNRS n° 2724, Montpellier

Objectifs du projets, moyens humains et financiers

Notre projet Écologie, dynamique et évolution des maladies infectieuses en bassin amazonien avait pour objectif de comprendre le fonctionnement réel et intégré de foyers de maladies vectorielles, et donc de démêler les effets de forçages environnementaux de ceux liés aux traits démographiques des espèces impliquées dans la transmission (hôtes, vecteurs, pathogènes et/ou compétiteurs de vecteurs et de pathogènes), ainsi que de ceux liés à l'évolution génétique neutre ou sélectionnée des hôtes, vecteurs et pathogènes. Cela nécessitait d'intégrer dans une même analyse tant des descripteurs de l'environnement, de la dynamique épidémiologique, de la biologie et de la génétique des espèces impliquées dans l'existence du foyer, que des pressions de sélection externes au fonctionnement du foyer (compétiteurs, luttes antivectorielle et antipathogène).

La réalisation de cet objectif paraissait *de facto* optimisée par la restriction à quelques modèles et lieux d'études au profit d'une bonne intégration de disciplines complémentaires effectuée sur le court terme, le moyen terme et, si possible, le long terme.

Trois maladies humaines sévissant en Guyane s'avéraient d'excellents candidats sur lesquels se focaliser : le paludisme, la dengue et l'ulcère de Buruli (ou infection à *Mycobacterium ulcerans*). En effet, leur étude y bénéficiait à la fois d'une surveillance clinique appelée à se poursuivre sur le long terme, d'une approche multidisciplinaire déjà amorcée et d'une focalisation sur quelques foyers témoins.

Le réseau de collaborations sur lequel s'appuie ce projet comporte quatre partenaires :

- l'équipe hospitalo-universitaire EA3593 (Centre hospitalier de Cayenne – CHC) ; du moins les équipes respectivement animées par Bernard Carme, Pierre Couppié, et Mathieu Nacher ;
- quatre composantes de l'institut Pasteur de la Guyane (IPG) ; à savoir les laboratoires d'épidémiologie et d'entomologie, le Centre national de référence (CNR) des chimiorésistances du paludisme et le CNR Arbovirus et virus Influenza de la zone sud ;
- l'unité de service US-IRD 140 Espace et ses centres de Cayenne et de Montpellier ;
- l'UMR CNRS-IRD 2724 Gemi (Génétique et évolution des maladies infectieuses) ; plus spécifiquement ses composantes Structures et adaptation des systèmes symbiotiques et Dynamiques des systèmes et maladies infectieuses, cette dernière étant présente sur le campus IRD de Cayenne au travers de Rolland Ruffine et de Jean-Claude Bron).

Le projet lancé en 2005 a connu divers retards de mise en place liés à des changements de coordinateurs dans les équipes associées, sans toutefois que cela porte d'importants préjudices à l'avancement des travaux, mais entraînant des difficultés de financement (retard, réduction), et en conséquence un recentrage des objectifs. Les travaux prévus demandaient un apport de 300 000 euros sur 2005-2007 ; ils ont de fait bénéficié de deux apports de 20 000 euros reçus respectivement en août 2006 et en juillet 2007. Parallèlement, le projet conjoint Environnement et réémergence de maladies infectieuses en bassin amazonien (Eremiba – resp. J.M. Fotsing) déposé en 2005 auprès du programme ANR SEST (Santé - environnement, santé - travail) voyait sa dotation amputée de 58 %, conduisant à couper de moitié les dotations des équipes métropolitaines dans le cadre du projet Écologie, dynamique et évolution des maladies infectieuses, afin de protéger le cœur (proprement guyanais) du réseau. Dans ce contexte, la première enveloppe du programme Amazonie a permis d'entreprendre un rééquilibrage en la partageant entre l'US-IRD 140 Espace et l'UMR Gemi. Ces fonds ont été utilisés, d'une part, à l'amélioration de la station d'accueil de l'US-IRD 140 Espace en pied d'antenne Seas, et d'autre part, à l'acquisition des données par l'UMR Gemi. En été 2007, la seconde enveloppe de 20 000 euros fut partagée entre les deux équipes devant faire face aux acquisitions des données les plus chères, à savoir l'IPG et l'UMR Gemi. On notera que du fait du calendrier de financement du programme CNRS-Amazonie, du calendrier des vacances, et du calendrier propre aux démarches de reversement, l'IPG n'a reçu ses 10 000 euros qu'en décembre 2007, et donc que ses résultats n'ont été disponibles que courant 2008.

Bref résumé des acquis, ouvertures et perspectives

Dix-huit mois après la réception de la première dotation, le bilan du projet affichait six principaux résultats :

- une assise de collaborations, renforcée au travers d'échanges et/ou de coencadrement d'étudiants entre partenaires du réseau (1) ;
- l'obtention de résultats originaux ayant déjà obtenu une reconnaissance internationale ; c'est le cas des travaux coordonnés par Pierre Couppié (CHC, EA3593) et Jean-François Guégan (UMR Gemi) sur *Mycobacterium ulcerans* auprès de la cellule d'experts OMS dédiée à cette maladie méconnue ;
- l'obtention de résultats faisant l'objet de neuf articles – tous cosignés par au moins deux équipes partenaires – destinés à être publiés dans des revues internationales d'écologie, d'épidémiologie, d'évolution ou d'évaluation des risques environnementaux pour la santé publique (articles actuellement à divers stades de publication) ;
- des résultats ouvrant des perspectives tant en recherche fondamentale en biologie évolutive (2) qu'au niveau de l'appréhension des liens entre migrations humaines et risques pour la santé publique en Guyane française et régions limitrophes (3) ;
- la création d'un noyau dur de collaborations appelé à se pérenniser et com-

1. J. Yrinési s'est formée aux techniques de biologie moléculaire appliquées à l'immunologie et au suivi de chimiorésistances du paludisme au cours de stages de premier cycle effectués à l'IPG, puis aux analyses de génétique des populations au cours d'un stage de master 1 effectué en 2006-2007 à l'UMR Gemi. J. Hunt a effectué son stage ENITA d'initiation à la recherche au cours de l'été 2007 sous le coencadrement de R. Girod (IPG), de R. Ruffine (UMR Gemi, Cayenne) et de C. Chevillon (l'UMR Gemi, Montpellier).
2. Les travaux menés par M. Nacher (CHC, EA3593) et M. Choisy (UMR Gemi) sur l'interaction Plasmodium-nématodes aboutissent à une nouvelle réflexion sur l'évolution de la virulence dans le cas général de coinfections parasitaires.
3. La structuration génétique significative de *P. falciparum* en Guyane met à mal l'hypothèse selon laquelle les migrations humaines constitueraient un facteur majeur de réémergence de foyers de paludisme. Une réponse à l'appel d'offre régionale Convergence et une demande de mobilité d'une universitaire d'Arras (spécialiste de l'appréhension des risques) vers l'UMR Gemi pour une affectation à Cayenne ont été déposées fin 2007 pour poursuivre avec d'autres outils cette investigation dans le contexte général de la gestion et des causes sociales des risques liées aux maladies infectieuses en Guyane française.

CARTOGRAPHIE DES CAS D'ULCÈRE DE BURULI SUR L'ÎLE DE CAYENNE

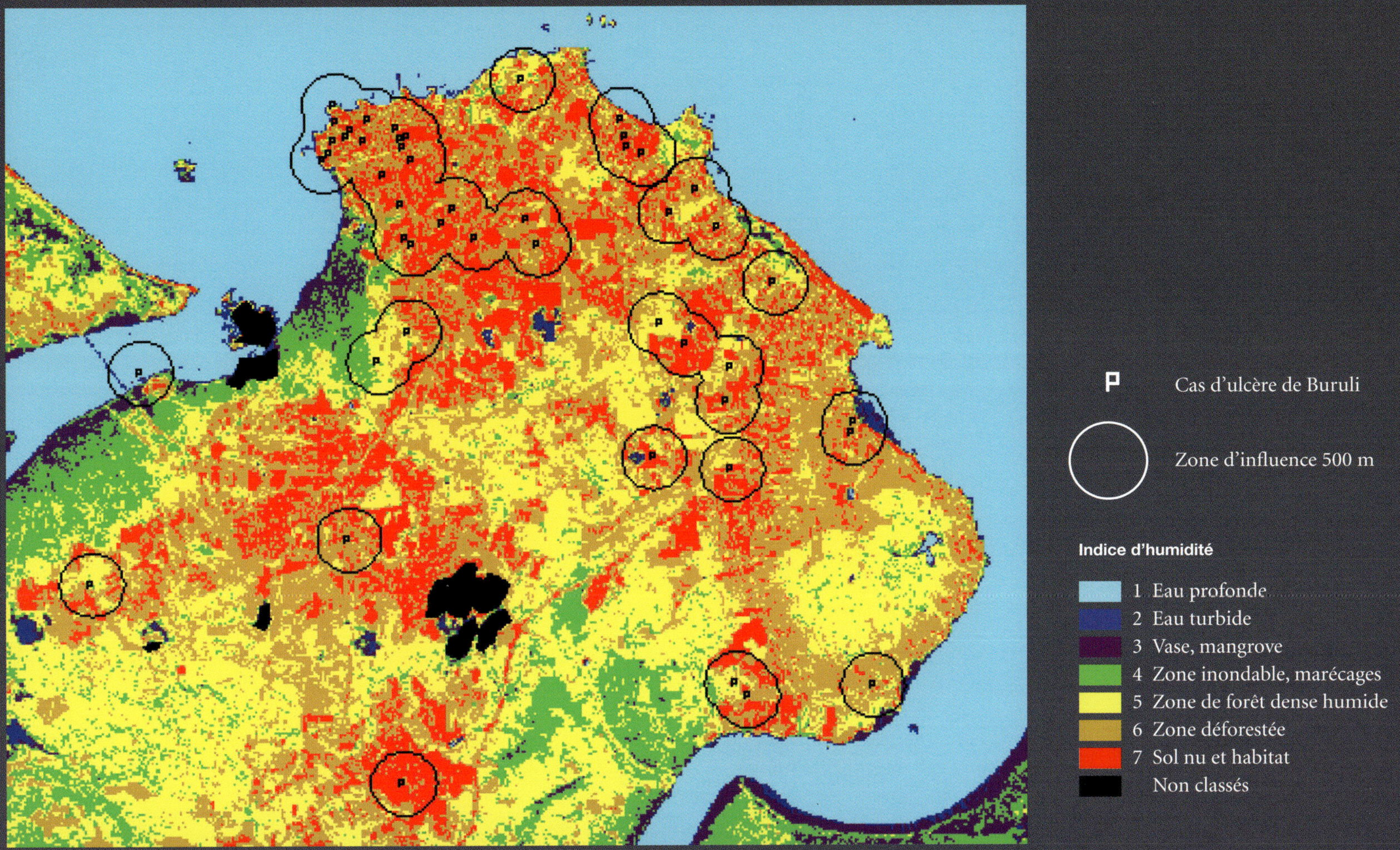

Illustration : Télesphore Y. Brou *et al.*

mençant à s'avérer attractif pour des collaborations futures (université d'Arras, CIRE Antilles-Guyane, INVS, Instituto Chagas de Belém-Brésil) ;

- cette assise de collaborations a ainsi permis le développement de deux projets ANR complémentaires reposant sur des collaborations avec notre UMR Gemi et les laboratoires guyanais impliqués dans ce projet financés par le PIR CNRS-Amazonie (*i. e.* projets IAEL et MGAN respectivement coordonnés par deux chercheurs de l'UMR Gemi, Thierry de Meeûs et Franck Prugnolle).

Acquis et valorisation des travaux pour chacun des trois axes correspondant aux maladies modèles

AXE *MYCOBACTERIUM ULCERANS* : RÉSUMÉ DES *TRAVAUX*, INTERACTIONS ENTRE ÉQUIPES ET PERSPECTIVES

Concernant les infections causées par *Mycobacterium ulcerans*, trois activités étaient planifiées. Il s'agissait tout d'abord d'établir le géoréférencement des cas recensés depuis 1969 en Guyane et de le coupler à une analyse de l'hétérogénéité de l'environnement physique de la côte guyanaise dans le but de dégager les paramètres environnementaux influant sur le risque d'infection humaine. Parallèlement, une analyse spatio-temporelle des cas était menée dans le but d'établir les risques d'émergence en Guyane française et d'identifier les fenêtres temporelles de risque maximal de transmission. Ces deux parties ont bénéficié d'une très forte interaction entre Pierre Couppié (CHC) et l'équipe de Jean-François Guégan au sein de l'UMR Gemi, sans oublier l'assistance de Jean-François Faure (US-IRD Espace) pour la fourniture d'images satellites couvrant le littoral guyanais. Ces travaux ont aussi formidablement bénéficié de l'élargissement du réseau de collaborations à l'équipe de Télesphore Brou, professeur en géographie physique à l'université d'Artois à Arras; élargissement appelé à perdurer dans le futur.

Le positionnement exact des cas, soit près de 40 % des cas totaux non spatialisés, a été effectué lors d'une mission rassemblant au total quatre personnes au printemps 2007. Télesphore Brou, accompagné de son étudiant Benjamin Carron, de Rolland Ruffine, formé aux systèmes d'information géographique, et de Jean-Claude Bron, tous deux techniciens supérieurs de recherche dans l'UMR Gemi affectés à Cayenne, ont participé à cette campagne de géoréférencement de cas de malades atteints d'ulcère de Buruli. À l'heure actuelle, la base de données « Ulcère de Buruli » est quasiment complète ; seuls quelques cas n'ont pas pu être positionnés avec suffisamment d'exactitude pour différentes raisons que nous ne détaillerons pas ici. Cette campagne a nécessité des déplacements dans différentes régions du littoral guyanais où sont concentrés la majorité des cas, et notamment dans le périmètre Saint-Laurent-du-Maroni, Mana-Awala Yalimapo.

La base de données est en cours d'exploitation, notamment pour la réalisation d'un système d'information géographique « Ulcère de Buruli Guyane » couplée à une analyse statistique du risque basée sur un modèle général linéarisé (collaboration avec Pierre Couppié et Mathieu Nacher du centre hospitalier de Cayenne).

Les premiers résultats de nos travaux concernant la situation de l'ulcère de Buruli en Guyane française ont fait l'objet d'une présentation orale à la réunion annuelle « Ulcère de Buruli » de l'Organisation mondiale de la santé, qui a eu lieu à Genève en avril 2007. Pierre Couppié (CHC) et Jean-François Guégan (UMR Gemi) ont également été invités à présenter les résultats du programme à la nouvelle réunion du groupe OMS en avril 2008. À titre illustratif, nous présentons ici les premières cartographies de cas d'ulcère de Buruli réalisées sur l'île de Cayenne (cf. figure ci-dessus).

Le travail actuel s'oriente vers la constitution d'un système géographique « Ulcère de Buruli » pour étudier les associations statistiques entre facteurs environnementaux et cas d'ulcère répertoriés dans la base de données. À titre d'exemples, nous présentons ici les résultats des premières études réalisées sur l'île de Cayenne et dans la région de Mana, au nord-ouest de la Guyane. Concernant l'île de Cayenne, les cas principaux sont visuellement associés, dans un périmètre d'influence

RIZIÈRES VERS LA MANA

Savanes inondées vers Mana. Les rizières apparaissent en fond. Ces zones de marécages, appelés pripris en Guyane, sujettes à des remontées d'eau douce de la nappe phréatique et/ou à des canaux destinés à alimenter ou à drainer les zones de riziculture seraient probablement des lieux de contamination humaine par la mycobactérie causant l'ulcère de Buruli.
Photo : Stephen Rostain

de 500 mètres, à des zones inondables, de type marécages, et à des zones de forêt dense humide résiduelles sur l'île. Le travail des mois à venir devra analyser de manière statistique ces associations identifiées dans un premier temps à l'aide des systèmes géographiques.

Pour la région de Mana, les cas d'ulcère de Buruli sont aussi associés à des zones de marécages, ici appelés pripris, des trous d'eau correspondant à des remontées d'eau douce de la nappe phréatique et/ou à des canaux destinés à alimenter ou à drainer les zones de riziculture.

Le couplage statistique entre ces informations spatiales, les connaissances acquises sur les séries temporelles de cas et les relevés de paramètres environnementaux permettront de mieux préciser les fenêtres spatio-temporelles où les individus risquent de contracter la maladie. L'ensemble de ces résultats et de ceux à venir feront l'objet à la fois d'une nouvelle communication orale devant les autorités de santé publique internationale de l'OMS et d'une publication en prévision de rédaction.

La troisième et dernière activité prévue concernait la recherche de la bactérie dans différents compartiments biologiques (plantes, poissons, insectes aquatiques) ou non (biofilm bactérien de surface), et ce dans les fenêtres temporelles s'avérant les plus à risques d'après l'analyse de dynamique de cas. Sur les conseils des experts de la cellule OMS « Ulcère de Buruli », nous avons choisi de suspendre cette démarche pour nous intéresser à une alternative *a priori* plus prégnante. Des études sont menées pour évaluer la possibilité de transmission passive de *M. ulcerans* le long des chaînes trophiques, les organismes prédateurs étant préférentiellement plus porteurs de *M. ulcerans* que des substrats aquatiques naturels (feuilles, débris végétaux, etc.). Ces dernières font l'objet de la troisième publication prévue pour l'axe *M. ulcerans*.

AXE DENGUE : RÉSUMÉ DES TRAVAUX, INTERACTIONS ENTRE ÉQUIPES ET PERSPECTIVES

En se reposant sur un séquençage de génomes complets d'isolats viraux mis en collection depuis 1990 au laboratoire de virologie de l'institut Pasteur de la Guyane (devenu depuis dix ans le CNR Arbovirus et virus Influenza), nous cherchons à évaluer :

- le rythme d'évolution de ces virus sur l'ensemble Antilles - Guyane - Suriname ;
- les changements de rythme évolutifs entre périodes épidémiques et inter-épidémiques ; c'est-à-dire le lien entre l'évolution virale (démographie, migration, sélection) et son impact en santé publique ;
- les cibles moléculaires de l'adaptation de ces virus à leur habitat et la nature des sélections éventuellement subies par les virus.

Cette recherche repose sur une étroite collaboration entre Philippe Dussart (IPG, responsable du Arbovirus et virus Influenza de la zone sud) et Christine Chevillon (UMR Gemi) ; collaboration qui s'est élargie en 2006 à Isabelle Iteman et à Sylvain Brisse (Plateforme séquençage de l'Institut Pasteur de Paris). Nous disposons aujourd'hui d'une base de données unique constituée de 25 séquences complètes de dengue 2 (DENV-2) retraçant la circulation de ce sérotype entre 1993 et 2006 en Guyane française, Suriname, Martinique ou Guadeloupe. La mesure exceptionnelle d'une telle base apparaît lorsque l'on note qu'elle double le registre publié de séquences complètes pour le clade americano-asiatique de DENV-2 (un sérotype s'avérant pourtant le plus intensivement étudié des quatre sérotypes de *Flavivirus* de Dengue!). Nos premiers résultats démontrent la prégnance de notre démarche. L'analyse de séquences complètes nous permet enfin de mettre en évidence les importances quantitative et qualitative d'événements de recombinaison dans l'évolution de DENV-2, importances jusqu'à présent totalement négligées. Si notre analyse confirme l'étroite interdépendance de l'arc Caraïbe et du nord du continent latino-américain dans l'évolution régionale de DENV-2, elle contraste toutefois les moteurs évolutifs mis en évidence au cours de suivis longitudinaux portoricains et guyanais. Contrairement à ce qu'indiquait le suivi portoricain (sur un jeu de séquences incomplètes), nos résultats indiquent une cohabitation récurrente de génotypes distincts en milieu continental tant en périodes inter-épidémiques qu'en périodes épidémiques, et donc des mouvements migratoires entre continent et Caraïbes plus complexes que ceux envisagés jusqu'ici. Ces résultats font l'objet de deux publications en cours de rédaction.

Parmi les perspectives que nous commençons à étudier, nous n'en citerons que deux: la comparaison de l'évolution virale au sein du sérotype de DENV-2 avec les données en cours d'acquisition pour deux sérotypes de dynamique épidémiologique différente. Le premier est celui de la dengue 3 (DENV-3). DENV-3, tout comme DENV-2, a été impliqué dans des épidémies de large ampleur tant en Guyane française que dans les deux autres DFA (départements français d'Amérique), mais en Guyane la longueur des épidémies causées par DENV-3 s'est aussi avérée trois fois plus longue que celles dues à DENV-2. La même démarche est menée pour la dengue 4 (DENV-4) qui, elle, n'a curieusement toujours circulé qu'à très bas bruit en Guyane en dépit de fortes flambées épidémiques en zone Caraïbes.

AXE MALARIA: RÉSUMÉ DES TRAVAUX, INTERACTIONS ENTRE ÉQUIPES ET PERSPECTIVES

GÉNÉTIQUE DES POPULATIONS DE PARASITES ET DE VECTEURS (UMR Gemi, IPG, EA3593)

Les approches de génétique des populations ont été appliquées par trois fois: deux études ont été menées sur les parasites (*Plasmodium falciparum* et *P. vivax*) et une autre sur leur vecteur principal, *Anopheles darlingi*. Le détail des stages et les rapports afférents sont disponibles en PDF sur demande.

On notera que l'ensemble de nos résultats concourt à modifier la vision classique selon laquelle la mobilité des populations humaines guyanaises et les forts flux migratoires que connaît ce département-région constitueraient les principaux facteurs locaux de réémergence de foyers de paludisme. Nous montrons au contraire une forte structuration géographique des populations de parasites (autrement dit, une relative déconnection des foyers de malaria). Ce résultat ouvre dès lors des perspectives intéressantes quant à la qualité de l'appréhension tant des facteurs de risque épidémiologique que de la mobilité humaine en Guyane française, perspectives que nous approfondissons avec une collègue géographe, Valérie Morel (MCU à l'université d'Arras) qui est accueillie en délégation-IRD dans notre UMR Gemi pour une affectation en Guyane ayant démarré en 2008.

Le même résultat de forte structuration génétique se retrouvant aussi bien au niveau des parasites que de leur vecteur principal, nos résultats ouvrent donc également des perspectives intéressantes quant à la possibilité d'évolution d'interactions parasites-vecteurs dans les foyers guyanais.

ÉCOLOGIE DES VECTEURS ET RETOMBÉES ÉPIDÉMIOLOGIQUES (UMR Gemi, IPG, CIRE)

Les études de génétique des populations menées sur le vecteur ont été complétées par une analyse écologique de la diversité de Culicidés compétiteurs de vecteurs de paludisme menée à une microéchelle géographique (site expérimental de Rochambeau 200 m x 200 m). Cette analyse a fait l'objet d'un stage d'une étudiante en seconde année d'école d'ingénieurs, J. Hunt, coencadrée par deux partenaires du réseau (R. Ruffine et C. Chevillon, UMR Gemi; R. Girod à l'IPG). Les premières analyses de ce travail laissent entrevoir une très forte hétérogénéité d'habitats à une microéchelle (200 m x 200 m) le long de l'écotone forêt-savane, et donc à des habitats disponibles pour *An. darlingi* (ou d'autres vecteurs secondaires de malaria) qui s'avèrent correspondre à un maillage particulièrement serré sur le terrain. Ces premiers résultats seront à mettre en regard de ceux obtenus sur la structure génétique des populations de vecteurs (ci-dessous).

INTERACTIONS ENTRE PARASITES MODULÉES PAR LE SYSTÈME IMMUNITAIRE HUMAIN ET CONSÉQUENCES ÉPIDÉMIOLOGIQUES (UMR Gemi, EA3593)

À l'aide de la modélisation mathématique, nous testons l'hypothèse de l'existence de compromis allocatifs entre les voies immunologiques Th-1 et Th-2, et ce afin de vérifier les interactions antagonistes ou synergiques des coinfections *Plasmodium*-Nématodes sur la réponse immunitaire et la complication pathologique. Ces recherches s'appuient sur une collaboration étroite entre Mathieu Nacher (EA3593) et Marc Choisy (UMR Gemi). Ces travaux ouvrent plusieurs perspectives particulièrement intéressantes, tant du point de vue de recherches fondamentales en épidémiologie, que d'un point de vue appliqué de suivi de santé des populations en zones impaludées.

PUBLICATIONS

Les projets conjoints Écologie de la santé en bassin amazonien (programme CNRS-Amazonie) et Environnement et réémergence de maladies infectieuses en bassin amazonien (Eremiba, programme ANR-SEST) ont donné matière à 9 articles (en ne retenant que ceux parus ou en cours de re-soumission), 9 communications en conférences internationales (dont une sur invitation) et 3 communications en conférences nationales. Toutes ces valorisations ont été cosignées par des membres d'au moins deux des équipes impliquées dans ces programmes.

Choix arbitraire de cinq valorisations de ces recherches

Le choix arbitraire encode les appartenances des coauteurs comme suit:

a. université d'Arras;
b. UMR CNRS-IRD 2724 (Gemi);
c. US-IRD 140 Espace;
d. EA3593-hôpital de Cayenne;
e. institut Pasteur de la Guyane;
f. institut Pasteur de Paris;
g. hôpital de Fort de France;
h. laboratoire de virologie de Paramaribo (Suriname).

- Brou Y.T.[a], Broutin H.[b], Guégan J.F.[b], Faure J.F.[c], Elguero E.[b], Nacher M.[d], Girod R.[e], Chevillon C.[b], Couppié P.[d], « Variabilité hydro-climatique, état de surface et émergence de l'ulcère de Buruli à Cayenne », conférence de l'Association internationale de bioclimatologie, Montpellier, 9-12 septembre 2008.
- Chevillon C.[b] et Dussart P.[e], « Twenty-five Years of Dengue Type-2 Circulation in French Guiana and Surroundings: Lessons on the Continent-island Contrasts in Selection, Migration and Recombination Patterns », Jacques Monod International Conference *Understanding Emergence of Infectious Diseases: Focus on New Experimental and Theoretical Approaches to Virus Evolution*, Roscoff 26-30 septembre 2009.
- de Roode J. et Choisy M[b], « Mixed Infections and Evolution of Parasite Virulence », *The American Naturalist*, n°175, 2010, E105-E118
- Dussart P.[e], Iteman I.[f], Leduc A.[e], Delannoy A.-S.[f], Tran C.[g], Mattheus S.[e], Fatiha N.[h], Tilotma S.-R.[h], Haidi T.K.J.[h], Césaire R.[g], Caro[f], Brisse S.[f], Chevillon C.[b], *Genomic Microevolution of Dengue Virus Type 2 in French Guiana from 1993 to 2006*, à paraître.
- Olson S.H., Gangnon R., Elguero E.[b], Durieux L., Guégan J.F.[b], Foley J.A., Patz J.A., « Links between Climate, Malaria, and Wetlands in the Amazon Basin », *Emerging Infectious Diseases*, n°15, 2009, p.659-662.

Histoire et dynamique du peuplement humain en Amazonie

L'exemple de la Guyane

AUTEURS : Jean-Michel Dugoujon[a], Georges Larrouy[a], Stéphane Mazières[a], Nicolas Brucato[a], André Sevin[a], Olivier Cassar[b] et Antoine Gessain[b]

a. Laboratoire d'Anthropologie moléculaire et Imagerie de synthèse, FRE Amis, université Paul-Sabatier Toulouse-3, CNRS n°2960, Toulouse

b. Unité d'Épidémiologie et Physiopathologie des virus oncogènes, Institut Pasteur, Paris

Notre projet apporte des informations concernant l'étude de la dynamique des populations amérindiennes et noires marronnes (ou Bushinengué) de la Guyane française. Si le peuplement récent est assez bien documenté, l'histoire de la mise en place des anciennes populations autochtones demeure plutôt méconnue, notamment sur le plan archéologique. Toutefois, on dispose de nombreuses données sur le littoral ; elles contrastent avec le hiatus qui caractérise l'intérieur du département, en relation avec la couverture végétale dense et des conditions taphonomiques défavorables. Une description du patrimoine biologique des populations amérindiennes se révèle donc particulièrement utile pour fournir les éléments complémentaires à la compréhension de l'histoire de l'implantation de ces populations.

Depuis le milieu des années 1980, l'avènement de la biologie moléculaire a permis d'accéder directement aux polymorphismes portés par la molécule d'ADN. Plus nombreux, plus polymorphes, et donc plus informatifs, ces marqueurs moléculaires peuvent délimiter très finement les populations, les flux et les courants de migration. Or, avant la mise en place du programme Amazonie du CNRS, ces approches n'avaient pas été possibles pour les populations amérindiennes du Nord-Est amazonien. On ne pouvait donc pas appuyer les éléments apportés par les archéologues et les linguistes concernant la chronologie du peuplement et les relations entre groupes.

Nous nous sommes également intéressés à une autre composante du peuplement de la région : les Noirs Marrons. Ils sont constitués d'un ensemble de populations qui occupe une partie de l'espace guyanais, essentiellement le long du fleuve Maroni. En Guyane française, ils se composent principalement de quatre groupes (Aluku, Saramaka, Paramaka et N'djuka), et n'ont fait à ce jour l'objet d'aucune étude anthropobiologique. Les Noirs Marrons sont les descendants directs de quatre siècles d'esclavage (XVIe-XIXe siècle) durant lesquels près de 300 000 Africains furent déportés sur les berges du Suriname. Les propriétaires des plantations ont veillé à l'éclatement des groupes originaux pour échapper à la menace d'un communautarisme, moteur de rébellion solidaire. Pourtant, celle-ci a bien eu lieu. Constituant des ethnies à part entière, leur culture prend ses racines en Afrique, tout en ayant de larges emprunts aux savoirs amérindiens et européens. Confrontant les résultats d'un marqueur viral à des données génétiques, nous avons analysé les relations avec les tribus amérindiennes et les communautés européennes voisines, et tenté de préciser leurs origines africaines (en apportant de nouvelles données génétiques pour des populations du Bénin et de la Côte d'Ivoire).

Par ailleurs, nous avons réuni des équipes compétentes afin de mener à bien notre proposition. Tout d'abord, l'équipe du Pr Francisco Salzano de l'université fédérale du Rio Grande do Sul (Porto Alegre, Brésil). Spécialiste en génétique des populations amérindiennes, elle est rattachée au projet grâce à la signature en 2002 d'une convention de cotutelle entre l'université fédérale du Rio Grande do Sul (UFRGS) et l'université Paul-Sabatier Toulouse-3 (UPS). Cette collaboration permet l'accès à des échantillons supplémentaires et l'apprentissage de techniques d'analyse indispensables à la compréhension de la mise en place des groupes autochtones guyanais dans le contexte amazonien. De plus, le Pr Antoine Gessain de l'unité d'Épidémiologie et Physiopathologie des virus oncogènes de l'Institut Pasteur (EPVO, Paris) est directement impliqué dans notre problématique touchant à l'origine et à la dynamique des populations noires marronnes, avec également une mise à disposition des échantillons biologiques de ces populations et des résultats relatifs à la distribution géographique des variants du rétrovirus HTLV-I, marqueur d'origine géographique et donc d'éventuelles migrations.

Description des échantillons

Grâce aux missions menées entre 1971 et 1985 sous les auspices du CNRS, de l'Inserm et de l'Institut Pasteur par le Pr G. Larrouy, le Dr E. Bois, ainsi que par notre collaborateur le Pr F.M. Salzano (UFRGS), nous disposons pour les populations amérindiennes d'une banque d'échantillons constituée de près de 900 sérums et globules rouges. Cette biothèque communautaire est unique et inestimable, car il s'agit de populations bien caractérisées, impossibles à reprélever actuellement. Conjointement à la collecte, le Laboratoire Amis de Toulouse, s'appuyant sur des travaux initiés par F. et N. Joly (Centre de protection maternelle et infantile (PMI) du Conseil général de la Guyane, Cayenne), assistés de M. Norino (porte-parole Palikur), a recueilli de nombreuses données sur les systèmes sociaux des populations amérindiennes, en particulier des généalogies très précises. Ces généalogies ont été finalisées chez les Palikur en 2004 par une mission de notre équipe.

La Guyane française est également une région de forte endémie pour l'oncorétrovirus HTLV-1 et les maladies hématologiques associées, en particulier chez les Noirs Marrons. Dans le cadre d'enquêtes d'épidémiologie clinique et génétique à long terme concernant ce rétrovirus humain, réalisées dans la région de Saint-Laurent-du-Maroni, l'unité EPVO de l'Institut Pasteur à Paris (Pr A. Gessain) a recueilli, en collaboration étroite avec le Centre hospitalier et la Protection maternelle et infantile, des données épidémiologiques et des prélèvements sanguins d'une population de près de 400 personnes comprenant des femmes infectées par l'HTLV-1 et leur famille. Pour notre projet, un échantillon de 148 prélèvements provenant de femmes et d'hommes des 4 groupes de Noirs Marrons vivant en Guyane (N'djuka, Paramaka, Saramaka et Aluku) a été constitué.

Analyses génétiques

L'ADN a été extrait à l'aide de méthodes fréquemment utilisées pour la manipulation d'échantillons anciens ou dégradés, et de rigoureuses précautions ont été suivies pour éviter tout risque de contamination par de l'ADN exogène. Les distances génétiques et les indices de diversités ont été estimés afin de décrire

Un homme N'djuka, photographié par Pierre Verger en 1948 sur la rivière Cottica, village de Wanhati, Suriname. On remarque suspendu à l'entrée de la case un ustensile de la vannerie amérindienne appelé couleuvre et utilisé dans toute l'Amazonie dans le processus traditionnel de préparation du manioc.

Photographie représentant une population Wayãpi en Guyane française, dans les années 1960.
Photo : Georges Larrouy

l'identité biologique de chaque population ainsi que leurs relations génétiques. L'obtention de nouvelles séquences plus informatives, sur un plus grand nombre d'échantillons, a permis de définir avec le maximum de précision possible l'origine des souches proviralеs HTLV-1 par rapport aux populations actuelles d'Afrique de l'Ouest. D'une manière générale, en ce qui concerne les composantes amérindiennes et noires marronnes du peuplement de la Guyane française, les résultats génétiques ont été interprétés en tenant tout particulièrement compte du savoir historique apporté par les généalogies, la démographie et la linguistique.

Résultats

À l'image de l'ensemble des populations amérindiennes, les populations autochtones de Guyane présentent très peu de polymorphisme pour les lignées paternelles. L'étude des lignées féminines montre au contraire plus de polymorphismes et les distances génétiques calculées sont statistiquement significatives. Parmi les populations analysées, deux semblent se distinguer en raison de leur diversité biologique plus réduite pour plusieurs systèmes génétiques : les Émerillon de l'intérieur et les Palikur de l'embouchure de l'Oyapock. Dans l'échantillon Kali'na du littoral, nous avons détecté la présence de lignées féminines et masculines très probablement d'origine africaine ou créole (L2d2, K*, E1b1a*, Y*).

Les résultats obtenus sur les Noirs Marrons pour les deux systèmes génétiques uniparentaux montrent une identité biologique africaine très largement préservée à la fois pour les lignées maternelles et paternelles (L* et E* >98 %), malgré quatre siècles de vie en Amérique du Sud. Cela représente un exemple unique dans la diversité génétique des peuples afro-américains. L'absence de flux génique s'oppose aux intenses échanges culturels existant entre les peuples noirs marrons, amérindiens et européens, et apporte un éclairage nouveau sur leur réalité biologique. À partir d'importantes bases de données (8727 lignées maternelles et 8909 lignées paternelles de populations africaines et afro-américaines), nous démontrons une origine ouest-africaine dans laquelle le golfe du Bénin semble être le berceau principal. De cette région un biais sexe-spécifique du reste de l'ancestralité est observé. Si l'origine maternelle des Noirs Marrons part du golfe du Bénin vers le sud de l'Angola, à l'inverse l'origine paternelle part du golfe du Bénin et s'étend vers le Sénégal. Ce biais correspond a de nombreux traits révélés par les historiens de la Traite. Les marqueurs autosomaux (allotypes Gm) démontrent également que dans l'ensemble la diversité génétique africaine est fortement conservée, avec plus de 95 % d'haplotypes communs. Les résultats montrent que les provirus HTLV-1 sont proches des virus HTLV-1 présents sur la côte ouest de l'Afrique, en particulier des souches virales provenant de la Côte d'Ivoire et du Ghana. Ils sont cependant différents des HTLV-1 retrouvés au Sénégal, au Mali et dans la partie ouest de l'Afrique centrale (Cameroun, RCA, Zaïre).

Quels éléments de discussion pour l'histoire du peuplement amérindien et noir marron en Guyane?

Les estimations démographiques concernant les populations amérindiennes font état de crises démographiques qui ont d'abord commencé parmi les populations du littoral, avant d'affecter les groupes de l'intérieur. Ces données soulignent un déclin particulièrement prononcé chez les Émerillon, qui échappent de peu à l'extinction dans les années 1950. Un test de corrélation (coefficient de Spearman) a statistiquement démontré que la variabilité génétique actuelle des Émerillon résulterait des crises démographiques survenues depuis l'époque postcolombienne. De faibles valeurs de diversité génétique ont également été obtenues pour la population Palikur, parfois équivalentes à celles observées chez les Émerillon. Cependant, leur évolution démographique semble comparable à celles des autres groupes amérindiens étudiés (Kali'na, Wayampi et Apalai). En réalité, ce groupe littoral de langue arawak se distingue par une organisation sociale clanique, confirmée par les recueils généalogiques réalisés par le Laboratoire d'Anthropobiologie. Cette identité clanique impliquant l'exogamie clanique et l'endogamie de population est d'ailleurs fortement suggérée par les patronymes. Nous supposons que cette organisation sociale particulière pourrait avoir une influence sur l'identité biologique des Palikur. Cette hypothèse est actuellement testée par simulation informatique. Nous souhaitons notamment tester son rôle sur la diversité génétique d'une population, sur sa force et sa dynamique.

L'étude génétique des populations Noirs Marrons a mis en lumière une forte conservation du patrimoine africain originel et une très faible contribution des populations amérindiennes et européennes, malgré d'importants échanges culturels en Guyane. À l'inverse, la population Aluku qui fut réduite à près de 150 individus au XVIIIe siècle présente actuellement une grande diversité génétique, comparable aux autres ethnies noires marronnes. Ceci peut s'expliquer par l'apport massif d'esclaves chez les Aluku qui aurait maintenu la diversité biologique. Tous ces résultats donnent aux Noirs Marrons une identité génétique largement ouest-africaine, ce qui constitue un exemple exceptionnel parmi les communautés afro-américaines d'Amérique.

Conclusions

L'étude des populations amérindiennes et Noirs Marrons par les marqueurs génétiques des lignées féminines et masculines a révélé trois points relatifs à l'histoire du peuplement de l'espace guyanais, soulignant la concordance entre la génétique et les données historiques, sociologiques et culturelles : (i) chez les populations amérindiennes, la signature au plan biologique des crises démographiques ; (ii) l'influence probable des stratégies matrimoniales sur l'identité biologique mais dont les mécanismes demeurent à préciser ; et enfin (iii) l'importante conservation du patrimoine génétique africain chez les Noirs Marrons.

L'exploitation de la banque d'échantillons amérindiens prélevés il y a plus de 25 ans a montré l'existence de matériel génétique parfaitement exploitable. Ceci autorise des études génétiques complémentaires menées sur les nombreux polymorphismes de l'ADN autosomal, dont l'utilité a été récemment démontrée à l'échelle continentale. En effet, l'étude du peuplement de l'Amérique semble présenter des résultats significatifs en ce qui concerne la distribution de la variabilité génétique au sein de l'espace américain. Or les groupes amazoniens demeuraient peu considérés dans ces grandes synthèses anthropologiques. Grâce à une récente collaboration avec l'équipe du Pr Ruiz-Linares, de l'University College of London, nous élargissons notre problématique pour mieux appréhender :

- les modalités de dispersion des premières populations sud-américaines à la sortie de l'isthme de Panama ;
- les signatures biologiques de mécanismes culturels, telles que les expansions Maipure et Tupi-Guarani, les branches principales des familles linguistiques Arawak et Tupi, ou le principe de fission-fusion précédemment décrit chez les Xavante et les Yanomamo ;
- les mécanismes d'adaptation biologique spécifiques des populations amérindiennes depuis leur installation dans l'environnement sud-américain.

Enfin, pour une meilleure connaissance de l'origine géographique des Noirs Marrons, faisant suite aux travaux menés sur des ethnies du Bénin et de la Côte d'Ivoire (Fon, Ahizi et Yacouba), une mission CNRS-IRD a été réalisée en avril 2010 pour faire des prélèvements biologiques sur les ethnies Yoruba et Bariba.

SÉLECTION DE PUBLICATIONS

- Yang N.N., Mazières S., Bravi C.M., Ray N., Wang S., Burley M.W., Bedoya G., Rojas W., Parra M.V., Molina J.A., Gallo C., Poletti G., Hill K., Hurtado A.M., Petzl-Erler M.L., Tsuneto L.T., Klitz W., Barrantes R., Llop E., Rothammer F., Labuda D., Salzano F.M., Bortoloni M.C., Dugoujon J.M., Ruiz-Linares A., « Contrasting Patterns of Nuclear and mtDNA Diversity in Native American Populations », *Annals of Human Genetics*, à paraître en 2010.
- Brucato N., Cassar O., Tonasso L., Tortevoye P., Migot-Nabias F., Plancoulaine S., Guitard E., Sanchez-Mazas A., Larrouy G., Gessain A., Dugoujon J.M., « The Imprint of the Slave Trade in an African American Population: Mitochondrial DNA, Y-chromosome and HTLV-1 Analysis in the Noir Marron of French Guiana », *BMC Evolutionary Biology*, à paraître en 2010.
- Mazieres S., Callegari-Jacques S.M., Crossetti S.G., Dugoujon J.M., Larrouy G., Bois E., Crubezy E., Hutz M.H., Salzano F.M., « French Guiana Amerindian Demographic History as Revealed by Autosomal and Y-chromosome STRs », *Annals of Human Biology*, à paraître en 2010.
- Brucato N., Tortevoye P., Plancoulaine S., Guitard E., Sanchez-Mazas A., Larrouy G., Gessain A., Dugoujon J.M., « The Genetic Diversity of Three Peculiar Populations Descending from the Slave Trade: Gm Study of Noir Marron from French Guiana », *Comptes rendus biologie*, n° 332(10), 2009, p. 917-26.
- Mazieres S., Sevin A., Callegari-Jacques S.M., Crubezy E., Larrouy G., Dugoujon J.M., Salzano F.M., « Population Dynamic Genetics in the French Guiana Region », *American Journal of Human Biology*, n° 21, 2009, p. 113-117.
- Mazieres S., Guitard E., Crubézy E., Dugoujon J.M., Bortolini M.C., Bonatto S.L., Hutz M.H., Bois E., Tiouka F., Larrouy G., Salzano F.M., « Uniparental (mtDNA, Y-chromosome) Polymorphisms in French Guiana and Two Related Populations – Implications for the Region's Colonization », *Annals of Human Genetics*, n° 71, 2008, p. 1-12.
- Mazieres S., Sevin A., Bonnet F., Crubézy E., Salzano F.M., Larrouy G., « Genetic Studies in French Guiana Populations: Synthesis », *American Journal of Physical Anthropology*, n° 132, 2007, p. 292-300.
- Mazieres S., Guitard E., Sevin A., Joly N., Dugoujon J.M., Salzano F.M., Larrouy G., Crubézy E., « Structure génétique et histoire biologique de trois populations amérindiennes de Guyane française », *Antropo*, n° 11, 2006, p. 51-59.

Les champs surélevés précolombiens

Histoire, sols et impact sur le fonctionnement actuel des savanes côtières de Guyane

AUTEURS : Doyle McKey[a], professeur, Université de Montpellier-2, et Stephen Rostain[b], chargé de recherche, CNRS
a. Centre d'écologie fonctionnelle et évolutive, UMR Cefe, université Montpellier-2, CNRS n° 5175, Montpellier ; b. UMR Archéologie des Amériques, UMR Archam, université Paris-1, CNRS n° 8096, Nanterre

La frange côtière de Guyane française fait partie de la large plaine quaternaire qui s'étend sur quelque 1600 km de l'embouchure de l'Amazone au delta de l'Orénoque. Sur la plaine côtière ancienne, les marais sont sillonnés d'étroits et longs cordons sableux, appelés cheniers, de plusieurs dizaines de mètres de largeur et pouvant atteindre 100 km de longueur. Ce sont les vestiges d'anciennes plages. Dans de nombreuses savanes, des structures atypiques, des buttes de terre très régulières, ont été décrites. Elles présentent une grande variabilité de taille et de forme. C'est sur ces paysages, formés par les buttes, que portait notre intérêt et sur lesquels nous avons construit notre projet.

Dans les Guyanes, on trouve toute une diversité de sites présentant des buttes. Elles ont tout d'abord été interprétées comme des champs surélevés précolombiens, leur répartition – du fleuve Berbice au Guyana oriental à l'Île de Cayenne en Guyane française – correspondant en fait à la répartition de la culture archéologique dite Arauquinoïde (Rostain, 2008). Les premiers sites Arauquinoïdes, dans l'ouest de cette aire, ont été datés à 650 après J.-C. et s'étendent partout le long de la côte à partir de 1000 après J.-C. et jusque vers 1650 après J.-C. La plus haute densité de ces structures se trouve à l'est du territoire Arauquinoïde, c'est-à-dire en Guyane française, où vivaient les dernières communautés Arauquinoïdes. Cependant, à part cette corrélation dans l'espace (qui est, il est vrai, bien frappante), peu de faits démontraient de façon incontestable jusqu'à présent que les gens qui habitaient les sites archéologiques étaient les mêmes qui avaient pratiqué la culture sur buttes. Des questions subsistaient sur l'histoire de ces paysages et de nouvelles questions se développaient sur leur écologie contemporaine. Comment ces paysages ont-ils été formés ? Par l'Homme ou par des processus naturels ? Notre hypothèse de travail était qu'à l'origine, ces paysages avaient peu de relief, et que l'hétérogénéité topographique marquée que l'on peut voir aujourd'hui a été induite par l'Homme. Ces buttes, édifiées à des fins agricoles, étaient en fait des champs surélevés. Si cette hypothèse était validée, pouvait-on mettre en évidence un lien incontestable entre les complexes de buttes et les sites archéologiques à proximité ? Ces sites datent-ils de la même époque ? Y a-t-il une correspondance entre les plantes cultivées sur buttes et les plantes consommées ? Il est à noter que la question des champs surélevés en savanes inondables, tout comme celle concernant les *terra preta* en forêt, est au cœur du débat actuel sur le degré de transformation des écosystèmes amazoniens par les occupants précolombiens. Une partie de ces questions a mobilisé toute une cohorte de chercheurs lors de la phase 1 du programme Amazonie, rejoints dans la phase 2 par des chercheurs venus d'autres disciplines (1). Deux grands domaines de

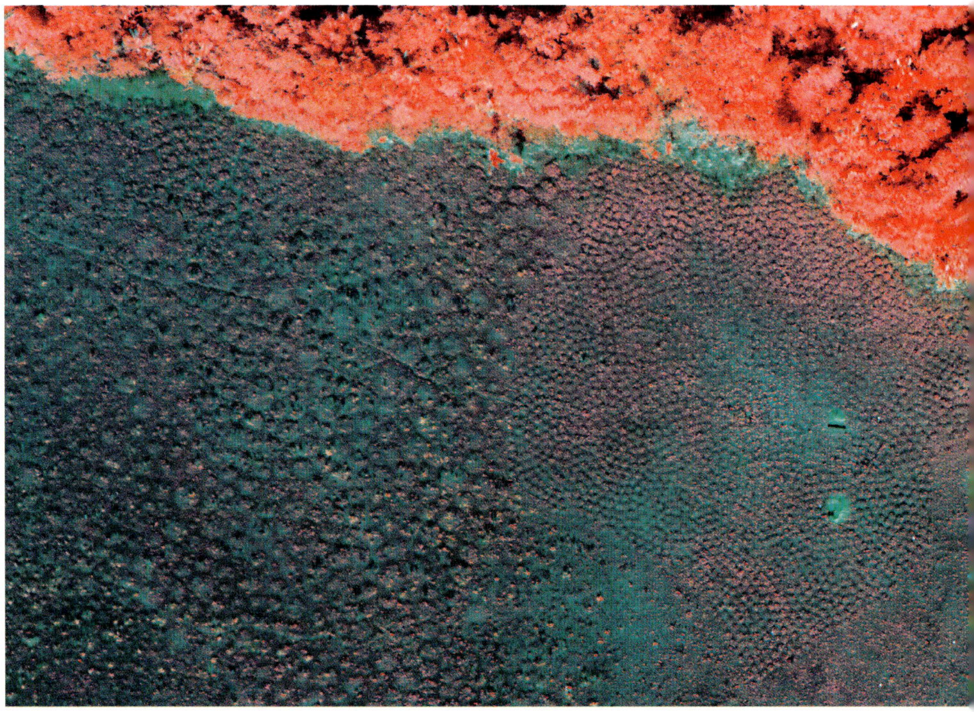

Petits et grands champs surélevés dans la savane d'Organabo photographiés en cerf-volant. Les sondages des chercheurs sont visibles à droite.

Photo : Bruno Roux, L'Avion Jaune

La fourmi champignonniste *Acromyrmex octospinosus* est un ingénieur naturel d'écosystème.

Photo : Delphine Renard

1 Participants au programme sur la phase 1 : Jago Birk, pédologue (université de Bayreuth, Allemagne), Lydie Clerc, archéologue (université de Paris-1), Guy Dauphin, archéologue (Service régional d'Archéologie, Guyane), Éric Gassies, archéologue (Service régional d'Archéologie, Guyane); Bruno Glaser, anthropologue (université de Bayreuth), Nicolas Guillaume-Gentil, archéologue (université de Neuchâtel/UMR Archam, Nanterre), Alexander Haenel, pédologue (université de Bayreuth, Allemagne), Martin Hitziger, pédologue (université de Bayreuth, Allemagne), José Iriarte, archéobotaniste (université d'Exeter, Royaume-Uni), Robert Lensi, biologue (CNRS, UMR Cefe, Montpellier), Doyle McKey, écologue (CNRS, UMR Cefe, Montpellier), Delphine Renard, écologue, (CNRS, UMR Cefe, Montpellier), Stéphen Rostain, archéologue (CNRS, UMR Archam, Nanterre), Bruno Roux, imagerie aérienne (L'avion jaune, Maison de la Télédétection, Montpellier), Jennifer Watling , archéobotaniste (université d'Exeter, Royaume-Uni). Sur la phase 2, Manuel Arroyo-Kalin, géoarchéologue (université de Durham, Royaume-Uni), Mathias Schnier, ethnologue (université de Bayreuth, Allemagne), et Alexandre Wotowiec, archéologue (université de Bordeaux), se sont joints à cette équipe.

recherche se retrouvaient ainsi en interaction : celui de l'histoire et celui de l'écologie. Nos travaux ont abouti dans les premières publications conjointes de l'équipe (McKey *et al.*, 2010 ; Iriarte *et al.*, 2010).

La première question était de déterminer si ces buttes étaient d'origine naturelle ou anthropique. Il existe des buttes régulières naturelles, comme des gilgaïs. Les travaux réalisés par D. Renard dans le cadre de son master 2 et de sa thèse démontraient que si la nature pouvait former des séries de petits monticules, dans des sites sans relief ni gradients environnementaux, ces structures n'étaient jamais organisées selon un schéma géométrique (par exemple en quadrillage, comme observé dans nos sites et photographié par Bruno Roux (photo p. 132, *supra*). Les buttes de Guyane obéissant à une organisation par endroits parfaitement quadrillée, ou montrant même des patrons géométriques encore plus marqués, elles sont indubitablement d'origine humaine. En outre, les buttes allongées rectilignes, parfois associées aux buttes rondes, n'existent pas naturellement dans des sites sans pentes ou autres gradients marqués.
Pour certains de nos sites, la preuve directe de l'origine anthropique des buttes a été fournie par la présence d'un horizon A enterré, c'est-à-dire, l'ancienne surface du sol qui a été couverte lors de la construction du monticule. L'ancienne surface enterrée est reconnaissable par la présence d'une couche à fort taux de matière organique couverte par une couche moins riche en matière organique contenant du matériel pris des couches du sol plus profond, ajouté pour construire la butte (McKey *et al.*, 2010). La datation par ^{14}C de la matière organique des horizons A enterrés et du charbon de bois trouvé lors des fouilles des foyers dans les sites résidentiels, a montré aussi que la construction des buttes et l'occupation des sites étaient contemporaines, établissant pour la première fois un lien direct entre les champs surélevés et les villages de la culture Arauquinoïde (McKey *et al.*, 2010).
La localisation des différents types de champs surélevés, relativement à la topographie des sites, indique une certaine organisation (McKey *et al.*, 2010) : les grands champs surélevés sont situés dans les aires les plus inondées ; les champs surélevés de dimension moyenne suivent la courbe des talwegs dans les savanes ; une majorité de champs surélevés sont disposés le long des barres sableuses ; les champs surélevés petits et moyens couvrent toute la superficie des savanes inondables totalement sèches en août. Ce type d'organisation spatiale représente la signature de l'intervention de l'homme dans ces milieux, reflétant une gestion différentielle des terrains cultivés en fonction du drainage. L'organisation des buttes suivant les contraintes de drainage est aussi observée au sein de certains sites : les grands champs surélevés arrondis sont dans le marais ; au pied des barres prélittorales, des billons sont disposés dans le sens de la pente pour faciliter le drainage ; sur la partie haute, les billons sont arrangés perpendiculairement à la pente pour retenir l'eau. Par ailleurs, les complexes de buttes sont toujours localisés au sud des cordons sableux où étaient implantés les villages.
Peu de choses étaient auparavant connues sur les constructeurs eux-mêmes, aussi une fouille programmée fut-elle réalisée (sous la direction de S. Rostain avec un financement complémentaire du ministère de la Culture) en août 2007 à la sortie ouest du village d'Iracoubo, dans le site de Sable Blanc, implanté au sommet d'un cordon sableux. Il fut choisi car, découvert depuis peu, il était proche de complexes de champs surélevés et paraissait être de culture Arauquinoïde. En outre, ce site est exceptionnel par la combinaison de trois fonctions spécifiques, chacune bien délimitée dans l'espace : résidentielle, funéraire et agricole (une aire agricole contemporaine est également accolée au site). Une aire de 330 m² a été décapée manuellement à la pelle dans l'espace domestique afin de retrouver les traces anthropiques (trous de poteaux de maisons, foyers, aires de rejet, poteries entières, caches et sépultures) et d'observer leur répartition et leur organisation spatiale. Les 25 datations au ^{14}C ,réalisées (Centre de datation par le radiocarbone, Lyon) ont permis de situer l'occupation des lieux entre le début du XIe siècle et le milieu du XIIIe siècle. Les datations et le matériel céramique correspondent très exactement à la culture Arauquinoïde.

À Sable Blanc, nous avons aussi déterminé les grains d'amidon prélevés sur les surfaces de plaques à cuire en céramique du site d'habitat servant à la préparation des aliments (équipe J. Iriarte). Ce travail a montré que le maïs et le manioc étaient consommés par les habitants du site (McKey *et al.*, 2010).
Les champs surélevés ont été étudiés dans cinq autres sites par les archéobotanistes (équipe J. Iriarte) et les pédologues (équipe B. Glaser/J. Birk) afin de compléter l'image de l'ensemble des plantes cultivées par les Amérindiens et de mieux comprendre l'histoire écologique de ces sites : Piliwa à l'embouchure du Mana, Grand Macoua et Organabo à l'ouest de Sable Blanc, et Bois Diable et K-VIII, près de Kourou. Des phytolithes de maïs étaient abondants dans les quatre sites (McKey *et al.*, 2010 ; Iriarte *et al.*, 2010). À Organabo, les phytolithes de trois différents organes du maïs furent trouvés : les feuilles, l'épi et les feuilles de cosse. Ceci suggère fortement que les agriculteurs intégraient les résidus des plantes cultivées dans les buttes après la récolte afin d'augmenter la fertilité. Cette technique est encore pratiquée de nos jours par les fermiers cultivant sur champs surélevés. Les mêmes résultats sont issus des analyses de Grand Macoua. L'analyse des phytolithes prélevés dans les longs billons de Piliwa révèle la culture d'une autre plante du genre *Cucurbita* (McKey *et al.*, 2010 ; Iriarte *et al.*, 2010).
Dans les sites d'Organabo et de Grand Macoua, des échantillons ont été prélevés le long d'une colonne stratigraphique descendant jusqu'à 70 cm de profondeur. Les phytolithes présents à différentes profondeurs donnent une image de la communauté végétale dominante à différents pas de temps, des plus anciens en profondeur et des plus récents en surface. Ces analyses révèlent deux tendances qui évoluent de façon parallèle. La première tendance est l'augmentation de la proportion relative de graminées de la sous-famille des Panicoideae du niveau argileux inférieur vers les niveaux supérieurs plus organiques, et la diminution de la proportion des Cyperaceae et de dicots herbacées de la profondeur à la surface. La deuxième tendance est la progression d'une végétation plus homogène au niveau inférieur à une végétation plus différenciée entre buttes (graminées) et matrice *(Cyperaceae)* près de la surface.
Ces résultats sont confirmés par les analyses isotopiques de la matière organique du sol, qui montrent une transition d'une signature isotopique homogène en profondeur, indiquant une plus forte proportion de plantes en C_3, à une signature isotopique hétérogène vers la surface, les buttes portant le signal d'une contribution plus forte de plantes en C_4 (graminées de la sous-famille des Panicoideae) et la matrice le signal d'une végétation dominée par de plantes en C_3 (dicots herbacées et la plupart des *Cyperaceae*). La végétation actuelle dans nos sites d'étude montre ce même patron, avec une plus forte proportion de plantes en C_4 sur les buttes et de plantes en C_4 dans la matrice (McKey *et al.*, 2010 ; D. Renard *et al.*, en préparation). Le changement de communauté végétale constaté peut être interprété comme le résultat d'un changement environnemental : le passage d'une savane naturellement plate et inondée à une savane où l'hétérogénéité à été induite par l'homme, parsemée de champs surélevés.
Dans un paysage où 2,5 à 3 m de pluie par an devrait conduire à une érosion considérable, comment ces buttes persistent-elles ? Nos résultats (McKey *et al.*, 2010) soutiennent l'hypothèse que la création des buttes par les agriculteurs a transformé le fonctionnement de l'écosystème, mettant en marche des processus auto-organisants qui maintiennent les buttes contre l'érosion. Dans ces paysages, les buttes sont les seules parties à ne pas être inondées durant la saison des pluies. Elles concentrent ainsi une ressource cruciale – des sols bien aérés – qui attire de nombreux organismes, parmi eux des « ingénieurs d'écosystèmes », organismes qui, par les effets physiques et chimiques de leurs activités modifient, ou maintiennent, les habitats. Les insectes sociaux (termites et fourmis) construisent leurs nids uniquement sur les buttes. « *Central place foragers* », ces insectes apportent de la matière organique vers le nid, et transportent de la matière minérale des couches profondes du sol vers la surface. Cet apport de matériel compense, au moins partiellement, l'érosion. La matière organique et les sols aérés attirent des vers de terre, également concentrés sur les buttes. L'accumulation et la transformation de la matière organique sur les buttes favorise le développement

Vue aérienne de champs surélevés précolombiens.
Photo : Stephen Rostain

des plantes, qui à leur tour déposent de la litière sur les buttes. Les activités des ingénieurs modifient aussi les propriétés physiques des sols. La porosité créée par les vers de terre et autres ingénieurs augmente la capacité d'infiltration d'eau, qui atteint sur les buttes des valeurs neuf fois supérieures à celles caractérisant la matrice à côté. Sur les buttes, l'eau s'infiltre au lieu de ruisseler, diminuant l'érosion. En transportant de la matière sur les buttes et en réduisant l'érosion, les communautés d'ingénieurs d'écosystèmes sur les buttes maintiennent la concentration des ressources (et d'organismes) sur les buttes, et leur déplétion dans la matrice. Ces écosystèmes semblent donc se comporter comme des écosystèmes auto-organisés naturels. Cependant, comme montrent nos observations de l'absence de nouvelles buttes dans un grand tracé de bulldozer vieux d'environ 30 ans, les ingénieurs semblent incapables de construire des buttes eux-mêmes dans ces milieux, au moins pas à l'échelle observée. Ils semblent incapables de produire, durant l'intervalle entre périodes successives d'inondation, des structures suffisamment élevées pour échapper à l'oblitération annuelle. La construction initiale et rapide des buttes par l'Homme semble avoir été une condition nécessaire pour leur colonisation, et leur maintien, par les ingénieurs d'écosystèmes.

Les recherches entreprises dans le cadre de la première phase du programme Amazonie nous ont permis de formaliser ces hypothèses sur l'histoire et l'écologie, et d'obtenir des données en soutien de chacun des chainons postulés liant l'histoire des paysages à leur écologie actuelle. Dans le projet financé par Amazonie 2, nous approfondissons les analyses dans chaque domaine et nous élargissons les types d'approche en incluant de nouvelles disciplines scientifiques. En archéologie et archéobotanique, les recherches couplées sur les artefacts et les microfossiles végétaux sont conduites dans d'autres sites pour tester la généralité de nos premiers résultats. L'analyse des phytolithes, pollen et charbon de bois dans une carotte de 3 m prise dans un marais près d'un de nos sites nous permettra de reconstruire l'histoire de la végétation, du climat et des perturbations anthropiques, et apportera peut-être la réponse à la question cruciale des causes de l'abandon de ces paysages il y a presque un millénaire. L'application d'un panel de méthodes modernes en sciences du sol doit permettre, entre autres, l'estimation des taux de bioturbation et d'érosion, par l'étude de la répartition dans le sol du ^{137}Cs, déposé de façon homogène sur la surface lors des tests thermonucléaires atmosphériques des années 1950-60 et bougé depuis par la bioturbation et l'érosion (V. Pfahler *et al.*, en prép.). Nous examinons les rôles respectifs des différents ingénieurs (comparaison des marqueurs moléculaires, isotopiques et spectrométriques dans les structures biogéniques produites par chaque ingénieur et dans le sol) comme acteurs dans le mouvement et la stabilisation des sols. En écologie, nous avons mis en marche (D. Renard et D. McKey, avec un financement complémentaire du programme interdisciplinaire CNRS « Ingénierie écologique ») des expériences contrôlées en grandeur nature sur le terrain pour tester (et quantifier) les rétroactions postulées dans le fonctionnement de l'écosystème.

Nos résultats ont des implications profondes pour la résolution de la controverse sur l'échelle des impacts humains précolombiens en Amazonie et sur leur héritage écologique actuel (McKey *et al.*, 2010). Ils auront également à terme des applications importantes dans l'écologie fondamentale – en fournissant un système modèle pour l'étude expérimentale de l'auto-organisation dans l'écologie – et dans la poursuite de l'objectif, devenu aujourd'hui crucial, de domestiquer la nature de façon plus intelligente. L'étude des « savoirs locaux fossiles » par l'analyse de ce système précolombien peut nous montrer comment il est possible de combiner la production agricole avec le maintien de services écosystémiques et de la biodiversité.

SÉLECTION DES PRODUCTIONS

- Iriarte J., Glaser B., Watling J., Wainwright A., Birk J.J., Renard D., Rostain S. et McKey D., « Late Holocene Neotropical Agricultural Landscapes: Phytolith and Stable Carbon Isotope Analysis of Raised Fields from French Guianan Coastal Savannahs », *Journal of Archaeological Science*, 2010.
- McKey D., Rostain S., Iriarte J., Glaser B., Birk J.J., Holst I. et Renard D., « Pre-Columbian agricultural landscapes, Ecosystem Engineers, and Self-organized Patchiness in Amazonia », *Proceedings of the National Academy of Sciences of the United States of America*, nº 107, 2010, p. 7823-7828.
- Rostain S., « Le littoral des Guyanes, héritage de l'agriculture précolombienne », *Études rurales*, nº 181, 2008, p. 9-38.
- Renard D., Schatz B. et McKey D., « Ant Nest Architecture and Seed Burial Depth: Implications for Seed Fate And Germination Success In A Myrmecochorous Savanna Shrub », *Ecoscience*, à paraître.
- Rostain S., « Pre-Columbian Earthworks in Coastal Amazonia », *Diversity* nº 2(3), 2010, p. 353-369.

Des Amérindiennes Palikur examinent la pousse du manioc dans une parcelle récemment plantée vers Saint-Georges-de-l'Oyapock. Ces agriculteurs pratiquent la technique de la plantation sur brûlis, répandue dans toute l'Amazonie.

Impact des occupations amérindiennes anciennes sur les propriétés des sols et la diversité des forêts guyanaises

Projet Couac

AUTEURS: Sylvie Jérémie[a], adjointe scienfique et technique à l'Inrap, et Étienne Dambrine[b], directeur de recherche, Inra
a. Institut national de recherches en archéologie préventive, Centre archéologique Inrap-Dom Guyane-Guadeloupe-Martinique, Cayenne ; b. UR Biogéochimie des écosystèmes forestiers, Institut national de la recherche agronomique, Inra, Centre de Nancy, Champenoux

Contributions pour les différents aspects : Prospection et installation des sites en forêt : Stéphane Guitet[a], Olivier Bruneaux[a], Bruno Hérault[d], Lilian Blanc[d] - Occupation amérindienne des sites: Michaël Mestre[b], Martin VandenBel[b], Matthieu Hildebrand[b], Sylvie Jérémie[b]
Végétation : Daniel Sabatier[c], Jean François Molino[c], Bruno Hérault[d] - Sols : Étienne Dambrine[e], Jean Luc Dupouey[e], Vincent Freycon[f], Bruno Ferry[g], Mathilde Desprès[d], Jean Christophe Rogy[d], Anne Marie Domenach[d], Tatiane Reis[d]
Diversité génétique : Yvan Scotti[d], Caroline Scotti[d], Stéphanie Barthe[d]
a. ONF, Cayenne ; b. Inrap, Cayenne ; c. UMR Amap, IRD, Montpellier ; d. UMR Ecofog, Kourou ; e. Inra, Nancy ; f. Cirad, Montpellier ; g. AgroParisTech, Nancy

Le projet Couac est le fruit de la rencontre des deux développements récents de l'écologie et de l'archéologie forestière. D'une part, les écologues des forêts tempérées ont progressivement pris conscience de l'importance et de l'extrême durée de l'impact des activités agricoles anciennes dans les forêts actuelles. D'autre part, les archéologues travaillant en forêt tropicale depuis deux décennies ont mis en évidence des sites d'activité humaine de plus en plus nombreux, dispersés sur l'ensemble de la région, suggérant que le paysage forestier actuel pourrait être plus marqué par ces activités que ce qui était envisagé auparavant. Ce programme s'inscrit dans une vision dynamique des paysages amazoniens actuels issus d'interactions environnementales et humaines. L'influence de l'homme sur la côte des Guyanes, depuis au moins 7 000 ans, est régulièrement mise en avant par la découverte de multiples sites archéologiques dispersés de manière homogène et régulière. Cependant, l'histoire des disciplines environnementales nous montre que l'impact de l'anthropisation sur le milieu amazonien, et plus

Une montagne couronnée sur la commune de Maripasoula est visible sur ce modèle numérique de terrain issu d'une couverture en télédétection laser aéroportée (Lidar) réalisée en 2007. On voit bien le fossé, qui délimite une surface d'un demi-hectare. Le fossé est large d'une dizaine de mètres et profond de trois mètres, et reste visble dans le paysage plus de 1 000 ans après son abandon.
Illustration : DAO Inrap

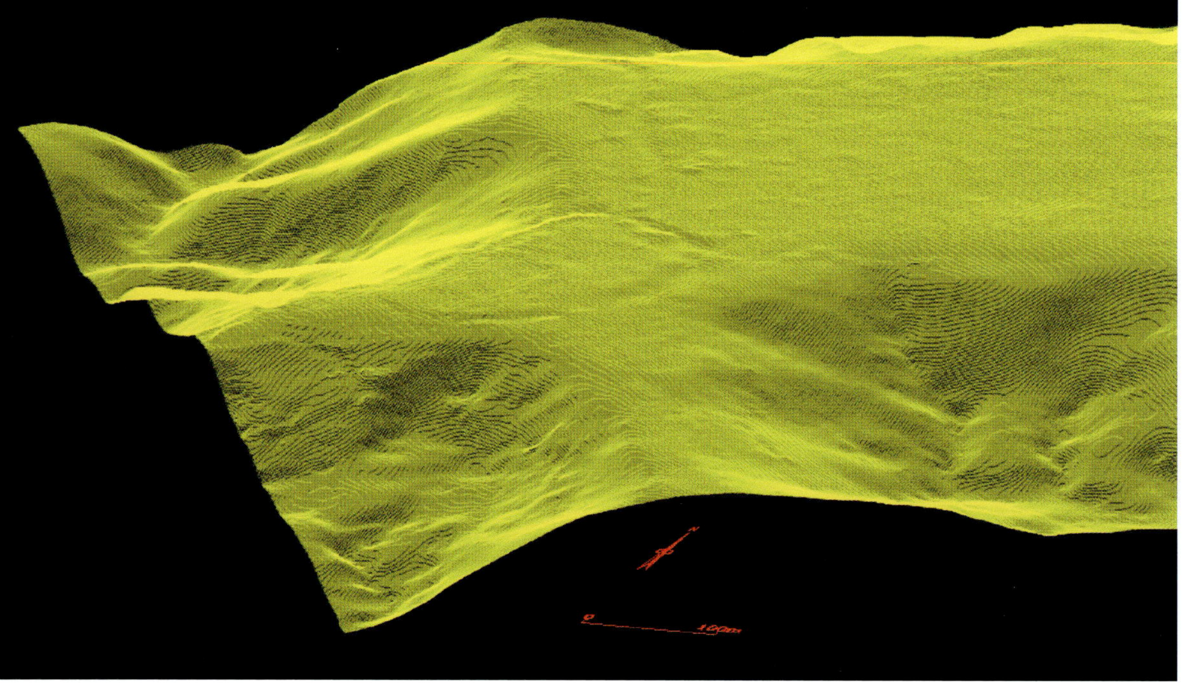

spécifiquement sur ses marches septentrionales, a été sous-estimé, voire occulté. Si le monde amazonien est né à l'Occident au moment de la conquête, son histoire est longue et son peuplement est ancien. L'ambition générale de ce projet est de développer l'étude des conséquences des activités amérindiennes passées sur divers aspects du fonctionnement actuel de l'écosystème forestier guyanais. Son objectif plus précis est de comprendre comment les activités amérindiennes anciennes influencent tout à la fois les propriétés des sols et la diversité végétale. Nous pourrons ainsi définir l'impact de l'anthropisation amérindienne ancienne sur les paysages actuels.

Amenées au contexte guyanais, ces considérations ont permis d'établir trois questions charnières qui constituent l'assise du projet Couac :

- jusqu'à quel degré les forêts tropicales actuelles ont-elles été occupées par l'homme ?
- ces usages anciens ont-ils modifié significativement la fertilité des sols ?
- la diversité des espèces actuelles pourrait-elle en partie être expliquée par ces usages anciens ?

Pour mener à bien ce projet, deux axes de recherches ont été privilégiés lors de son élaboration :

- dans des sites forestiers de référence où des inventaires floristiques précis ont été établis par des botanistes sur de vastes surfaces (citons pour exemples les sites de Paracou et de Saint-Elie), des prospections et des sondages archéologiques couplés à des analyses de sol sont réalisés, afin de caractériser les relations spatiales entre diversité floristique, propriétés des sols et usages anciens ;
- dans des sites forestiers où les archéologues ont mis en évidence des sites amérindiens importants ayant conduit à des modifications profondes du paysage et de la structure des sols, les propriétés physiques, chimiques et microbiologiques des sols et la diversité floristique et génétique sont analysées, en référence à des sites homologues sans trace d'occupations anciennes.

Les premiers temps du projet

Au début du projet, l'activité s'est concentrée sur le travail de prospection pour dresser la liste des sites appartenant soit à la catégorie des aires à diversité écologique connue et dépourvues de traces d'occupation humaine, soit à celle dont l'occupation humaine ancienne est attestée et la forêt intacte, considérées comme « témoin ». Sur chacun des sites retenus et leurs témoins respectifs, des analyses archéologiques, pédologiques, botaniques et génétiques ont été conduites.
Le choix des sites archéologiques, très diversifiés sur l'ensemble du territoire guyanais, s'est porté sur des sites structurés : des montagnes couronnées, reliefs ceints de fossés périphériques à leur sommet. Ces implantations amérindiennes anciennes restent marquées dans le paysage comme en attestent aujourd'hui des relevés par télédétection laser aéroportée (Lidar) ou plus anciennement des clichés photographiques aériens. La convergence de deux éléments : présence humaine et aménagement ancien et permanent du territoire ont favorisé notre choix. Ces lieux de vie restent très variables au niveau typologique. Quant à leur valeur fonctionnelle, elle reste à définir : habitat sporadique, habitat continu, lieu de repli, tout reste possible.

Les caractéristiques des sols grâce à l'apport de la pédologie

À la suite de la première phase de prospection des sites d'étude, l'équipe a entamé une première caractérisation des sols, pour comparer ces résultats avec les témoins et, plus largement, avec les données guyanaises disponibles. Les prélèvements, observations et analyses des sols aboutissent à une comparaison des propriétés des sols sur et hors des sites anthropisés. De manière générale, les sols des sites archéologiques se rapprochent des *terra mulata*, selon la classification des sols amazoniens. Ce sont des sols nettement plus sombres que les sols témoins non anthropisés.

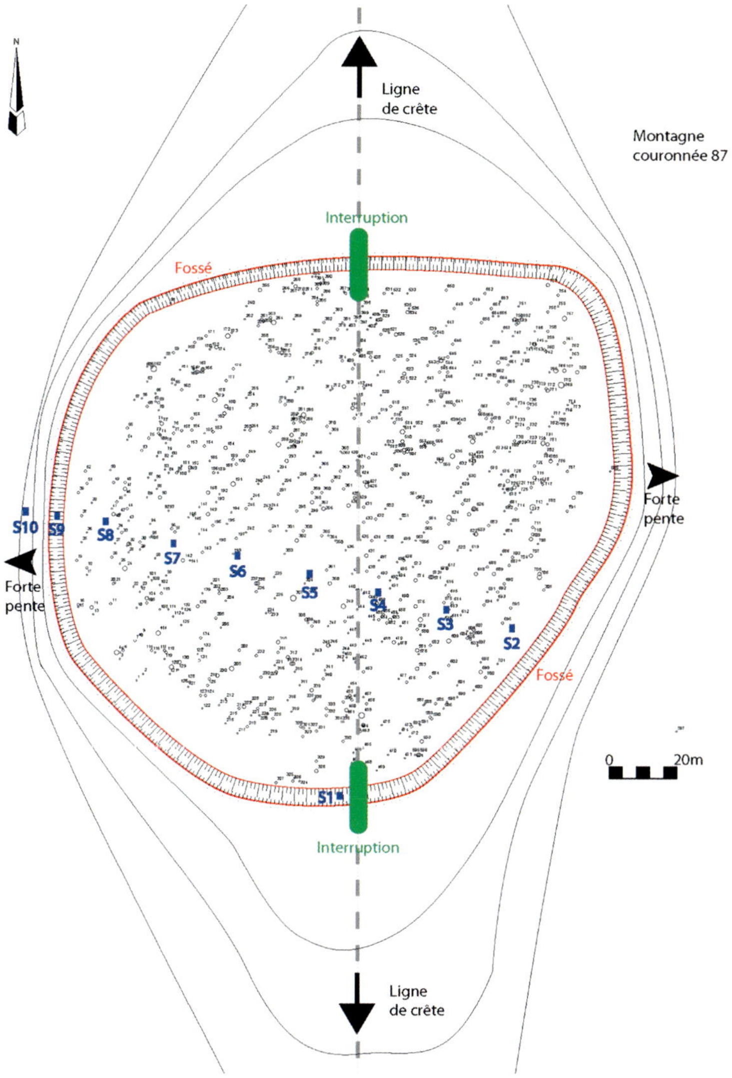

Plan général de l'implantation d'un site de montagne couronnée (site MC87), avec le positionnement des sondages archéologiques, en bleu, et l'ensemble des prélèvements réalisés pour les analyses chimiques et pédologiques.
Illustration : DAO Inrap

L'horizon superficiel (appelé horizon « A »), sombre, mesure de 20 à 40 cm d'épaisseur, et sa transition avec l'horizon ferralitique (appelé horizon « B ») sous-jacent est graduelle. Cette caractéristique est constante. Elle rappelle les caractéristiques de sols forestiers européens anciennement cultivés. L'horizon B supérieur apparaît « sale ». Cette couleur sombre reflète des teneurs en carbone plus élevées. En lame mince, dans l'horizon A, on note la présence de très nombreuses particules isotiques noires de toutes tailles, dans lesquelles on reconnaît parfois des structures végétales, des charbons. Mais la couleur sombre générale de l'horizon est aussi due à une imprégnation générale du plasma, la matrice du sol considéré. La fréquence des charbons diminue fortement dans l'horizon B et des cutanes argileux apparaissent.
Les premiers résultats des analyses isotopiques montrent une abondance naturelle en isotope de carbone 13C (∂13C) caractéristique de forêt. Ce résultat montre que ces sols n'ont pas été durablement cultivés par des graminées tropicales et plaide pour une incorporation dans le sol de produits carbonés issus très majoritairement de la forêt. Des analyses préliminaires des dérivés acides polycarboxyliques du benzene (Wulf Amelung, comm. pers.) montre que ces acides, caractéristiques des charbons, sont nettement plus abondants sur les sites archéologiques et que la différence est d'autant plus marquée dans l'horizon compris entre 20 et 40 cm de profondeur. La teneur des sols en azote est aussi plus élevée sur les sites anthropisés anciennement.

Les caractéristiques de la forêt, les avancées botaniques

Une fois des placettes installées, des inventaires botaniques ont été réalisés sur les sites amérindiens sélectionnés. Les premières observations menées sur les

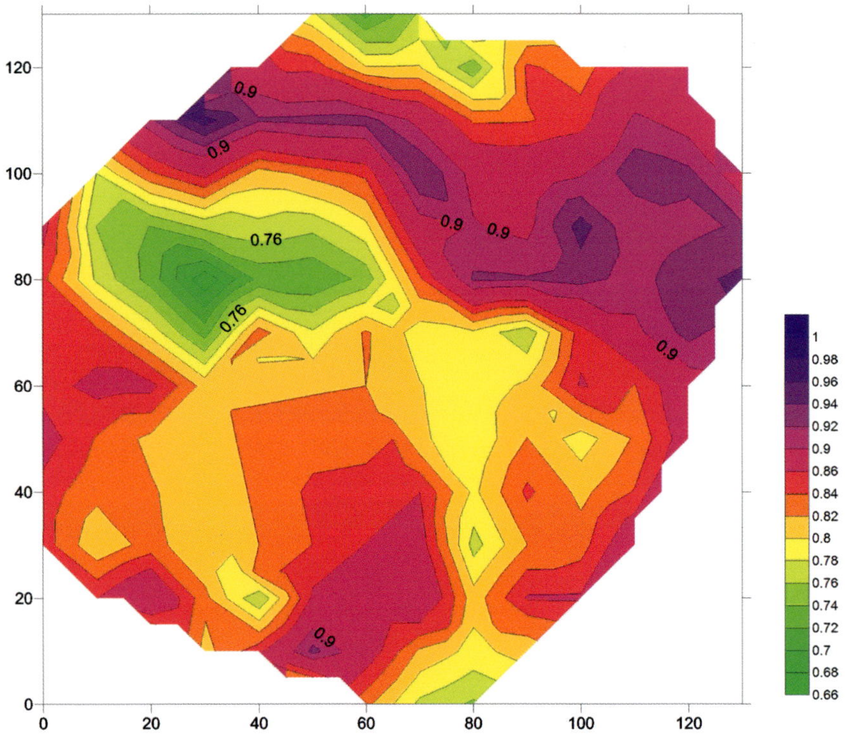

Carte de la richesse botanique spécifique de la parcelle Montagne Couronnée MC 87. Cette carte des variations spatiales de la diversité du peuplement arborescent correspond à la mesure locale du nombre d'espèces que renferme un échantillon standard de 30 individus. On note que les variations de diversité locale s'organisent dans l'espace et ont une amplitude relativement forte.
Illustration : Daniel Sabatier

sites archéologiques font état d'une occupation humaine ancienne intense. Sans présumer des conclusions qu'apporteront les autres travaux conduits sur ces sites, nous formulons l'hypothèse que la végétation et les processus écologiques qui président à sa dynamique furent profondément transformés lors des occupations humaines et que ces transformations et/ou leurs conséquences pourraient encore être perçues dans le couvert végétal actuel. Ces transformations anciennes du couvert végétal pourraient avoir été (i) des changements de nature : l'éradication plus ou moins étendue de la couverture forestière ; (ii) des changements de structure : éclaircissement sporadique du couvert forestier ; (iii) des changements de « *turnover* forestier » (ou cycle sylvigénétique) sous l'effet des usages et pratiques sur la communauté végétale et/ou sur les facteurs environnementaux dont elle dépend ; (iv) une modification de la communauté végétale par l'apport (volontaire ou involontaire) d'espèces allochtones. Nous attendons donc une répercussion de ces transformations potentielles dans la composition actuelle, voire dans la structure et le *turnover* du peuplement arborescent actuel.

Les caractéristiques biologiques, les avancées génétiques moléculaires

Les activités de l'homme, si elles conduisent à des ouvertures dans la forêt, peuvent permettre l'invasion du milieu par des espèces « pionnières ». L'hypothèse testée dans le cadre de ce projet est que les sites d'occupation humaine sont accompagnés d'invasions biologiques c'est à dire par des changements importants de taille démographique des peuplements de ces espèces. Ces changements peuvent être détectés et datés par le biais des analyses génétiques moléculaires grâce à l'écart qu'ils provoquent à l'équilibre entre mutation et dérive génétique. L'hypothèse envisagée est la suivante : les populations d'arbres qui occupent aujourd'hui des zones de peuplements précolombiens ont dû subir une expansion rapide de leurs populations au moment de leur recolonisation.
La stratégie d'échantillonnage choisie est la même que pour les prospections pédologiques, les sites sont fortement prospectés et la densité d'échantillonnage se réduit au fur et à mesure que l'on s'éloigne des sites anthropisés. L'échantillonnage génétique a été réalisé sur quatre espèces différentes : *Carapa sp.*, *Dicorynia guianensis*, *Virola michelii* et *Vouacapoua americana*. Un disque de cambium a été prélevé pour 324 individus au total, répartis sur deux sites d'études. Pour chacune de ces espèces, des microsatellites nucléaires (SSRs) vont être génotypés. Pour le *Carapa*, le génotypage des microsatellites va être facilité grâce à la mise en place d'un protocole de multiplexage des marqueurs, permettant de réaliser en une fois l'amplification de l'ADN pour 6 microsatellites.

Premier bilan et perspectives

Une des difficultés de ce programme trans-disciplinaire, à la charnière des sciences de l'homme et de l'environnement était de concevoir un projet où les problématiques propres aux sciences humaines seraient intégrées dans une étude liée aux sciences environnementales, sans que les méthodes ou procédures de chacune des disciplines soit prépondérante dans le déroulé du programme. Cet enjeu majeur a été atteint.
D'ores et déjà, les observations pédologiques et les premiers résultats des analyses de sol indiquent des sols plus foncés sur les sites sélectionnés, sans cependant qu'on atteigne des enrichissements dignes des *terra preta*, les terres noires d'Amazonie. Il s'agit donc, plus vraisemblablement, de *terra mulata*, avec des abondances isotopiques en isotope 15 de l'azote élevées, ce qui peut être attribué aux brûlis successifs, ou à un enrichissement en résidus animaux riches en azote. Ce traceur semble relativement fiable. Les teneurs en phosphore sont très variables et pourraient être en relation avec la distance à la rivière, courte pour deux des sites de référence, longue pour un des sites archéologiques, si l'on veut, bien entendu, admettre que la source du phosphore est le poisson pêché.
Les abondances isotopiques en isotope 13 du carbone indiquent que ces sites n'ont jamais été couverts d'une végétation de graminées. La matière organique et les poteries sont incorporées dans les sols jusqu'à environ 40 à 50 cm de profondeur, à l'exception des fosses dépotoirs – les « poubelles » – beaucoup plus profondes. L'activité humaine ou la pédoturbation pourraient en être responsables.
En dépit des prospections archéologiques, nous ne comprenons encore que peu de choses sur ce que représentent les montagnes couronnées : sites d'habitats, sites défensifs, sites cultuels. Ce qui est certain, c'est qu'il s'agissait de campements durables, et les sols en gardent très clairement la trace. Le trait le plus saillant à l'issue de cette première phase de recherches est l'abondance et la diversité des sites anthropisés. De nouvelles occupations ont été systématiquement découvertes lors du tracé de courts transects à partir des sites témoins. L'abondance et la diversité de l'occupation du territoire est donc un enseignement important pour chacune des disciplines environnementales intervenant dans le cadre du projet Couac.
L'analyse et la confrontation des données va maintenant occuper les équipes afin d'aborder avec pertinence les questions centrales du projet : (i) comprendre les conséquences des activités amérindiennes passées sur les paysages forestiers tropicaux actuels et (ii) comprendre comment l'utilisation différentielle du territoire forestier par l'homme a participé au maintien, voire à l'enrichissement, de la biodiversité en forêt tropicale.

SÉLECTION DE PUBLICATIONS OU COMMUNICATIONS

- Jérémie S., Dambrine E., Hérault B., Hildebrand M., Mestre M., van den Bel M., Équipe Ecofog, « L'homme comme vecteur de la biodiversité : un exemple amazonien », XXXe Rencontres internationales d'archéologie et d'histoire d'Antibes : « Des hommes et des plantes : exploitation du milieu et gestion des ressources végétales de la Préhistoire à nos jours », sous la direction de Claire Delhon, Isabelle Théry-Parisot et Stéphanie Thiébault, 2009.
- Jérémie S., Dambrine E., « Forêt vierge, la fin d'un mythe », à paraître.
- Bilodeau C., Deroin J.P., Sittler B., Mestre M., Hildebrand M., Texier P., Clerc P., « Le Lidar. Apports en archéologie », *Archéopages*, n° 23, 2008.

Ce vase funéraire Aristé, anthropomorphe, découvert lors d'une fouille archéologique préventive sur la commune de Saint-Georges-de-l'Oyapock, est le témoin de la richesse des cultures matérielles précolombiennes. Toutes périodes confondues, ces populations ont occupé et façonné l'environnement naturel. Les paysages amazoniens actuels en portent toujours l'empreinte.

Conservation de la biodiversité et développement durable en situation de frontière

Guyane - Brésil ; Brésil - Colombie - Pérou

AUTEUR : Philippe Léna[a], directeur de recherche, IRD - Projet coordonné par Philippe Léna (IRD) et Jean-Pierre Chaumeil (CNRS)
a. Museum national d'histoire naturelle (MNHN), département hommes, natures, sociétés, UMR Paloc patrimoines locaux, IRD, MNHN n°208, Paris

De nombreux pays possèdent des Aires Protégées le long de leurs frontières. Chaque pays peut ainsi contribuer à un ensemble biologiquement significatif en y consacrant une superficie moins importante de son territoire que s'il cherchait à atteindre seul le même résultat. Ce sont souvent des zones naturelles peu propices à des installations humaines denses qui sont ainsi mises à profit (Pyrénées et Alpes, par exemple, en ce qui concerne la France, l'Espagne et l'Italie). La France et le Brésil contribuent à un tel ensemble sur leur frontière commune de l'Oyapock (parc amazonien de Guyane et parc national Montanhas de Tumucumaque (1) et, dans une moindre mesure, parc régional de Guyane et Cabo-Orange (2)). C'est le cas également du Brésil et de la Colombie, du Brésil et du Pérou, selon des modalités différentes (essentiellement des Terres Indigènes, appelées des *resguardo* en Colombie et au Pérou, mais aussi des parcs nationaux et des stations écologiques). Il s'agit de zones de haute diversité biologique dont la conservation est cruciale, alors que les dynamiques en cours voient s'accroître rapidement les pressions sur l'environnement et les ressources.

Les frontières internationales, en Amazonie, ont été longtemps délaissées par les États car il s'agissait de zones éloignées des centres économiques et politiques, donc marginales, peu peuplées et difficiles d'accès. L'essentiel du peuplement s'était effectué le long des côtes et à partir d'elles. Pourtant, l'histoire des « contestés » (notamment celui qui a opposé la France et le Brésil à propos de l'Amapá) ou encore les luttes militaro-religieuses entre Espagnols et Portugais pour la domination du Haut et Moyen Solimões, montrent que ces terres marginales constituaient un enjeu géopolitique important. Les états indépendants ont repris à leur compte les stratégies des pouvoirs coloniaux en confirmant les frontières héritées, voire en cherchant à les repousser (conflit Brésil - Bolivie et la question de l'Acre, Brésil - Guyane, Équateur - Pérou, etc.).

Les deux frontières, objet de cette étude (Guyane - Brésil et Brésil - Pérou - Colombie), ont connu des trajectoires historiques différentes mais partagent cependant un certain nombre de traits communs. Dotées d'une faible densité démographique et d'une composition ethnique à majorité amérindienne, elles ont constitué un espace privilégié pour la création (non sans conflits) d'Aires Protégées (selon différentes catégories) et de Terres Indigènes de grandes dimensions depuis les années 1980. Elles sont par conséquent devenues un enjeu important pour la conservation de la biodiversité. Par ailleurs, ces régions ont été soumises à un processus d'occupation et d'exploitation très semblable durant les deux derniers siècles, basé sur l'extraction de produits naturels pour le marché (peaux de jaguar et de loutre, cuir de caïman, graisse de lamantin, bois précieux, latex, noix du Brésil, plantes à usage médicinal, orpaillage, etc.) ayant parfois conduit à la quasi extinction de certaines espèces au niveau local. Les peuples indigènes de ces régions ont connu un processus de métissage et d'acculturation qui leur a fait perdre en partie leur identité et les a transformés en pourvoyeurs de denrées pour le marché, selon un système connu au Brésil sous le nom d'***aviamento*** (3).

On observe cependant un fort mouvement de re-ethnicisation depuis un peu plus de vingt ans. Ce mouvement a contribué à redéfinir les contours du peuplement local, incluant dans les Terres Indigènes récemment constituées ceux qui se reconnaissaient comme indigènes (ou d'ascendance indigène par un des parents), et excluant les autres. Un autre point commun est que ces frontières, marquées par des fleuves et rivières, n'ont jamais été considérées comme une limite par les populations locales. Elles constituaient au contraire des lieux de passage (4) et d'échange. Aujourd'hui, avec l'expansion des activités économiques et le renforcement des contrôles frontaliers, elles offrent aux habitants des deux côtés de la frontière des opportunités et des avantages comparatifs qui vont des échanges commerciaux légaux aux trafics en tout genre (5).

Les choses sont cependant en train de changer. Les États souhaitent désormais assurer leur souveraineté sur ces portions excentrées de leurs territoires, contrôler les trafics illégaux par une plus forte présence militaire et policière, mettre de l'ordre dans les flux migratoires et les échanges, promouvoir le développement économique et l'exploitation durable des ressources. Les accords récents entre les gouvernements brésilien et français pour cogérer le développement durable le long de leur frontière commune en sont l'expression.

La création d'infrastructures de transport, et le désenclavement qu'elles entraînent, ainsi que les nouvelles dynamiques migratoires qui en seront la conséquence, vont intensifier les pressions sur l'environnement et sur les territoires des populations locales. La dynamique de la mondialisation fait notamment sentir ses effets à travers les projets de l'IIRSA (6) qui encouragent (entre autres) la création d'infrastructures de transport reliant les différents pays, sans aucune discontinuité, de façon à faire baisser les coûts de transport et à favoriser les échanges. Il sera bientôt possible d'aller du Venezuela au Brésil par la route, et le pont sur l'Oyapock s'inscrit parfaitement dans cette logique. Le souhait affiché de « maîtriser le changement » se heurte cependant à des statuts juridiques et fonciers différents, à des populations et à des histoires également différentes, qui rendent difficile la rencontre d'un langage commun.

Nous avons donc imaginé un programme de recherche qui s'attache à construire des référentiels acceptables par les divers protagonistes présents sur ces frontières, en ciblant trois grands ensembles de problématiques.

1. Le plus vaste parc de forêt tropicale du monde (38 821 km²), créé en août 2002.
2. Ce parc de 6 190 km² protège 200 km de zone côtière et d'estuaire (mangroves), mais aussi des terres périodiquement inondées et des zones de « *terra firme* ». Contrairement au parc Tumucumaque, il existe des conflits d'usage avec des communautés de pêcheurs-extractivistes et d'Amérindiens.
3. D'importantes maisons commerciales situées à Belém et Manaus finançaient un réseau de commerçants qui échangeaient des biens manufacturés contre les produits de l'extractivisme, avec pour référence une valeur monétaire estimée par le commerçant. Cette pratique avait pour conséquence un endettement permanent et une grande dépendance sociale.
4. En témoigne la migration des Galibi dits « de l'Oyapock », originaires de la région de Mana (Guyane française) et installés au Brésil.
5. C'est le cas (entre autres) de l'extraction illégale de l'or et du travail clandestin en Guyane, responsables de forts mouvements migratoires, ou encore de l'exportation illégale de certains poissons du Brésil (Haut Solimões) vers la Colombie et, bien entendu, de la cocaïne qui transite le long du rio Javari.
6. IIRSA – Iniciativa para la Integración de la Infraestructura Regional Suramericana.

AIRES PROTÉGÉES ET DE RÉFORME AGRAIRE DU NORD DU PARÁ ET DE L'AMAPÁ

Carte des unités de conservation et des projets de colonisation des États du Pará (au Nord) et d'Amapá

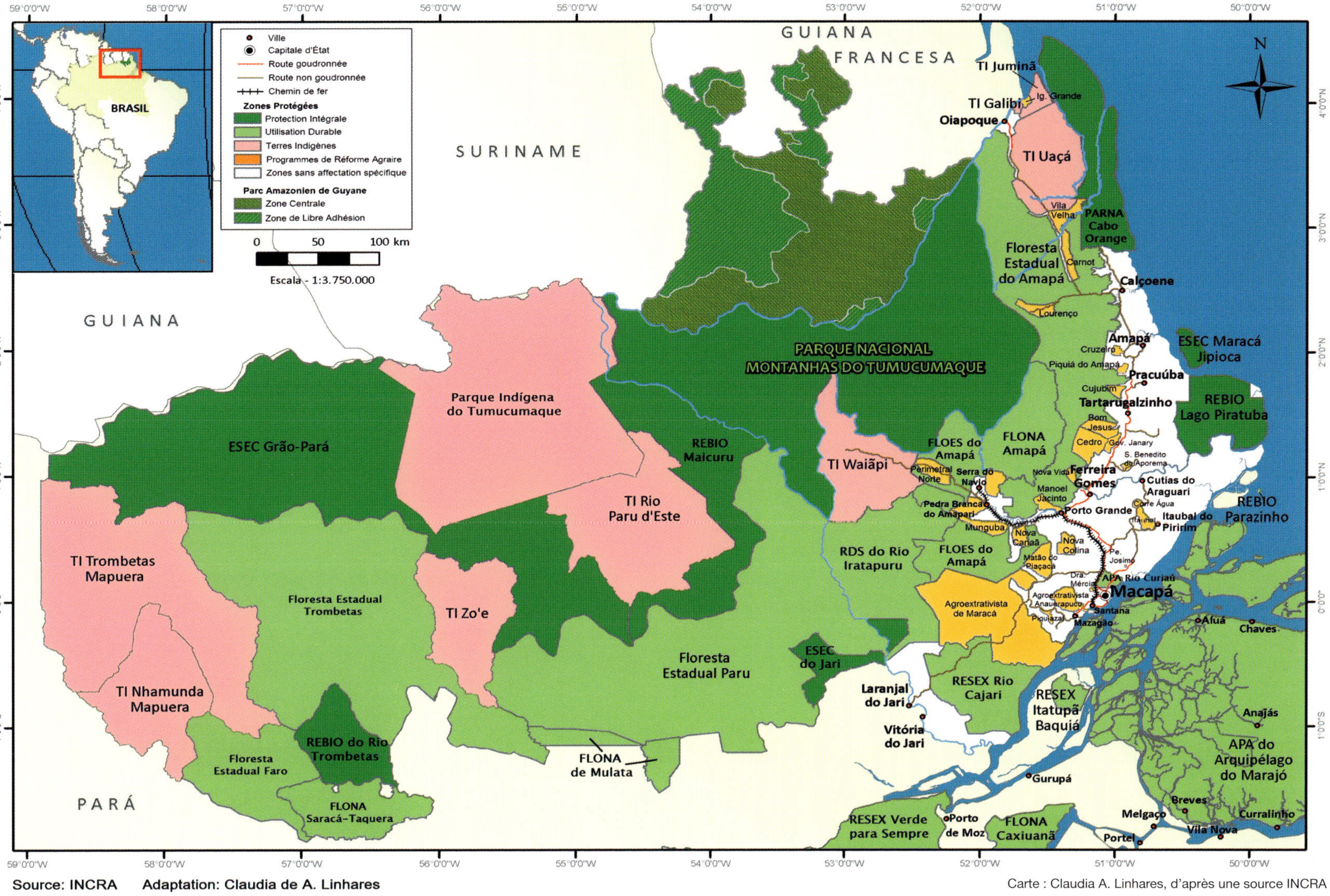

Carte : Claudia A. Linhares, d'après une source INCRA

Le premier d'entre eux est celui de la gestion de la biodiversité dans des zones en transformation rapide.

C'est au niveau de l'affectation des sols et des types d'usage (leur proportion et leur agencement) que se joue une grande partie du destin de la biodiversité. Étant donné la complexité des situations, plusieurs approches sont utilisées simultanément : enquêtes sociologiques, anthropologiques et géographiques, analyse institutionnelle, botanique, etc. Néanmoins, le projet de recherche Gestion territoriale de la biodiversité sur les frontières (GTBF) a pour principal objectif la mise au point d'une méthodologie de diagnostic et de suivi des dynamiques de la biodiversité induites par les activités humaines. Cette méthodologie pourrait constituer un outil de référence commun, capable d'aider les décideurs à évaluer l'impact des politiques publiques qu'ils mettent en place. La méthodologie utilisée (spatialisation de la biodiversité et évolution dans le temps) a recours aux images satellitales et aux diagnostics multidisciplinaires sur le terrain. Elle permet des diagnostics rapides tout comme des études approfondies.

Le deuxième ensemble s'attache à comprendre la complexité des situations foncières et les tensions sociales croissantes.

Les zones considérées connaissent toutes une croissance démographique accélérée. Si la population de la Guyane doit doubler dans les vingt prochaines années, celle de l'Amapá devrait le faire en quatorze ans. Dans les deux cas, la croissance est due en partie à des taux de natalité élevés mais surtout à des mouvements migratoires. Du côté guyanais, la vallée de l'Oyapock est encore peu attractive (situation qui sera certainement modifiée par la construction du pont). Il en va tout autrement du côté brésilien où la proximité de la Guyane exerce déjà un fort attrait. Durant les vingt dernières années, la composition démographique du *municipe* d'Oiapoque (orthographe utilisée du côté brésilien) est devenue essentiellement allogène. On peut faire l'hypothèse qu'une part importante de la croissance démographique de l'Amapá se concentrera vers la frontière. Or la situation de cette frontière est assez particulière du point de vue foncier, avec deux *municipes* (ou communes) qui se partagent la frontière de l'Oiapoque : Laranjal do Jarí (7), dont la population s'est trouvée historiquement concentrée dans sa partie sud, vers l'Amazone, et le *municipe* d'Oiapoque qui compte 21 000 habitants sur ses 22 625 km^2, mais avec 90 % de son territoire occupés par des Aires Protégées (parcs Tumucumaque et Cabo-Orange, Terres Indigènes Galibi, Juminá, Uaça I et II et forêt d'état de l'Amapá) (8). L'essentiel de la population est donc concentré autour du siège municipal, le long du fleuve, et le long de la route qui mène à Macapá (9) (cf. carte), mais il existe une forte pression politique pour ouvrir de nouveaux espaces à la colonisation, qui risque de se traduire par des invasions d'Aires Protégées et de Terres Indigènes. Sur la triple frontière, appelée aussi Trapèze amazonien ou BRACOPE (pour Brasil - Colombia - Perú), la situation est différente mais présente aussi cette caractéristique de blocage du mode d'expansion classique. Des villes comme Leticia (30 000 hab.), Tabatinga (26 000 hab.) et Benjamin Constant (15 000 hab.) voient leurs possibilités d'expansion bloquées

7. Un des plus vastes *municipes* du Brésil, avec 30 966 km^2. Sa population (environ 40 000 hab.) est à 94 % urbaine.
8. Dont 38 % par le parc Tumucumaque et 27 % par le parc Cabo-Orange. Les TI sont de taille variée : Galibi = 66 km^2 et une centaine d'habitants ; Juminá = 416 km^2 pour environ 170 hab. ; Uaçá I et II = 4 701 km^2 et probablement 5 000 hab. Les principales ethnies sont : Galibi Marworno et Galibi de l'Oyapoque, Karipuna, Palikur.
9. Au niveau de l'état de l'Amapá, la situation est la suivante : 70 % de ses 142 814 km^2 sont constitués d'Aires Protégées, dont 50 % de protection intégrale. Cette situation est exploitée par les tenants de l'expansion de la frontière (autrement dit du marché foncier et de l'exploitation extensive des ressources) qui affirment que l'état n'a pas assez d'espace pour son développement. Notons au passage que la surface de la Belgique est inférieure à l'espace exploitable de l'Amapá, pour une population seize fois supérieure.

Village spontané récent sur les rives du fleuve Oyapock.

par l'existence de Terres Indigènes à leur périphérie. Ces Terres Indigènes sont souvent elles-mêmes en siuation précaire étant donné leur petite taille et la reprise démographique indigène (plus de 4 % de croissance annuelle).

Le troisième ensemble que nous avons considéré est celui des systèmes de production et de leurs contraintes.

Il existe une opposition claire entre, d'une part, les zones d'occupation traditionnelle d'Amazonie, où il n'existe pas de marché foncier (ou de façon marginale (10)), l'accès à la terre y étant négocié au sein d'une communauté dont les droits collectifs sont reconnus par le groupe, les autres communautés ou l'État, et, d'autre part, les zones où existe un marché de la terre et une propriété privée potentiellement négociable. Il existe une tendance actuelle à installer des colons dans des projets collectifs, ou à limiter leur droit de revente, ce qui traduit la reconnaissance du fait que le libre marché de la terre pose plus de problèmes qu'il n'en résout. Sur la triple frontière, tout le monde s'accorde pour reconnaître que les pressions sur l'environnement ont augmenté en fonction de la croissance de la demande urbaine et de la démographie locale. Mais les situations sont hétérogènes. Dans la région de Leticia on peut, par exemple, constater (Vallejo, 2009) qu'il existe une grande différence, en termes de conservation de la biodiversité, entre deux *resguardos* comparables, situés loin de la ville et de taille relativement grande. L'une (Santa Sofia) n'a presque plus de forêt et beaucoup de friches récentes (indice de réutilisation fréquente) alors que l'autre (Mocagua) a encore 40 % de forêt. Cette différence est due essentiellement au fait que Mocagua a 80 % de son territoire superposé au parc Amacayacu. Ce dernier accepte la présence des indigènes mais interdit l'usage de la forêt et de ses ressources à des fins commerciales, imposant un certain nombre de restrictions d'ailleurs mal acceptées par les intéressés. Sans ces mesures restrictives, l'indice de biodiversité serait aussi faible qu'à Santa Sofia. Administrateurs et techniciens voient que Leticia est très loin d'être auto-suffisante. Mal reliée au reste du pays (coûts de transport exorbitants), elle doit l'essentiel de son approvisionnement à ses deux voisins. Ils estiment qu'il est nécessaire de stimuler la production de façon urgente, ne serait-ce que pour permettre aux populations rurales d'être autonomes. Mais de quelle façon (11)?
La région de la vallée de l'Oiapoque (rive brésilienne), de son côté, a été le lieu d'un vaste brassage ethnique durant des siècles, avec métissage et acculturation, comme dans le reste de l'Amazonie. La pénétration dans l'intérieur des terres se faisait là aussi par voie d'eau (Oiapoque, Cassiporê et Uaçá pour la zone qui nous intéresse). Les populations locales pratiquaient l'agriculture de *roça* et *queima* (agriculture sur brûlis), associée à l'extractivisme au bénéfice des réseaux commerçants (chasse, pêche, collecte) ou pour approvisionner les orpailleurs venant de Guyane. L'Amazonie des routes a fait irruption dans la région lors du prolongement de la route BR 156 jusqu'à Oiapoque au début des années 1980. On assiste alors au déplacement du centre de gravité de la région Nord vers la route et la ville d'Oiapoque, condamnant à l'isolement les villages-relais de l'extractivisme. Depuis, la région drainée par la route connaît un processus de transformation rapide. De l'ensemble socioéconomique relativement homogène décrit ci-dessus surgissent alors divers systèmes différenciés. À partir des années 1970 le mouvement d'affirmation ethnique et de revendication de Terres Indigènes s'organise et réunit différentes ethnies dans la défense de leurs intérêts (12). Les activités traditionnelles de ceux qui n'adoptent pas l'identité indigène périclitent, nombreux sont ceux qui vont s'installer à Oiapoque. L'INCRA (Instituto Nacional de Colonização e Raforma Agrária) crée des projets de colonisation (aujourd'hui appelés *assentamentos* de réforme agraire) tels que Carnot, Igarapé Grande, Vila Velha. Une dynamique d'occupation et d'appropriation de la terre a lieu le long de la route à partir d'Oiapoque; il s'agit d'agriculture familiale mais aussi de grandes *fazendas* (grandes exploitations consacrées à l'élevage bovin extensif). Enfin, les terres publiques de la périphérie d'Oiapoque et les rives du fleuve sont en cours d'occupation et de déboisement rapide, dynamique en partie liée au contrôle croissant de la frontière et de l'orpaillage clandestin en Guyane.

Que peut apporter un projet de recherche comme celui-ci?

Il existe une grande diversité de situations et les stratégies visant la conservation de la biodiversité et l'amélioration du niveau de vie ne peuvent être les mêmes partout. Les conditions d'intervention non plus, selon qu'il s'agit de collectifs territoriaux ou de propriétés individuelles. Le type d'intervention varie également en fonction de la nature de la demande: établissement d'un diagnostic participatif ou aide à la mise en œuvre d'une politique de conservation et de développement durable.
Ainsi, dans les *Resguardos* ou les *Terras Indígenas* de petite taille, avec densité démographique élevée (pouvant atteindre 800h/km²), les solutions ne peuvent être seulement agricoles, la création d'emplois urbains décents est une urgence, ainsi que le développement d'activités de transformation. Pourtant, l'association entre la recherche, les savoirs locaux et les organismes d'assistance technique cherche à transformer cette agriculture de plusieurs façons. Il s'agit avant tout d'intensifier, mais en les transformant, les systèmes de production. Il est donc possible de montrer aux intéressés l'état actuel de la diversité biologique (d'autant plus qu'ils auront participé au diagnostic) et les voies par lesquelles ils pourraient restaurer un certain nombre de fonctions écosystémiques tout en bénéficiant à nouveau de ressources diversifiées. S'il existe une politique publique locale qui va dans le même sens, il est indispensable de travailler en étroite collaboration avec elle, quitte à lui fournir des informations susceptibles de la réorienter.
Là où les Terres Indigènes (ou autres collectifs « traditionnels ») ne sont pas confrontées à des restrictions spatiales, il n'en est pas moins nécessaire de développer des programmes de gestion environnementale. Cela pour différentes raisons: la plus grande partie des populations indigènes ne sont plus dans la simple reproduction de leurs systèmes traditionnels, ceux-ci sont aujourd'hui des systèmes hybrides, en constante évolution; ils doivent faire face à une augmentation rapide de leur population; les tentations de surexploiter les ressources pour obtenir des biens sur le marché est très grande, toute augmentation de revenu doit pouvoir être durable, et donc gérée écologiquement; enfin, ils ont sous les yeux le « modèle » des colons et des *fazendeiros* et certains pourraient être tentés de l'adopter (13). Il existe aussi une autre raison. Un peu partout, les populations indigènes notent des

10. Du côté colombien, le marché de la terre est cependant plus développé que dans les deux autres pays. Il est le fait des « colons » (populations originaires de la zone andine, mélangée avec des populations régionales).
11. La Municipalité cherche actuellement à déclasser 123 km² de la Réserve forestière aux fins d'expansion urbaine, d'augmentation de la superficie de *deux Resguardos* et *d'attribution* de propriétés aux « métis », processus bien connu dans toute l'Amazonie. Mais dans ce cas, les autorités allèguent que ce serait le seul moyen d'éviter les déboisements et la colonisation illégale.
12. Une réussite notoire de cette coopération entre Karipuna, Galibi Marworno et Palikur fut la gestion du *pirarucu* qui était en train de disparaître.
13. L'élevage bovin est déjà présent dans de nombreuses Terres Indigènes.
14. Disparition de certaines espèces de caïmans, raréfaction des tortues, etc. Il peut s'agir aussi des conséquences d'une surchasse dont ils n'ont pas clairement conscience, ou bien d'une modification anthropogène de l'habitat de ces espèces.

changements climatiques qui se traduisent, selon eux, par des modifications de leur environnement et des ressources disponibles(14). Comme ces changements ne peuvent qu'augmenter, il est indispensable que le territoire soit géré collectivement de façon à mettre en place des mécanismes adaptatifs. Les expériences en cours avec utilisation d'images satellitales et cartographie participative géoréférencée sont très encourageantes et permettent un vrai dialogue. L'apprentissage de la maîtrise de l'outil constitue en lui-même un moyen de sensibilisation à la gestion territoriale. Aucune autorité extérieure ne pourrait décider à leur place des zones à protéger (non chasse) ou à récupérer. Les choix sont faits sur la base de connaissances locales et de pratiques ancestrales, avec un appui technique et d'éventuels conseils pour parvenir plus facilement à des objectifs définis par les intéressés, dans leur dialogue avec les chercheurs et les programmes gouvernementaux d'aide à la gestion environnementale des Terres Indigènes.

Dans le cas des *assentamentos*, au Brésil, on se trouve en présence de vastes zones défrichées et dégradées. Suivant les cas (ancienneté, sols, localisation), la forêt restante peut représenter entre 2 et 50 % du territoire du PA *(Projeto de Assentamento)*, souvent dans un état dégradé après exploitation prédatrice du bois. Une application stricte de la Loi devrait exiger le retour à environ 85 % en forêt (80 % de Réserve Légale, plus les zones de protection permanente – APPs). Il est clair que ceci n'a aucune chance de se produire, et l'enjeu est de parvenir à trouver la « bonne négociation » qui permettra un usage raisonné des terres, favorisant cependant un maximum de conservation. Outre l'offre de diagnostics, le projet peut intervenir au niveau de la planification participative des propriétés individuelles (en particulier grâce à des images Spot), de façon à montrer les chemins d'une amélioration de la note moyenne de biodiversité. Il doit le faire en association avec les mesures gouvernementales de récupération environnementale des PA (PR-CRN – *Projeto de Recuperação e Conservação dos Recursos Naturais*). Tous les PA doivent élaborer et présenter un PDA (Projet de Développement de l'*Assentamento*). La méthode proposée peut non seulement aider à son élaboration mais aussi accompagner sa mise en place et son développement.

S'agissant d'un collectif, il est aussi possible d'être plus ambitieux et de promouvoir un aménagement au niveau de l'Unité de Gestion Territoriale (UGT). Il est en effet indispensable d'introduire une logique environnementale dans la gestion territoriale, et non plus seulement économique et individuelle. Il est ainsi souhaitable d'éviter la fragmentation exagérée des forêts restantes de façon à offrir des habitats viables pour différentes espèces (et pour la circulation et l'échange de gènes). Ceci peut être fait en choisissant de restaurer les Réserves Légales selon un plan élaboré entre voisins, qui privilégie la contigüité. De même, les îlots forestiers devraient être reliés par des couloirs revégétalisés. Des mécanismes compensatoires peuvent être élaborés au sein de l'UGT (avec rachat de droits) afin d'éviter les rigidités, sans pour autant perdre de vue l'augmentation de la note moyenne de biodiversité, selon un objectif fixé collectivement. Pour les UGT qui ont une note de biodiversité satisfaisante, cela ne signifie pas le *statu quo*. La planification territoriale permet de grands changements internes, à condition de garder le cap de ce que les anglo-saxons appellent le *no net loss* (tous les remaniements sont possibles à condition qu'à la fin on n'enregistre aucune perte de biodiversité). Pour ce faire, il est indispensable de disposer d'un outil tel que celui proposé dans ce projet.

Dans le cas des propriétés privées qui ne sont incluses dans aucun collectif, la situation est plus délicate et, sauf dans le cas où les programmes « Territoires durables » deviendraient effectifs, il n'est guère possible de dépasser le niveau de la propriété. Mais là encore, les législations récentes et leurs exigences, la nécessité d'être en conformité avec la Loi pour faire des emprunts ou obtenir de l'aide technique, le caractère chaque fois plus conditionnel des crédits ruraux, incitent certains agriculteurs à rechercher une caution environnementale et à mettre en place un plan de gestion de leur propriété.

Certains projets de Loi peuvent également favoriser le recours aux indices et indicateurs tels que ceux que nous proposons. Il est par exemple question de mettre en place des crédits qui ne viseraient plus un produit mais la propriété. L'intéressé recevrait un crédit global pour la gestion durable de sa propriété. Dans le même sens, il existe des propositions de labelliser non plus un produit et son itinéraire technique mais la propriété (voire même une UGT). Ce qui implique de mettre en place un suivi de la propriété (ou de l'UGT) en question et l'utilisation d'indicateurs.

La méthode utilisée dans ce projet est donc également un outil de planification et de gestion territoriale, orienté vers la conservation ou la restauration des services écosystémiques et de la biodiversité, qui peut être utilisé dans des situations très variées.

RÉFÉRENCES BIBLIOGRAPHIQUES

- Araújo R. et Léna P., « Da predação à sustentabilidade, a difícil metamorphose », in Araújo R. et Léna P. (dir.), *Desenvolvimento sustentável e sociedade na Amazônia*, Belém, Éd. MPEG, 2010, p. 4-39.
- Grenand P. et Grenand F., « La Côte d'Amapá, de la bouche de l'Amazone à la baie d'Oyapock, à travers la tradition orale palikur », *Boletim do Museu Paraense Emílio Goeldi*, sér. *Antropologia*, n°3(1), 1987, p. 1-77.
- Irving M. De A., « Le parc national Montanhas de Tumucumaque (Brésil) : un laboratoire pour la gestion de la biodiversité dans le cadre d'une coopération régionale en Amazonie », in Léna P. et Mello N. de (Org.), « Amazonie : dynamiques sociales et développement durable », *Cahiers du Brésil contemporain*, n° 63-64, 2006, p. 233-256.
- Kohler, F., *O PARNACO e seu entorno: um sobrevôo antropológico*. Relatório para o IBAMA, 2007.
- Lima R.A.P. de, *Antropización, dinámicas de ocupación del territorio y desarrollo en la Amazonia brasileña: el caso del estado de Amapá*, Tesis de doutoramento, Universitat Autónoma de Barcelona, 2003.
- Martins-Faure L., *L'Agriculture familiale à Oiapoque (Brésil) et le commerce transfrontalier Brésil - Guyane française de la production*, mémoire de maîtrise, université du Maine, 2007.
- Melo G. M. de, *A leitura da gestão dos Parques Nacionais sob a ótica das populações locais: Os Parques Nacionais Montanhas do Tumucumaque e Cabo Orange – AP*, Programa de Pós-Graduação em Psicossociologia de Comunidades e Ecologia Social, université fédérale de Rio de Janeiro (UFRJ), 2007.
- Porto J.L.R. et Silva G. de V., « Novos usos e (re)construções da condição fronteiriça amapaense », *Novos cadernos NAEA*, vol. 12 n° 2, 2009, p. 253-267.
- Silva, G. de V, *Usos contemporâneos da fronteira franco-brasileira: entre os ditames globais e a articulação local*, Dissertação de Mestrado, PPGU-UFGS, Porto Alegre, 2008.
- Vidal L. B., Mito, História e Cosmologia: as diferentes versões da guerra dos palikur contra os Galibi, entre os povos indígenas da bacia do Uaçá, Oiapoque, Amapá, *Revista de Antropologia*, vol. 44 n° 1, USP, São Paulo, 2001.

SÉLECTION DE PUBLICATIONS OU COMMUNICATIONS

- Almeida C.H., *O olhar dos atores institucionais para a gestão de Parques Nacionais na fronteira amazônica: os PARNAS Montanhas do Tumucumaque e Cabo Orange – AP*, Dissertação de Mestrado, Programa de Pos-Graduação em Psicossociologia de Comunidades e Ecologia Social, 2008.
- Almeida C.H., *Desafio para a gestão da biodiversidade no contexto amazônico da fronteira franco-brasileira*, Projeto apresentado para a qualificação do doutoramento, UFRJ/CFCH-EICOS, 2010.
- Chaumeil J.-P., « Visão de fronteira : o caso do Trapézio amazônico », in Araújo R. et Léna P., *Desenvolvimento sustentável e sociedade na Amazônia*, Belém, Éd. MPEG, 2010.
- Guillaumet J.-L., Laques, A.E., Léna P., De Robert P., *La Spatialisation de la biodiversité. Pour la gestion durable des territoires*, Éditions IRD, « Latitude 23 », 2009.
- Lopez C., Robert P. de, Karipuna S., *Relatório de viagem ao Oiapoque*, Belém, Éd. MPEG, 2010.
- Martins-Faure L., *Relatório de campo. Projeto Migração e Biodiversidade na fronteira Brasil e Guyana francesa*, 2009.
- Vallejo N. del C.M., *Conflits fonciers, de conservation et de production en Amazonie colombienne (Municipalité de Leticia)*, Dissertation de Master 2, MNHN/IRD. 2009.

Origine et dynamique de la biodiversité : le rôle du hasard

AUTEUR : Alain Pavé[a] , professeur, université de Lyon-1, directeur du programme Amazonie du CNRS
a. Laboratoire de biométrie et de biologie évolutive, UMR université Claude-Bernard Lyon-1, CNRS n°5558, Villeurbanne

On s'inquiète, et à juste titre, de l'érosion de la biodiversité, même si à l'échelle de l'histoire de la vie sur la Terre, cette biodiversité reste aujourd'hui très élevée. Diversement répartie, elle est plus importante dans certaines régions du monde, comme l'Amazonie, que dans d'autres, comme le Sahara. Pour ces régions riches de biodiversité, celle-ci s'exprime à toutes les échelles spatiales, y compris les plus petites. Trois types de raisons peuvent être avancées pour l'expliquer : l'histoire biogéographique de ces régions, leur vaste étendue, les processus de diversification et de maintien sur le long terme. Les tentatives d'explication théorique sont fructueuses, notamment à travers la théorie neutraliste de la biodiversité complétée par celle du filtrage environnemental. Il y a cependant un autre aspect, celui de la distribution spatiale des individus dont la composante aléatoire est importante. Les processus de reproduction avec les variations génétiques associées, voire à plus long terme la spéciation, jouent également un rôle essentiel.

Dans le langage biologique courant, le « hasard » est souvent évoqué pour expliquer ces processus de diversification phylogénétiques ou de production d'hétérogénéité spatiale. Mais d'où vient-il ce hasard ? Quel rôle joue-t-il puisqu'il a résisté au filtre de l'évolution ? C'est en observant ces forêts, la diversité et la distribution des arbres qu'on s'est interrogé plus largement sur le rôle et l'origine du hasard dans les systèmes vivants. Sans le programme Amazonie, cette réflexion théorique n'aurait probablement jamais été menée. Non pas du fait des moyens nécessaires, qui ne gonflaient pas ceux mis à disposition de la direction du programme pour sa gestion, mais parce qu'elle a ainsi bénéficié d'un contexte scientifique favorable créé autour de ce programme.

L'Amazonie : pourquoi tant de biodiversité ?

La forêt amazonienne a une superficie d'environ 5,5 millions de km², soit plus de la moitié du territoire amazonien (la Grande Amazonie), dont la superficie admise est de 7,5 millions de km². Cette région reste peu anthropisée (un peu plus de 20 millions d'habitants, densité de 2,7 par km², 40 % vivent dans des villes). Elle est connue pour sa grande biodiversité, représentant, pour 5 % des terres émergées, entre 9,5 % et 17,5 % de la biodiversité mondiale (figure 1).

Région d'Amazonie, la Guyane française a une superficie de 84 000 km², soit près de 16 % de celle de la France métropolitaine, un peu plus de 75 000 km² sont couverts par la forêt, équivalant à la moitié du parc forestier métropolitain, soit 90 % du territoire. Sa population est de l'ordre de 220 000 habitants. La densité est du même ordre que pour l'ensemble de l'Amazonie, de même pour la population urbanisée. Dans cette région et uniquement pour les arbres, on en a recensé 1200 espèces différentes. Comme l'ensemble du territoire n'a pas été réellement échantillonné, on peut estimer entre 1 800 et 2 000 le nombre total d'espèces. Chaque hectare comporte environ 2 000 arbres de diamètre supérieur à 2 cm, dont 600 de diamètre supérieur à 10 cm (mesures prises à 1,30m de hauteur). Ils représentent de 150 à 200 espèces différentes. Pour prendre un repère suggestif : l'Europe, de l'Atlantique à l'Oural n'en abrite que 127 autochtones. Un hectare de forêt guyanaise abrite plus d'espèces autochtones que 10 millions de km² (*i. e.*, 1 milliard d'hectares !) de l'Europe continentale.

Pour expliquer cette extraordinaire biodiversité des arbres, qu'on retrouve dans d'autres catégories d'êtres vivants, on peut d'abord remarquer que cette partie du monde n'a pas connu de glaciation depuis longtemps, et au moins depuis que les végétaux ont commencé à coloniser les continents, il y a 450 millions d'années, pendant l'Ordovicien. Les plantes à fleurs, dont les arbres d'Amazonie, sont apparues il y a un peu moins de 150 millions d'années, à la transition entre le Jurassique et le Crétacé, au moment où ce qui constitue aujourd'hui l'Amérique du Sud a commencé à se détacher de l'Afrique. Ces espèces ont pu se maintenir et évoluer tranquillement en Amazonie, même si le climat a connu quelques variations. Ailleurs des changements climatiques drastiques ont été enregistrés, notamment en Europe lors des glaciations, souvent traduits par des « remises à zéro ».

Une caractéristique essentielle est aussi la grande hétérogénéité, le grand mélange. Des arbres voisins sont en général d'espèces différentes et à divers stades de développement (figure 2). D'une certaine façon, quand on examine son rôle, le hasard semble être un facteur de stabilité, de résilience. La figure 3 montre bien ce qu'il en est pour un écosystème : le hasard de la distribution spatiale des individus permet de revenir à une biodiversité proche de ce qu'elle était avant une perturbation. C'est grâce à lui que la biodiversité apparaît ou est maintenue, comme dans notre exemple. Sans biodiversité, pas d'évolution non plus. Sans le hasard la vie n'existerait même pas sur la planète. Bien que la réalité de son intervention soit évidente, qu'on en traite bien avec le calcul des probabilités et la statistique, on n'en a pas encore réellement pris la mesure.

Aujourd'hui, on découvre qu'il est certes d'origine externe, difficile à identifier, quelquefois lointaine, comme ce qui produit des rayons cosmiques quelque part dans l'univers, mais aussi d'origine interne aux systèmes biologiques, engendré par des processus biochimiques, biologiques ou écologiques. De fait et alors qu'on utilise l'exemple des jeux de hasard dans le calcul des probabilités, on ignore du même coup que ce hasard est produit par des dispositifs et des mani-

	Estimation du nombre d'espèces actuellement identifiées ± 10%	Estimation du nombre total d'espèces ± 20%
Amazonie	190 500	1 800 000
Monde	1 800 000	13 600 000
% Amazonie	10,9	13,2

Figure 1 : estimations de la diversité des espèces décrites et totales en Amazonie et au niveau mondial (Lewinsohn et Prado 2005, Verissimo *et al.*, 2001). On notera que, même pour les espèces décrites, on ne dispose que d'une estimation (à environ 10 %) car les données sont dispersées dans de multiples lieux et institutions, et pour les données globales, la précision est de l'ordre de 30 %. Le nombre d'espèces d'arbres en Amazonie peut être estimé à 11 000 à 10 % près (Hubbell *et al.*, 2008). L'un des grands problèmes actuels est le manque de précision dans les données. Encore ici dispose-t-on d'une estimation de l'incertitude.

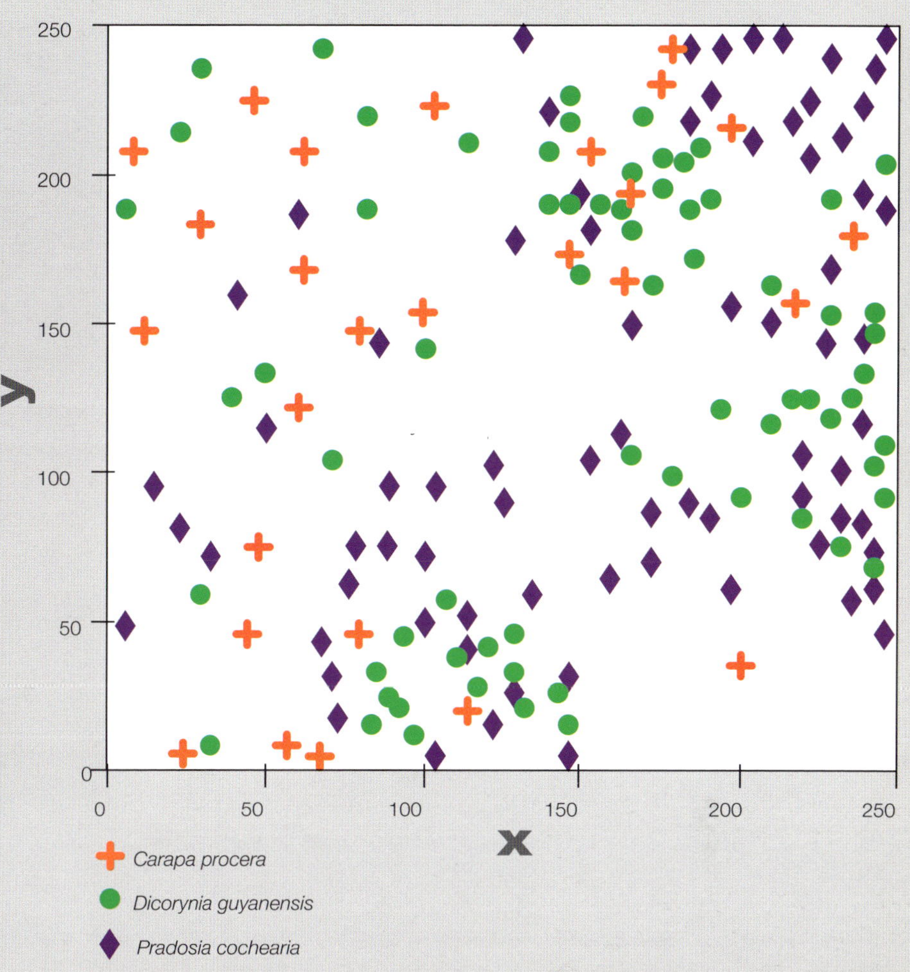

Figure 2 : à gauche : photographie de la canopée prise d'hélicoptère en Guyane française. Sans être spécialiste des arbres, on remarque les formes et les couleurs différentes du sommet des arbres (les « houppiers ») traduisant un grand mélange d'individus d'espèces différentes. Localement, d'un lieu à un autre, les peuplements peuvent contenir des collections diverses d'espèces mieux adaptées aux conditions locales, mais la règle générale est toujours une grande diversité (on peut compter jusqu'à 200 espèces et plus à l'hectare) et un grand mélange, quasi « au hasard ». À droite, le schéma représente la distribution de 175 arbres de diamètre supérieur à 10 cm, appartenant à trois espèces dans un carré de 250 m de côté. Même s'il y a quelques « paquets », on remarque que ces arbres sont largement distribués dans la parcelle, de façon irrégulière, et très mélangés, cela d'autant plus que cette parcelle de 6,25 ha contient environ 4 000 arbres de diamètre supérieur à 10 cm et de près de 400 espèces différentes (Gourlet-Fleury, Guehl et Laroussinie, 2004).

Photo : Colin Niel. Illustration : Alain Pavé

pulations purement mécaniques (pile ou face, jeu de dés, roulettes des casinos, etc.). Le tout étant donc régi par des lois où il n'y a aucune place pour des probabilités, des lois de la mécanique mais qui engendrent des événements aléatoires. Comment expliquer ce « hasard mécanique » ? Là, les mathématiques viennent à la rescousse. En effet, on peut modéliser les dispositifs en question et leur fonctionnement avec des équations dont, dans certaines conditions, les solutions sont pratiquement difficiles à prévoir. C'est le cas du célèbre chaos déterministe, mais on a trouvé d'autres situations qui sont aussi difficilement prévisibles. Curieusement encore, ce n'est que très récemment qu'on a modélisé ces dispositifs mécaniques générateurs de hasard : le pile ou face en 2008 (Strzalko *et al.*, 2008), et le jeu de dés en 2009 (Strzalko *et al.*, 2009). Or des processus biochimiques, biologiques et écologiques peuvent être modélisés par les équations de même nature. Il peut donc en exister et toujours dans certaines conditions, qui puissent avoir des solutions d'allures erratiques. Mais au delà de ces spéculations, avons-nous des arguments biologiques et écologiques ?

D'abord, en faisant un simple bilan de ce que l'on sait, on remarque que de nombreux phénomènes biologiques et écologiques présentent une part, quelquefois prédominante, d'aléatoire : de la distribution au hasard, deux par deux, anciens et nouveaux, des chromosomes lors des divisions cellulaires, pour les espèces diploïdes, les transferts de gènes, le choix en grande partie aléatoire des partenaires lors de la reproduction, la dispersion des graines des végétaux, le comportement erratique de certaines proies fuyant un prédateur, etc. Ensuite, on a identifié des processus biologiques au niveau cellulaire et moléculaire qui produisent des résultats aléatoires et interprété l'intérêt, notamment évolutif, de la présence de tels processus (Kupiec, 2006, Mettetal et van Oudenaarden, 2007). Comment expliquer que d'un côté, l'évolution ait conduit à des systèmes très précis, comme le système visuel ou les processus de régulation physiologiques, et que, d'un autre, le hasard, l'incertain, garde une si grande part chez les êtres vivants ? La réponse est simple et déjà illustrée : c'est un moyen permettant d'assurer la survie. C'est sans doute la raison principale pour laquelle les processus engendrant de l'incertain, des sortes de « hasards », ont été sélectionnés précisément parce qu'ils munissaient les systèmes vivants, et plus généralement la vie elle-même, d'une « assurance pour la vie ». Et la biodiversité en est une conséquence. Ces processus sont donc apparus spontanément et ont été sélectionnés pour ces raisons. Ils sont à la fois des produits et des moteurs de l'évolution (Pavé, 2007, 2010).

La diversité et le mélange sont des caractéristiques essentielles de la plupart des écosystèmes livrés à eux mêmes. Par exemple, une parcelle d'une culture monospécifique (du blé, par exemple), mise en friche ne se couvre pas des plantes qui étaient cultivées avant mais d'une multitude d'autres : la diversification écologique est le processus majeur à l'œuvre.

EXEMPLE SIMPLIFIÉ D'UNE DISTRIBUTION SPATIALE D'ARBRES DANS UNE FORÊT DIVERSIFIÉE, COMME LA FORÊT AMAZONIENNE

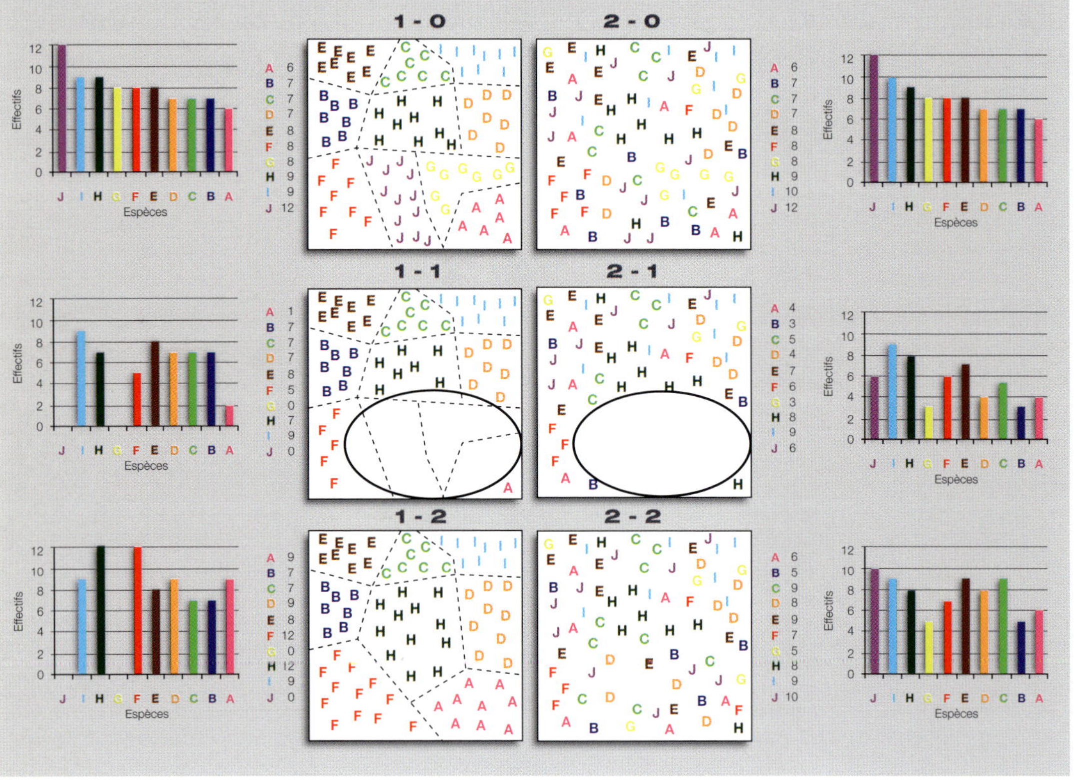

Illustration : Alain Pavé

Figure 3 : exemple simplifié d'une distribution spatiale d'arbres dans une forêt diversifiée, comme la forêt amazonienne. Les points correspondent à des individus de plusieurs espèces ; chaque symbole associé représente l'une des six présentes. Les parcelles 1 et 2 à l'état initial 1-0 et 2-0 ont la même diversité et abondance relative : même nombre d'espèces et même distribution de celles-ci. Elles ne se distinguent donc pas pour la « théorie neutraliste de la biodiversité ». En 1-0, la distribution est en patchs homogènes. En 2-0, la distribution est aléatoire (comme le plus souvent en forêt tropicale spontanée). On suppose qu'une perturbation majeure touche une partie de ces parcelles et supprime les individus dans la zone impactée (1-1 et 2-1). La distribution initiale de type 1 peut conduire à la disparition locale d'espèces contrairement à la distribution 2. On suppose que la régénération se fait uniquement à partir des individus qui ont résisté à la perturbation (pas d'immigration). On obtient alors les situations 1-2 et 2-2. Dans le cas 1-2, la biodiversité a diminué alors que 2-2 a la même biodiversité que 2-0 en espèces présentes. Aussi peut-on penser que la distribution aléatoire des individus joue le rôle d'une assurance pour le maintien des espèces. Cette distribution résulte principalement des processus de dissémination des graines et de la « réussite » de la germination.

En forêt tropicale, les graines sont dispersées au hasard des déplacements des animaux, en ce sens on peut évoquer une coévolution, ou par des processus physiques, comme les courants aériens. On traite efficacement de ce hasard grâce au calcul des probabilités, comme dans la théorie neutraliste. Lors du remplacement d'un arbre mort, la probabilité que son successeur soit d'une espèce ou d'une autre dépend de la probabilité d'avoir une graine de cette espèce sur place et donc de la distribution de cette espèce dans l'ensemble de la population. On peut aussi tenir compte de la migration ou, à long terme de la spéciation. Le filtrage environnemental pondère cette probabilité en considérant que des conditions très locales peuvent être discriminantes pour la germination et la croissance.

Mais cela ne dit rien sur la distribution spatiale, sauf que pour que ça marche, il faut qu'il y ait un grand mélange comme lors du tirage dans une urne avec des boules de couleurs différentes. Et surtout, rien n'est dit sur les processus qui assurent ce mélange et qui sont déterminants. Le centre de la réflexion théorique a donc porté sur ces processus, en remarquant qu'en les connaissant et en les contrôlant, on aurait des outils efficaces de gestion de la biodiversité.

En résumé, la biodiversité actuelle des arbres amazoniens peut être expliquée par (i) l'absence de grandes « remises à zéro », comme celles résultant des glaciations dans la région depuis le début de la vie sur les continents (450 millions d'années), (ii) la sélection d'espèces à démographie voisine, mais (iii), ayant de petites préférences pour certains milieux et (iv) des processus de mélange quasi aléatoire. Le tout évite une exclusion compétitive qui aurait comme conséquence une diminution de la biodiversité et une homogénéisation des peuplements.

Enfin, des résultats récents sur k'apparition et la disparition de formes de vie (Webster, 2007 ; El Alabani *et al.*, 2010) pourraient être interprétés comme dépendants de l'efficacité plus ou moins grande des processus de diversification, c'est-à-dire qu'on retrouve à tous les niveaux d'organisation du vivant et qui engendrent du hasard, de la variabilité. Ces processus seraient à la fois des produits et des moteurs de l'évolution. Au total cette réflexion sur le hasard et son rôle, notamment en écologie, nous éloigne résolument d'une vision mécaniste et classique, implicite dans le terme d'écosystème. Lui reconnaître son rôle et en jouer constituera peut-être un sorte de « révolution copernicienne » en écologie, et plus largement en biologie.

PUBLICATIONS

- Pavé A., « By way of introduction : Modelling Living Systems, their diversity and their complexity. Some Methodological and Theoretical Problems », *C.R. Biologies*, n° 329, 2006, p. 3-12.
- Pavé A., *La Nécessité du hasard. Vers une théorie synthétique de la biodiversité*, Les Ulis, EDP Sciences, 2007.
- Pavé A., « Necessity of chance: biological roulettes and biodiversity », *C.R. Biologies*, n° 330, 2007, p. 189-198.
- Pavé A., *On the Origins and Dynamics of Biodiversity: the Role of Chance*, New-York, Springer, 2010.
- Pavé A., *La Course de la gazelle*, Les Ulis, EDP Sciences, 2010.

AUTRES RÉFÉRENCES CITÉES

- Hubbell S.P. et al., *How Many Tree Species Are There in the Amazon and How Many of Them Will Go Extinct?*, PNAS, vol. 105, 2008, 11498-11504.
- Lewinsohn T.M., Prado P.I., 2005, « How many species are there in Brazil? », *Conserv. Biology*, n° 19, 2005.
- Verissimo A. *et al.*, Biodiversidade na Amazônia brasileira, Editora Estação Liberdade/ Instituto Socioambiental, 2001, Brazil.
- Gourlet-Fleury S., Guehl J.M., Laroussinie O., *Ecology and Management of a Neotropical Forest. Lessons Drawn from Paracou, a Long-term Experimental Research Site in French Guiana*, Paris, Elsevier, 2004.
- Strzałko J., Grabski J., Stefanski A., Perlikowski P., Kapitaniak T., « Dynamics of Coin Tossing Is Predictable », *Physics Reports*, n° 469, 2008, p. 59-92.
- Strzalko J., Grabski J., Kapitaniak T., « Les dés sont pipés », *Pour La Science*, n° 385, 2009.
- Kupiec J.J., « L'expression aléatoire des gènes », *Pour la Science*, n° 342, 2006, 78-83.
- Mettetal J.T., van Oudenaarden A., « Necessary noise », *Science*, n° 317, 2007, 463-46.
- El Albani A. *et al.*, « Large colonial organisms with coordinated growth in oxygenated environments 2.1 Gyr », *Nature*, n° 466, 2010, p. 100-104.
- Webster M., « A Cambrian Peak in Morphological Variations within Trilobite Species », *Science*, n° 317, 2007, p. 499-502.

Vue sur la forêt du haut de l'inselberg des Nouragues.

L'avenir d'amazonie

Éléments pour une prospective

Le programme s'est déployé sur six ans depuis sa création. Les résultats engrangés ont marqué un progrès dans les recherches que menaient le CNRS et ses partenaires en Guyane et s'appuient maintenant sur un dispositif local permanent. Pour mieux comprendre la biodiversité dans toutes ses dimensions, pour élaborer un point de vue synthétique, il reste évidemment beaucoup à faire, dans le cadre du programme, mais aussi et plus généralement par la communauté scientifique. Intégrer les connaissances obtenues et les perspectives dans des schémas de développement durable est une préoccupation constante. Pour progresser dans la réalisation de ces objectifs, on peut d'ores et déjà tracer quelques perspectives, sans anticiper sur une nécessaire prospective à conduire pour imaginer une suite possible à ce programme, après 2011.

Perspectives : Les points à renforcer et à développer

Dans le cadre du programme, on peut retenir les points suivants. Ils ont été abordés mais demandent à être développés :

- la modélisation de la dynamique de la biodiversité à l'échelle de l'écosystème : La modélisation fait partie de l'arsenal méthodologique et de ce fait est incluse dans la plupart des projets. Cependant, une approche plus globale doit être coopérative et transversale ;
- la bioinformatique : gestion des données sur la biodiversité en Guyane. Ce point devrait faire l'objet d'une action spécifique dont la réalisation devrait être confiée à une équipe compétente dans ce domaine par exemple, le Pôle Rhône-Alpes de Bioinformatique ;
- l'écologie chimique, la traduction chimique de la biodiversité et la chimie des substances naturelles. Suite à un séminaire tenu à Kourou en octobre 2009, un appel à propositions de recherche a été lancé sur ce sujet à dimensions stratégiques pour le CNRS menant à la sélection de cinq projets ;
- les méthodes d'acquisition de données sur la biodiversité (méthodes moléculaires d'identification et d'analyse phylogénétiques, télédétection aérienne et satellitaire, outils statistiques, modèles et bases de données : bioinformatique). L'acquisition de données est un point essentiel et largement à développer. Il n'est pas question de viser l'objectif utopique d'un état exhaustif des lieux, mais d'avoir des estimations fiables de la biodiversité et surtout de ses variations dans l'espace et dans le temps ;
- les technologies bioinspirées. Voie de recherche déjà ouverte (chimie des substances naturelles et mécanique de l'arbre sur pied), cette approche très actuelle devrait se développer ;
- la gestion des territoires amazoniens. L'élaboration de nouveaux modes de gestion des territoires soucieux de leur biodiversité doit mobiliser la plupart des disciplines déjà présentes, mais également d'autres comme l'histoire, la géographie et l'économie encore peu présentes.

Cette grenouille de la famille des Centrolenidés a été découverte pour le première fois en Guyane sur la réserve des Nouragues et a été décrite sous le nom de *Hyalinobatrachium nouragensis*. Elle est nocturne et est inféodée à la végétation croissant au dessus des criques aux eaux claires et courantes. Elle dépose sa ponte d'une dizaine d'œufs sur des feuilles au-dessus de l'eau, et, à la naissance, les têtards chutent, parfois de plusieurs mètres, dans la crique qui coule au-dessous. Elle a la particularité d'avoir la peau du ventre transparente, d'où le nom également de grenouille de verre donné à la famille, et on peut observer son cœur en train de battre.
Photo : Nicolas Cegalerba

Ces divers points sont transversaux et leur existence est essentielle pour :

- une synthèse globale des recherches ;
- pour l'élaboration d'une théorie de la biodiversité, expliquant les variations dans l'espace et dans le temps et intégrant les dimensions environnementales et évolutives ;
- la conception, sur ces bases, d'outils de gestion et de valorisation, notamment en termes d'innovation dans le cadre général des technologies bioinspirées. Et tout ce qui relève de l'imagination des chercheurs que, par définition, nous ne pouvons pas anticiper…

On notera néanmoins que les recherches restent centrées sur les aspects terrestres de la biodiversité. Une ouverture à envisager rapidement concerne la biodiversité et la biologie marines, tout juste abordées à travers les re-

cherches sur quelques organismes comme des oiseaux ou des tortues de mer. En effet, on est dans une situation originale d'un système littoral sous l'influence du plus grand fleuve du monde et dans un contexte évolutif d'exploitation des ressources. De plus, sur la plus grande partie de ce littoral, du Venezuela au sud de l'embouchure de l'Amazone, les moyens de recherche sont modestes. Bien entendu, ces projets sont à penser avec nos partenaires (Ifremer, IRD) et en coopération avec les pays voisins : le Brésil et le Suriname.
En revenant sur les aspects terrestres, on soulignera que le Centre spatial guyanais, avec lequel nous avons établi d'excellentes relations, dispose de plus de 600 km^2 de zone en protection totale, près du littoral. On y trouve tous les types d'écosystèmes, du littoral marin à la forêt, en passant par les marais côtiers et la savane et la présence d'espèces peu ou pas rencontrées ailleurs sur le territoire guyanais. Un suivi écologique de cet espace pourrait attirer l'attention des chercheurs, notamment en biologie de la conservation. Sans oublier qu'on y trouve de magnifiques champs surélevés. Cet espace pourrait également être un lieu pour un observatoire hommes - milieux sur l'impact d'une activité industrielle *High Tech.* Il faut cependant être très précautionneux dans ce type de proposition étant donné le statut très particulier et stratégique de ce territoire.
Plus généralement, on remarque que la communauté des chercheurs sur la biodiversité relève principalement de l'écologie, avec une contribution de plus en plus importante de disciplines des sciences de l'homme et de la société (anthropologie, sciences juridiques, économie, notamment). Comme on l'a vu, la chimie et les sciences de l'ingénieur y prêtent aussi de plus en plus attention. Il n'en demeure pas moins qu'une partie importante des sciences de la vie reste à mobiliser : on ne pourra comprendre la biodiversité qu'en élaborant une vision intégrée de sa dynamique et des processus biologiques en cause, à tous les niveaux d'organisation du vivant (molécules et macromolécules, organismes, populations et communautés incluses dans des écosystèmes), à promouvoir l'étude de sa dynamique à toutes les échelles temporelles, y compris paléontologiques, à prendre en compte son déploiement dans l'espace et à intégrer bien évidemment les aspects évolutifs. Le programme Amazonie contribue à l'élaboration d'une vision synthétique pour une partie de ce gigantesque programme, mais il peut également inciter les sciences de la vie à entrer plus profondément dans le jeu, si tant est que ce thème de recherche peut aussi contribuer à l'unification de ce secteur disciplinaire, comme l'avait fait remarquer Robert Barbault, en 1992, lors de l'élaboration du programme Dynamique de la biodiversité et environnement, lancé sous l'égide du programme Environnement du CNRS en 1992.

Conclusion et accroche prospective :

par Élisabeth Giacobino, en charge des programmes interdisciplinaires du CNRS, et Annaïg Le Guen, directrice de l'Unité propre de service chargée des très grands équipements et infrastructures pour la recherche

C'est un véritable plaisir que d'apporter quelques mots de conclusion à cet ouvrage dédié à l'Amazonie, original par sa présentation et d'une grande qualité scientifique. C'est également une réelle opportunité d'éditer ce témoignage comme un événement de l'Année internationale de la biodiversité.
Dans la ligne des programmes interdisciplinaires de recherche du CNRS, le programme Amazonie s'inscrit sur la durée, avec des échelles de temps longues, nécessaires à la création de l'interdisciplinarité sur le terrain en partant de la définition des objets et des problématiques de recherche, à la mise en place d'équipes de disciplines différentes.
Plus encore que d'autres programmes interdisciplinaires, le programme Amazonie a contribué à la structuration de la communauté scientifique travaillant sur la Guyane et plus particulièrement celle y résidant. La participation à la formation par et pour la recherche est aussi à souligner. Les équipes trouvent ici des financements au bénéfice d'une recherche de grande qualité et des stations de terrain pour effectuer des avancées, notamment dans l'étude de la biodiversité. Les résultats présentés dans cet ouvrage montrent que le programme de recherche permet la circulation des idées et favorise la pluralité, la confrontation des concepts ou la mise en commun de moyens et de méthodes. Ils montrent aussi que le cadre souple que fournit le CNRS, autorise, peut-être mieux qu'ailleurs, la prise de risque scientifique sur des problématiques et des objets nouveaux. Le programme se présente ainsi comme le lieu favorisant les alliances de postures, de références multiples et complémentaires, qui permettent d'exercer et de faire fructifier l'interdisciplinarité. Le programme se révèle aussi comme étant le creuset favorisant l'articulation entre des approches qui permettent de traiter de la biodiversité, des systèmes complexes où elle s'exprime et du développement durable. Faire vivre un tel programme demande aussi la

coordination des organismes et des universités sur le terrain, pour la mise en œuvre de méthodes nouvelles et de collaborations fructueuses.

Le programme Amazonie est un succès par le nombre et la qualité de ses publications et par l'attractivité qu'il exerce sur les chercheurs français et internationaux. Le bilan scientifique reflète avant tout la participation des chercheurs de plusieurs instituts du CNRS ; il traduit aussi le bénéfice de l'excellence scientifique dont les retombées se retrouvent pour toutes les disciplines impliquées. Il s'est aussi révélé comme un incubateur pour des projets plus importants qui ont ensuite trouvé des financements à l'extérieur du CNRS.

Le programme Amazonie, et ce livre en témoigne, est une réussite exceptionnelle. C'est une réussite du CNRS, nous le constatons au travers de ce livre où les auteurs nous racontent la mise en place des opérations et des équipements, les négociations avec les partenaires et les splendides résultats scientifiques. Réussite remarquable, disons-le aussi, du directeur du programme et de ses collaborateurs, des chercheurs, enseignants-chercheurs, ingénieurs, techniciens administratifs qui ont été regroupés et embarqués dans cette aventure. Il fallait des talents de conviction et d'organisation et bien sûr une vision scientifique pour mobiliser sur des objectifs ambitieux toutes les forces présentes sur le terrain en plus de celles du CNRS. Aboutissement remarquable de réflexions et d'actions menées depuis de nombreuses années sur les thèmes de l'environnement et de l'écologie, ce programme, avec ses facettes très variées et ses percées scientifiques, est un succès exemplaire de l'interdisciplinarité et une source d'inspiration pour son renforcement souhaité au CNRS.

Cependant, il reste encore des défis à relever allant des progrès de la bioinformatique au développement des stations expérimentales par leur mise en réseau avec d'autres stations en écologie. Un des secteurs les plus prometteurs est celui, stratégique, de la chimie des substances naturelles, où les liens entre la biologie et l'écologie par l'entremise de l'écologie chimique devraient être à la source de nouvelles molécules d'intérêt pratique, en particulier de molécules biologiquement actives. Un prolongement naturel de telles recherches est de penser en termes de technologies bioinspirées.

L'aventure scientifique du CNRS en Amazonie doit aussi se poursuivre par un développement du triptyque : réflexion théorique et conceptualisation – modélisation et simulation – recueil de données issues de l'observation et de l'expérimentation. Sur le dernier point, on doit fonder des espoirs sur les développements théoriques et méthodologiques, de même que sur l'utilisation, la conception et la réalisation de systèmes technologiques d'observation, de mesure, d'acquisition, d'organisation et de transmission des données : de la *High Tech* pour la recherche sur et dans un milieu difficile, pour l'un des plus grands systèmes naturels du monde. En complément, l'effort de modélisation de la biodiversité est aussi à accentuer. Il devient collectif ; les chercheurs du programme s'y sont déjà illustrés ; c'est une réelle opportunité que d'y participer. L'un des enjeux est de mieux prendre en compte l'espace géographique, ses propriétés biogéochimiques et topographiques. Une vision intégrée du vivant et de ses relations avec le milieu est également à promouvoir. L'issue pratique est une amélioration de la gestion des territoires et de la biodiversité qu'ils portent.

Enfin, quand on parle de territoire, la dimension humaine et sociale est implicite. Cette dimension, déjà bien présente dans le programme, doit se renforcer non seulement avec l'objectif de mieux comprendre les dynamiques en cours, de mieux évaluer le rôle de l'homme dans les évolutions actuelles et de participer à la définition de modes de développement durable, mais aussi d'écrire l'histoire conjuguée des habitants de l'Amazonie et de leur environnement et de participer à l'élaboration d'un avenir harmonieux.

Ces recherches s'inscrivent dans la politique de la Stratégie nationale de la recherche et de l'innovation, elles affichent la visibilité pour le CNRS en Guyane et l'investissement de l'organisme dans ses priorités et dans sa capacité à prendre des risques et de promouvoir une recherche d'excellence participant à l'élaboration d'une vision globale et synthétique des systèmes amazoniens, au bénéfice des sociétés amazoniennes et répondant à des enjeux globaux d'environnement et de développement durable. L'ensemble est cohérent dans l'esprit des chercheurs et participe de leur activité quotidienne. N'oublions pas non plus que les humains aspirent à un espace de rêve, quelquefois même à une vision ontologique, il est aussi de notre devoir d'y répondre. À ces fins, l'effort doit se poursuivre pour garantir la pérennité des infrastructures et des financements sur le long terme. Les nouveaux outils de l'interdisciplinarité, comme les hôtels à projets et l'animation des réseaux de plateformes trouveront ici les opportunités de mise en œuvre pour des résultats scientifiques plus prometteurs encore.

Index

G

H

I

L

M

N

O

P

R

S

T

U

V

W

X

Y

Z

Table

page :

Illustrations et crédits

Photographies de Claude Delhaye, CNRS Photothèque, sauf :

L. Allard *et al.*, p. 110.

M. Bernal, P. Heuret, J. Beauchêne, S. Madrinan et E. Nicolini, p. 102.

Guillaume Bouchon, p. 118.

Loïc Brepson, p. 20, 30, 51.

Télesphore Y. Brou *et al.*, p. 125.

Nicolas Cegalerba, p. 75, 148.

Pierre Charles-Dominique, p. 80.

Alain Dejean, p. 115.

Gaëlle Fornet, p. 7, 40, 73, 91.

Stephan Hättenschwiler *et al.*, reproduction avec l'aimable autorisation de *New Phytologist*, p. 113.

E. Houël, D. Stien et E. Deharo, p. 118.

Randall Hyman, p. 34.

DAO Inrap, p. 136, 137.

Georges Larrouy, p. 130.

Roger Le Guen, p. 10-11, 60, 92-93.

Claudia A. Linhares, d'après une source INCRA, p. 141.

Régine Maury-Brachet, p. 121, 123.

Bogdane Muresan, p. 121.

Éric Nicolini, p. 101, 102.

Colin Niel, p. 145.

Onera, p. 48.

Jérôme Orivel, p. 82.

Tim Paine, p. 82.

Alain Pavé, p. 8, 14, 18, 22, 32, 34, 145, 146.

Delphine Renard, p. 132.

Cécile Richard-Hansen, ONCFS, p. 60.

Stephen Rostain, p. 126, 134.

Bruno Roux, L'Avion Jaune, p. 132.

Daniel Sabatier, p. 138.

Didier Stien, p. 118.

Pierre Tambourin, p. 60.

Stefano Unterthiner, p. 105.

Fondation Pierre Verger, gestion Alex Baradel, contact en Guyane David Redon. p. 129.